U0575010

大倾角煤层长壁综采理论与技术

Theory and Technology of Fully Mechanized Longwall Mining in Steeply Inclined Seam

伍永平　贠东风　解盘石　王红伟　罗生虎　著

国家自然科学基金重点项目 (51634007) 资助
国家自然科学基金面上项目 (51074120) 资助
国家自然科学基金青年科学基金项目 (51204132) 资助

科学出版社

北　京

内 容 简 介

本书紧密结合近年来大倾角煤层综采技术的发展,系统总结了大倾角煤层综采理论、技术、装备与实践方面的研究成果。主要内容包括:大倾角煤层综采工作面矿压显现和围岩破断与运动规律、顶板—支架—底板系统动力学控制理论、采场倾斜砌体结构理论、采场应力拱壳及关键域岩体结构理论、大倾角煤层长壁综采关键技术、大倾角煤层长壁综采工程实践及主要装备。

本书可作为高等院校采矿工程专业本科生、研究生的教学参考书,也可供从事采矿工程技术研究的科研人员、煤矿企业生产、设计的工程技术人员参考。

图书在版编目(CIP)数据

大倾角煤层长壁综采理论与技术 = Theory and Technology of Fully Mechanized Longwall Mining in Steeply Inclined Seam / 伍永平等著. —北京:科学出版社,2017.9
　　ISBN 978-7-03-053861-1

　　Ⅰ. ①大⋯　Ⅱ. ①伍⋯　Ⅲ. ①大倾角煤层–倾斜长壁采煤法–研究　Ⅳ. ①TD823.21

　　中国版本图书馆 CIP 数据核字(2017)第 139664 号

责任编辑:李　雪 / 责任校对:郭瑞芝
责任印制:张　倩 / 封面设计:无极书装

科 学 出 版 社 出版
北京东黄城根北街 16 号
邮政编码:100717
http://www.sciencep.com
北京通州皇家印刷厂 印刷
科学出版社发行　各地新华书店经销
*
2017 年 9 月第 一 版　　　开本:787×1092 1/16
2017 年 9 月第一次印刷　　印张:17 1/2
字数:455 000
定价:138.00 元
(如有印装质量问题,我社负责调换)

前　言

　　大倾角煤层是指埋藏倾角为 35°~55° 的煤层，是国内外采矿界公认的难采煤层。大倾角煤层广泛分布于我国各大矿区，目前已探明大倾角煤层储量约为 1800 亿~3600 亿吨，约占我国煤炭总储量的 10%~20%，每年大倾角煤层开采产量约为 1.5 亿~3 亿吨，约占我国煤炭总产量的 5%~8%。随着开采强度和深度的不断增大，大倾角煤层已经成为了许多矿井的主采煤层。大倾角煤层由于成煤环境复杂，安全高效开采难度极大，截至 2016 年 12 月，除中厚煤层采用综合机械化开采和部分特厚及厚煤层试验综放与大采高开采外，大多数开采大倾角煤层的矿井仍然在使用不同类型的非机械化开采方法，产效与安全状况差，人员伤亡事故频发，成为了许多矿井(区)经营困难、百万吨死亡率居高不下的重要影响因素。

　　大倾角煤层长壁综采(综放)技术的成功应用变革了我国该类煤层非机械化开采历史，解决了大倾角煤层开采的基本安全问题。经过近 20 年的研究与发展，对特定条件下该类煤层开采科学问题的研究取得了一定的进展，促使其技术与装备水平均有了大幅度的提高，但工作面系统性的安全问题和产量与效益较低依然是制约该技术广泛应用与推广的瓶颈。

　　通过对大倾角煤层开采基础理论、关键技术、主要装备及工程实践的系统总结，不仅可以推动大倾角煤层创新科学研究方法、开拓技术变革领域、提高装备研制标准和安全管理水平，而且能够为难采煤层安全高效开采方法在科学层面上获得系统性突破奠定坚实的基础。

　　本书分为 8 章，由伍永平统稿，其中第 1 章由伍永平完成，第 2 章由伍永平、王红伟完成，第 3 章由伍永平、罗生虎完成，第 4 章由解盘石完成，第 5 章由王红伟完成，第 6 章由贠东风完成，第 7 章和第 8 章由伍永平、贠东风完成。

　　由于作者水平所限，书中不当之处，敬请读者批评指正！

作　者

2017 年 1 月

目　　录

前言
第1章　大倾角煤层开采历史与现状 ··· 1
1.1　大倾角煤层开采方法 ··· 1
1.2　大倾角煤层开采围岩控制理论与技术 ··· 2
参考文献 ··· 3
第2章　大倾角煤层走向长壁工作面矿压显现和围岩破断与运动规律 ··· 5
2.1　大倾角煤层走向长壁开采矿压显现规律 ·· 5
2.1.1　大倾角煤层走向长壁单体支柱工作面矿压显现现场观测 ········ 5
2.1.2　大倾角煤层走向长壁综采工作面矿压显现现场观测 ·············· 5
2.1.3　大倾角煤层走向长壁开采矿压显现实验室模拟 ····················· 8
2.1.4　大倾角煤层走向长壁工作面矿压显现一般特征 ···················· 21
2.2　大倾角煤层走向长壁开采围岩破断与运动基本特征 ··················· 22
2.2.1　上覆岩层变形破坏过程 ·· 22
2.2.2　上覆岩层变形破坏特征 ·· 23
2.2.3　上覆岩层垮落与充填特征 ··· 28
2.2.4　底板破坏滑移特征 ·· 32
2.3　大倾角煤层开采覆岩关键层与岩体结构的形成与变异 ················ 33
2.3.1　"关键层"形成区域 ··· 33
2.3.2　直接顶沿工作面倾斜方向运动状态 ····································· 34
2.3.3　"关键层"迁移转化特征 ·· 35
2.3.4　"关键层"岩体结构变异致灾机理 ······································ 36
参考文献 ··· 37
第3章　大倾角煤层开采"R-S-F"系统动力学控制理论 ·················· 38
3.1　大倾角煤层走向长壁开采"R-S-F"系统稳定性基本概念 ············ 38
3.1.1　"R-S-F"系统研究的本质 ·· 38
3.1.2　支护系统的静态稳定性及其与围岩相互作用 ······················ 39
3.1.3　大倾角煤层"R-S-F"系统的灾变因素 ································· 41
3.2　大倾角煤层走向长壁开采"R-S-F"系统动力学模型 ·················· 42
3.2.1　"R-S-F"系统的失稳类型 ·· 42
3.2.2　"R-S-F"系统动力学模型 ·· 44
3.3　大倾角煤层走向长壁开采"R-S-F"系统动力学方程 ·················· 46
3.3.1　"R-S-F"系统分析基本假设 ··· 46
3.3.2　"R-S-F"系统动能 ··· 46
3.3.3　"R-S-F"系统的动能函数及其微分 ···································· 49
3.4　大倾角煤层走向长壁开采"R-S-F"系统动态稳定性分析与控制 ···· 61
3.4.1　"R-S-F"系统动态稳定性的概念 ·· 61

3.4.2 "R-S-F"系统动态稳定性分析 ·· 62
3.4.3 "R-S-F"系统保持动态稳定时的实际工作阻力 ····················· 66
3.4.4 "R-S-F"系统动态稳定性控制模式与方法 ···························· 68
参考文献 ··· 73

第4章 大倾角煤层开采倾斜砌体结构理论 ·· 74
4.1 大倾角煤层长壁开采覆岩空间结构特征 ··································· 74
4.1.1 大倾角煤层长壁采场顶板倾向破坏结构特征 ····················· 74
4.1.2 大倾角煤层长壁采场顶板走向破坏结构特征 ····················· 77
4.1.3 大倾角煤层长壁采场覆岩空间结构 ································· 77
4.2 大倾角煤层长壁开采覆岩空间结构稳定性分析 ························· 80
4.2.1 大倾角煤层采场倾斜砌体结构动力学方程 ························· 80
4.2.2 大倾角煤层长壁采场覆岩空间"壳体结构"稳定性分析 ········· 92
4.3 大倾角煤层长壁开采覆岩空间承载结构失稳准则及致灾机理 ········· 104
4.3.1 大倾角煤层长壁采场覆岩承载结构 ································· 104
4.3.2 大倾角煤层长壁采场覆岩承载结构失稳准则及致灾机理 ········· 108
参考文献 ··· 113

第5章 大倾角煤层采场应力拱壳及"关键域"岩体结构理论 ··············· 115
5.1 大倾角煤层采场覆岩应力迁移特征 ·· 115
5.1.1 工程地质和开采条件 ··· 115
5.1.2 数值计算模型建立 ··· 116
5.1.3 不同采高条件下采场应力形成及演化特征 ························· 117
5.1.4 不同倾角条件下采场应力形成及演化特征 ························· 122
5.1.5 采场围岩应力场形成特征 ·· 126
5.2 采场围岩支承压力分布特征 ··· 127
5.2.1 采场前后方煤岩体支承压力 ·· 128
5.2.2 回采巷道两侧煤岩体支承压力 ······································· 130
5.2.3 采场四周煤岩体支承压力 ·· 135
5.2.4 采场支承压力分布类型及特征 ······································· 140
5.3 采场围岩三维应力场形成及演化特征 ···································· 142
5.3.1 应力拱壳形成特征 ··· 142
5.3.2 应力拱壳分析模型 ··· 143
5.3.3 应力拱壳形态方程 ··· 145
5.3.4 应力拱壳演化特征 ··· 147
5.4 采场覆岩垮落机制及"关键域"转化特征 ······························ 150
5.4.1 大倾角煤层采场覆岩垮落机制 ······································· 150
5.4.2 覆岩"应力—冒落"双拱特性 ······································· 157
5.4.3 覆岩"关键域"形成层位 ·· 158
5.4.4 覆岩"关键域"岩体结构破断运移和平衡机制 ··················· 160
5.5 大倾角煤层开采岩体结构稳定性分析 ···································· 163
5.5.1 倾向"梯阶"结构形成特征 ·· 163
5.5.2 倾向"梯阶"结构力学模型 ·· 164
5.5.3 倾向"梯阶"结构稳定性分析 ·· 165

5.5.4 "关键域"岩体结构失稳机制 ·· 174

参考文献 ··· 175

第6章 大倾角煤层长壁综采关键技术 ··· 177

6.1 概述 ··· 177

6.2 工作面"R-S-F"系统完整性保持技术 ··· 177

6.2.1 区段"大范围"岩层控制技术 ·· 177

6.2.2 放顶煤工作面顶煤放出量区域控制技术 ·································· 178

6.2.3 工作面支护系统工作阻力分区域控制技术 ······························ 178

6.2.4 坚硬顶板超前预爆破弱化技术 ·· 179

6.2.5 松(散)软煤层与软弱底板加固技术 ·· 181

6.2.6 工作面支护系统与装备防倒、防滑技术 ·································· 183

6.2.7 动态扶架与支护系统二次稳定技术 ··· 183

6.3 工作面(开切眼)与回采巷道布置及维护技术 ···································· 185

6.3.1 工作面调伪斜技术 ··· 185

6.3.2 切眼穿层布置技术 ··· 186

6.3.3 切眼掘进技术 ·· 187

6.3.4 非规则(异型)断面巷道维护技术 ··· 189

6.4 工作面"三机"选型配套关键技术 ··· 190

6.4.1 大倾角"三机"选型 ··· 191

6.4.2 大倾角"三机"配套 ··· 197

6.5 回采工艺优化技术 ·· 202

6.5.1 落煤与装煤 ··· 202

6.5.2 运煤 ·· 204

6.5.3 支护与采空区处理 ··· 204

6.5.4 工序之间的配合 ·· 205

6.6 特殊条件处理技术 ·· 208

6.6.1 非等长工作面柔性支护过渡技术 ·· 208

6.6.2 工作面快速安装与回撤技术 ··· 208

6.7 工作面安全防护与管理 ·· 209

6.7.1 工作面端头防护技术 ··· 209

6.7.2 工作面内防护技术 ··· 210

6.7.3 安全管理 ·· 211

6.7.4 实施保障 ·· 213

参考文献 ··· 217

第7章 大倾角煤层长壁综采工程实践 ··· 219

7.1 大倾角中厚煤层综合机械化开采 ·· 219

7.1.1 地质与生产技术条件 ··· 219

7.1.2 工作面主要装备与采煤方法 ··· 220

7.1.3 研究、试验与生产过程 ··· 221

7.1.4 主要成果及创新点 ··· 221

7.1.5 技术经济与社会效益 ··· 222

7.2 大倾角特厚煤层综合机械化放顶煤开采 ··· 223

7.2.1 地质与生产技术条件 ·· 223

7.2.2 工作面主要装备与采煤方法 ·································· 224

7.2.3 研究、试验与生产过程 ·· 225

7.2.4 主要成果及创新点 ·· 232

7.2.5 技术经济与社会效益 ·· 234

7.3 大倾角煤层群综合机械化放顶煤开采 ······························ 234

7.3.1 地质与生产技术条件 ·· 234

7.3.2 采煤方法及回采工艺 ·· 235

7.3.3 研究、试验与生产过程 ·· 236

7.3.4 主要成果及创新点 ·· 236

7.3.5 技术经济与社会效益 ·· 237

7.4 广域坚硬顶板、软底大倾角松软煤层综合机械化开采 ·············· 238

7.4.1 地质与生产技术条件 ·· 238

7.4.2 采煤方法及回采工艺 ·· 238

7.4.3 研究、试验与生产过程 ·· 240

7.4.4 主要成果及创新点 ·· 240

7.4.5 技术经济与社会效益 ·· 241

7.5 大倾角煤层走向长壁大采高综采 ·································· 242

7.5.1 地质与生产技术条件 ·· 242

7.5.2 采煤方法及回采工艺 ·· 243

7.5.3 研究、试验与生产过程 ·· 244

7.5.4 主要成果及创新点 ·· 246

7.5.5 技术经济与社会效益 ·· 248

参考文献 ·· 249

第8章 大倾角煤层长壁综采主要装备介绍 ································ 250

8.1 大倾角煤层走向长壁综采工作面装备研制基本原则 ················ 250

8.2 大倾角煤层走向长壁工作面开采成套装备研制关键技术 ············ 251

8.2.1 液压支架防倒防滑技术 ·· 251

8.2.2 液压支架自身工作空间防护技术 ································ 251

8.2.3 输送机(运输机)防滑技术 ······································ 252

8.2.4 输送机空间防护技术 ·· 253

8.2.5 输送机拉紧与防护技术 ·· 254

8.2.6 端头支护技术 ·· 254

8.2.7 采煤机牵引、制动等系列技术 ·································· 256

8.2.8 采煤机与输送机配合技术 ······································ 257

8.2.9 平行布置输送机电机减速器技术 ································ 257

8.3 大倾角煤层走向长壁工作面开采典型成套装备 ···················· 257

8.3.1 工作面液压支架及其参数 ······································ 257

8.3.2 工作面刮板输送机及其参数 ···································· 261

8.3.3 工作面采煤机及其参数 ·· 264

8.3.4 工作面其他装备及其参数 ······································ 265

8.3.5 "三机"的主要技术特点 ······································ 267

参考文献 ·· 269

第1章 大倾角煤层开采历史与现状

1.1 大倾角煤层开采方法

大倾角煤层开采方法在国际上的研究始于 20 世纪 70 年代，具有代表性的有世界采煤大国苏联、美国、德国以及法国、英国和印度。在 70 年代，苏联就发展了大倾角厚及中厚煤层机械化开采技术，研制了适用于大倾角煤层开采的机械设备和回采工艺，并出版了相关专著，为大倾角煤层机械化开采奠定了基础。1979 年至 1981 年，美国采矿研究所丹佛研究中心与科罗拉多州斯诺马斯煤炭公司合作，在美国倾斜到急倾斜煤层中，采用刨煤机开采了倾角 25°~60° 的煤层。在 1986 年至 1993 年期间，乌克兰设计进行了大倾角煤层综合机械化开采试验。1992 年，德国在鲁尔矿区开采了倾角为 18°~38°、局部倾角达到 45° 的煤层。此外，法国在洛林矿区采用综采设备成功开采了倾角 35° 以上煤层，英国成功开采了倾角 35°~43° 的煤层，印度在其东北部煤田研发了适用于大倾角煤层开采的采煤方法，西班牙对倾角大于 40° 的煤层进行了机械化开采研究与试验。

我国对大倾角煤层开采方法的研究始于倾斜与急倾斜煤层开采技术的延伸。20 世纪 50 年代初期，发明了大倾角煤层倒台阶采煤方法。60 年代，在淮南、开滦等矿区出现了大倾角煤层伪斜柔性掩护支架采煤方法。80 年代，在四川形成了伪斜短壁采煤法、伪俯斜走向长壁分段密集支柱采煤法、伪斜小巷多短壁采煤法等系列方法，有效改善了四川各大矿区大倾角煤层开采效率，取得了显著的经济社会效益。与此同时，甘肃华亭矿区、窑街矿区、江苏徐州矿区、新疆建设兵团、河南义马矿区等也进行了大倾角煤层"高档普采""双大开采"以及非机械化放顶煤开采方法的研究与试验。80 年代后期，在我国沈阳红菱煤矿、新疆艾维尔沟煤矿、开滦唐山煤矿、鹤岗竣德煤矿等开始采用大倾角综采技术，自主研制了大倾角设备，此外，在四川南桐、攀枝花等矿区引进国外综采设备和技术，但均未取得较好的效果。

1996~1998 年，在四川绿水洞煤矿 5654 工作面进行了大倾角煤层综合机械化开采，研制了成套综采设备，解决了设备防倒防滑、工作面"飞矸"等技术难题，成功开采厚度 2.27m、平均倾角 38° 的煤层。工作面采出率达到 97.2%，实现工作面月产量 2.19 万吨，实现了大倾角煤层安全高效开采，技术水平达到国际先进。

2000 年以后，在绿水洞煤矿大倾角中厚煤层综采成功示范的带动下，四川、重庆、贵州、甘肃、新疆、河北、黑龙江、北京、山东、安徽、内蒙古、宁夏等省市(区)的许多矿区先后进行了不同条件下大倾角煤层长壁综采(黑龙江双矿集团、北京昊华集团、新疆焦煤集团、四川广旺集团、达竹集团、内蒙古伊泰集团、神华宁煤集团、山东新汶集团等)和长壁综采放顶煤(甘肃靖煤集团、华煤集团、新疆建设兵团、河北开滦集团、新疆焦煤集团等)以及大采高技术(新疆焦煤集团、四川攀煤集团、安徽淮南集团等)创新与试验，不同程度地解决了矿井大倾角煤层开采难题，取得了明显的经济与社会效益[1,2]。

1.2　大倾角煤层开采围岩控制理论与技术

大倾角煤层开采围岩控制最初研究借鉴了近水平及缓倾斜煤层部分成果，并在此基础上进行了创新。世界主要采煤国家俄罗斯、捷克、美国、印度等在该类煤层岩层控制方面做了一些研究。俄罗斯 Kulakov 系统研究了大倾角煤层工作面围岩应力和支承压力分布特征；捷克 Bodi 探讨了无人工作面安全开采技术应用在大倾角坚硬煤层开采的可行性；印度 Singh、Gehi 等通过实验分析了印度东北部煤田中大倾角厚煤层开采围岩应力分布特征。进入 21 世纪，西方主要产煤国家受市场经济控制，不再开采该类煤层，法国、英国、德国等国家几乎关闭了所有煤矿，检索表明，国外对大倾角煤层开采岩层控制理论与技术的研究进展缓慢，相关文献资料极少[3~6]。

我国大倾角煤层赋存量大面广，是目前国际上开采该类煤层最多的国家，对大倾角煤层围岩控制理论与技术的研究处于世界领先水平，重点集中于长壁开采工作面矿山压力显现规律和顶板结构与灾害防控等领域。

在 20 世纪 80 年代，原成都煤炭干部管理学院平寿康教授及其团队首先开始大倾角煤层开采岩层控制理论与技术研究，揭示了大倾角薄及中厚煤层开采工作面矿压显现规律、大倾角煤层伪斜开采工作面顶板结构力学行为及破坏特征，其团队成员黄建功、楼建国等(四川师范大学)在后续研究中提出并建立了基本顶岩层"倾斜砌体结构板"大结构、直接顶中下段"砌体梁"小结构力学模型，分析了煤层倾角、矸石充填等因素作用下支架与围岩相互作用关系与岩体结构失稳形式以及软岩底板破坏滑移机理[7~10]。

1986 年，西安矿业学院(现西安科技大学)吴绍倩、石平五教授及其团队通过对急斜煤层工作面矿压显现特征研究，提出了急斜煤层倾斜薄板破断和空间岩块平衡假说与弹性基础墙假说，证明了急斜煤层开采顶板断裂沿倾斜形成三铰拱结构的观点[6]。1996 年 3 月，在昆明召开的"全国煤矿顶板事故分析与防治大会"会议上，西安矿业学院"复杂煤层开采理论与技术"研究团队首次明确了"大倾角煤层"的概念并给出了工程解释，并以此为基础，致力于大倾角煤层开采理论与技术研究，发现并揭示了长壁开采工作面覆岩"关键层"区域迁移和岩体结构变异机制，先后建立了"顶板(R)—支架与装备(S)—底板(F)"系统动力学模型、非对称约束条件下大倾角煤层走向长壁开采"关键层"岩体结构空间模型，揭示了长壁开采工作面矿压显现规律、围岩应力分布、覆岩变形破坏和运动的分区特征、"支架—围岩"相互作用关系以及底板破坏特征与力学过程和破坏滑移机理，提出了"R-S-F"系统失稳基本类型和覆岩空间承载结构失稳准则，确定了支架不同失稳状态下的工作阻力及系统动态稳定控制模式与方法，发展了岩层控制"关键层"理论[11~16]。

与此同时，一大批矿业高等院校、科研院所和煤炭企业的学者和工程技术人员分别从不同的侧面对大倾角煤层长壁开采岩层控制理论与技术进行了大量的研究与实践。

煤炭科学研究总院王作宇，中国矿业大学何富连、张东升、孟宪锐、赵洪亮等通过在重庆南桐、河北开滦、山西潞安、山东兖州、新疆神新等矿区进行的工程实践与科学研究，分别揭示了大倾角煤层长壁开采围岩破坏与移动特征，大倾角松软煤层综放开采矿压特征和岩体结构形态,深部大倾角综放工作面应力非均匀分布特征和来压步距中部大、两端小的分区特征,大倾角仰(俯)采顶板初次破断和周期破断机理,大倾角硬厚煤层综放采场围岩结构特征。同时,对大倾角煤层综采、综放开采、大采高开采工作面支架稳定性进行分析,建立了大采高支架滑倒失稳模型、综放支架滑倒失稳模型,揭示了大倾角煤层长壁开采工作面支架稳定性影响因素,提出了煤层综放工作面综放开采围岩控制技术[17~20]。

北京科技大学王金安[21,22]通过建立大倾角综放工作面基本顶薄板力学模型,分析了基本顶断裂线发育轨迹与破坏区演化规律,揭示了基本顶初次破断"V-Y"型断裂模式、周期破断的"四边形"型破断模式,得出基本顶初次断裂的"中上部—中下部—上部—下部"空间时序和周期断裂的"中下部—中上部—上部—下部"的空间顺序,验证了基本顶断裂过程中采场围岩应力场分布及采场矿压显现的时序性和非对称特征。

安徽理工大学赵元放、孟祥瑞、杨科等以安徽淮南矿区大倾角煤层开采工程实践为基础,分别研究了大倾角煤层开采顶底板应力沿工作面倾斜分布特征、工作面支护系统与围岩之间的相互作用关系,建立了顶板岩层沿 倾斜形成"砌体板"结构模型,揭示了大倾角煤层开采周期来压沿倾斜方向的分段特征、顶板垮落及支架受力特征、不同倾角煤层煤壁支承压力分布特征以及支护系统工作载荷与倾角的关系,给出了工作面周期来压步距和采动影响范围,提出了采场围岩灾害防治技术[23~25]。

重庆大学、东北大学、煤炭科学研究总院、山东科技大学、黑龙江科技学院、河北工程大学、内蒙古科技大学、河北建筑科技学院的尹光志、陶连金、孙广义、杨怀敏等学者分别对不同开采条件下的大倾角煤层长壁开采工作面矿山压力显现规律、围岩应力分布以及覆岩破坏运动特征、底板破坏滑移影响因素进行了研究,揭示了大倾角煤层采场围岩运动破坏向工作面上部区域发展的非对称特性和沿工作面倾向的分区破坏机理、大倾角大采高工作面周期来压沿工作面倾斜方向的分段特征以及分层开采复合顶板推垮型冒顶机理,提出了采用能量指标判别周期来压和地表沉陷的渐进灰色预测方法、推垮型冒顶围岩控制技术以及工作面支架工作阻力确定方法和稳定性控制技术[26~29]。

四川广能集团、甘肃靖远煤业集团、甘肃华亭煤业集团、新疆焦煤集团的周邦远、谢俊文、纪玉龙、黄国春等工程技术人员分别对大倾角煤层开采工作面布置方式及工艺、采场围岩运动特征、采场灾害防治技术进行了大量的研究,揭示了大倾角煤层长壁综采围岩非均衡破坏作用下岩层移动分区特征和岩层分区破坏以及工作面灾害形成机制、长壁综放覆岩破断与运动规律、煤层群开采层间相互作用与影响机制,提出了减少和防治工作面灾害、提高产效的岩层控制技术与措施,并通过工作面布置方式和工艺参数优化及先进装备应用而付诸工程实践[30~32]。

参 考 文 献

[1] 国家能源局. 煤炭工业发展"十二五"规划[R]. 北京: 国家发展和改革委员会, 2012.

[2] 伍永平, 刘孔智, 贠东风, 等. 大倾角煤层长壁综采现状与发展趋势[J]. 煤炭学报, 2014, 39(8): 1611-1618.

[3] Kulakov V N. Stress state in the face region of a steep coal bed[J]. Journal of Mining Science(English Translation), 1995(9): 161-168.

[4] Bodi J. Safety and technological aspects of man less exploitation technology for steep coal seams[C]. 27th international conference of safety in mines research institutes, 1997: 955-965.

[5] Singh T N, Gehi L D. State behavior during mining of steeply dipping thick seams—A case study[C]. Proceedings of the International Symposium on Thick Seam Mining, India, 1993: 311-315.

[6] Syd S. Peng. Longwall Mining[M]. Department of Mining Enginering West Virginia University, 2006.

[7] 华道友, 平寿康. 大倾角煤层矿压显现立体相似模拟[J]. 矿山压力与顶板管理, 1999, (3-4): 97-100.

[8] 李维光, 黄建功, 华道友, 等. 大倾角薄及中厚煤层俯伪斜走向长壁采煤法矿压显现(上)[J]. 煤矿开采, 1999, 35(2): 29-31.

[9] 黄建功, 平寿康. 大倾角煤层采场顶板岩层运动研究[J]. 矿山压力与顶板管理, 2002, (2): 19-21.

[10] 黄建功. 大倾角煤层采场顶板运动结构分析[J]. 中国矿业大学学报, 2002, 31(5): 411-414.

[11] 吴绍倩, 石平五. 急倾斜煤层矿压显现规律的研究[J]. 西安矿业学院学报, 1990, (2): 4-8.

[12] 伍永平, 贠东风, 张淼丰, 等. 大倾角煤层综采基本问题研究[J]. 煤炭学报, 2000, 25(5): 465-468.

[13] 伍永平. 大倾角煤层开采"R-S-F"系统动力学控制基础研究[M]. 西安: 陕西科学技术出版社, 2003.

[14] 伍永平, 贠东风, 周邦远, 等. 绿水洞煤矿大倾角煤层综采技术研究与应用[J]. 煤炭科学技术, 2001, (4): 30-33.

[15] 伍永平, 解盘石, 杨永刚, 等. 大倾角煤层群开采岩移规律数值模拟及复杂性分析[J]. 采矿与安全工程学报, 2007, 24(4): 391-395.

[16] Wu Y, Xie P, Wang H. Theory and practices of fully mechanized longwall mining in steeply dipping coal seam[J]. Mining engineering, 2013, 65(1): 35-41.

[17] 王作宇, 刘鸿泉, 葛亮涛. 采场底板岩体移动[J]. 煤炭学报, 1989, 14(3): 62-70.

[18] 何富连, 杨伯达, 田春阳, 等. 大倾角综放面支架稳定性及其控制技术研究[J]. 中国矿业, 2012, 21(6): 97-100.

[19] 赵洪亮, 袁永, 张琳. 大倾角松软煤层综放面矿压规律及控制[J]. 采矿与安全工程学报, 2007, 24(3): 345-348.

[20] 孟宪锐, 问荣锋, 刘节影, 等. 千米深井大倾角煤层综放采场矿压显现实测研究[J]. 煤炭科学技术, 2007, 35(11): 14-17.

[21] 王金安, 张基伟, 高小明, 等. 大倾角厚煤层长壁综放开采基本顶破断模式及演化过程(Ⅰ)-初次破断[J]. 煤炭学报, 2015, 40(6): 1353-1360.

[22] 王金安, 张基伟, 高小明, 等. 大倾角厚煤层长壁综放开采基本顶破断模式及演化过程(Ⅱ)-周期破断[J]. 煤炭学报, 2015, 40(8): 1737-1745.

[23] 赵元放, 张向阳, 涂敏. 大倾角煤层开采顶板垮落特征及矿压显现规律[J]. 采矿与安全工程学报, 2007, 24(2): 231-234.

[24] 孟祥瑞, 赵启峰, 刘庆林. 大倾角煤层综采面围岩控制机理及回采技术[J]. 煤炭开采技术, 2007, 35(8): 25-28.

[25] 杨科, 孔祥勇, 陆伟, 等. 近距离采空区下大倾角厚煤层开采矿压显现规律研究[J]. 岩石力学与工程学报, 2015, 34(S2): 4278-4285.

[26] 尹光志, 鲜学福, 代高飞, 等. 大倾角煤层开采岩移基本规律的研究[J]. 岩土工程学报, 2001, 23(4): 450-453.

[27] 陶连金, 王泳嘉. 大倾角煤层采场上覆岩层的运动与破坏[J]. 煤炭学报, 1996, 21(6): 582-585.

[28] 孙广义, 陈刚, 王兴华. 长沟峪煤矿大倾角中厚煤层变薄带的顶板压力[J]. 黑龙江科技学院学报, 2011, 21(1): 40-42.

[29] 杨怀敏, 崔景昆, 刘惠德. 大倾角采煤工作面矿山压力显现规律的研究[J]. 河北建筑科技学院学报, 2003, 20(1): 69-71.

[30] 谢俊文, 高小明, 上官科峰. 急倾斜厚煤层走向长壁综放开采技术[J]. 煤炭学报, 2005, 30(5): 546-549.

[31] 纪玉龙, 何风强, 王东攀. 近距离大倾角综放工作面矿压规律及成因探讨[J]. 煤炭工程, 2012, (8): 79-84.

[32] 黄国春, 陈建杰. 坚硬顶板、软煤、软底大倾角煤层综采实践[J]. 煤炭科学技术, 2005, (8): 33-35.

第2章 大倾角煤层走向长壁工作面矿压显现和围岩破断与运动规律

2.1 大倾角煤层走向长壁开采矿压显现规律

2.1.1 大倾角煤层走向长壁单体支柱工作面矿压显现现场观测

在开采大倾角煤层的矿区(矿井),几乎都进行过不同规模的大倾角煤层单体支柱工作面矿山压力观测工作,如在四川芙蓉矿务局、广旺矿务局进行的"大倾角俯伪斜走向与掩护密集支柱采煤法矿压显现研究""大倾角大采高俯伪斜采面矿压显现实测研究""大倾角薄及中厚煤层俯伪斜走向长壁采煤法矿压显现研究",在甘肃华亭矿务局、河北开滦矿务局、四川达竹矿务局、新疆乌鲁木齐矿务局等进行的"急斜煤层矿压显现规律研究"等。表 2-1 和图 2-1 给出的是在甘肃华亭矿务局东峡煤矿 32208-7 工作面(煤层倾角 36°~39°,厚度 2.01~2.10m,采用走向长壁倾斜分层下行垮落法开采)的矿山压力显现观测的主要结果。

表 2-1 32208-7 工作面矿山压力显现基本参数

序号	来压特征		工作阻力/MPa			活柱下缩量/mm			步距 /m	循环数
	次序	性质	上部	中部	下部	上部	中部	下部		
1	基本顶初次来压	来压期间	38.00	36.30	34.50	54.20	61.80	44.00	21.00	5
		正常推进	16.29	16.35	16.12	23.89	36.93	24.10		
		增载系数	2.33	2.22	2.14	2.27	1.67	1.83		
2	第一次周期来压	来压期间	31.00	25.00	23.00	45.00	50.20	39.40	10.00	4
		正常推进	16.29	16.35	16.12	23.89	36.93	24.10		
		增载系数	1.90	1.53	1.43	1.88	1.36	1.63		
3	第二次周期来压	来压期间	24.60	23.20	24.90	45.50	48.40	37.90	12.05 下部滞后 2.0	6
		正常推进	16.29	16.35	16.12	23.89	36.93	24.10		
		增载系数	1.51	1.42	1.54	1.90	1.31	1.57		
4	第三次周期来压	来压期间	23.80	24.50	24.00	51.00	48.40	37.30	12.00 下部滞后 2.0	5
		正常推进	16.29	16.35	16.12	23.89	36.93	24.10		
		增载系数	1.46	1.50	1.49	2.13	1.31	1.55		

2.1.2 大倾角煤层走向长壁综采工作面矿压显现现场观测

大倾角煤层的机械化(综合机械化)开采在我国历经磨难,虽然许多矿区和矿井都进行过研究与试验,但在 1996 年之前,几乎没有一个矿井能够利用综采设备(不论是国产

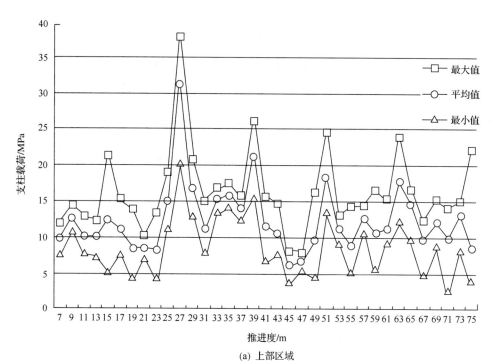

(a) 上部区域

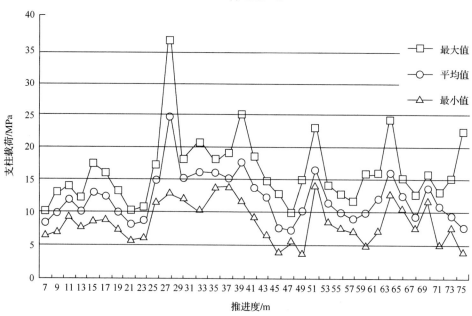

(b) 中部区域

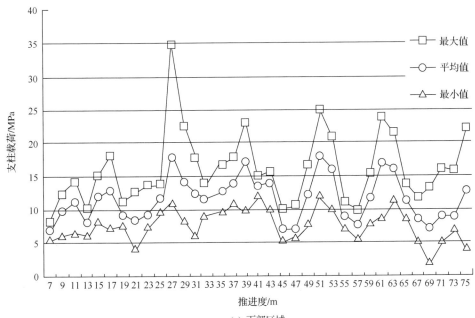

(c) 下部区域

图 2-1　32208-7 工作面支柱载荷与推进度关系曲线

设备,还是引进装备)成功地开采一个完整的长壁工作面。因而,几乎没有对大倾角煤层综采工作面矿压显现规律进行观测和研究的文献资料。1996~1999 年,我们在四川华蓥山矿务局绿水洞煤矿研究大倾角煤层综采技术的过程中,对工作面的矿山压力显现进行了较系统地观测,表 2-2 和图 2-2 给出了在该矿 6134 综采工作面(煤层厚度 2.60~2.85m,倾角 25°~36°)矿压显现观测的主要数据与曲线[1]。

表 2-2　6134 工作面矿山压力显现基本参数

| 序号 | 来压特征 | | 最大工作阻力/(kN/架) | | | 来压步距/m | 持续时间 (循环)/天 |
	次序	性质	No.7	No.23	No.43		
1	基本顶初次来压	来压时	1805	1875	1955	31.4	8
		来压前	1312	1345	1368		
		时/前	1.38	1.39	1.43		
2	第一次周期来压	来压时	1791	1765	1830	8.65	4
		来压前	1400	1401	1476		
		时/前	1.28	1.26	1.24		
3	第二次周期来压	来压时	1735	1880	1830	11.05	5
		来压前	1422	1507	1607		
		时/前	1.22	1.25	1.14		
4	第三次周期来压	来压时	1675	1817	1925	11.0	10
		来压前	1484	1376	1470		
		时/前	1.18	1.32	1.31		
5	第四次周期来压	来压时	1715	1720	1701	9.06	4
		来压前	1421	1422	1430		
		时/前	1.20	1.21	1.19		

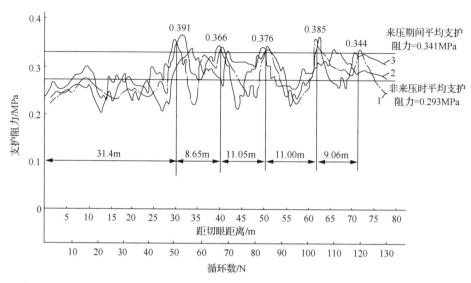

图 2-2　6134 工作面支架平均支护阻力随工作面推进的变化特征

1—测站 I（No.7）；2—测站 II（No.23）；3—测站III（No.43）

2.1.3　大倾角煤层走向长壁开采矿压显现实验室模拟

为了进一步分析大倾角煤层走向长壁开采工作面矿山压力显现、顶板破断活动、底板破坏滑移以及支架和设备运动的复杂性，专门设计和研制了目前国内唯一的大倾角煤层开采三维可加载块体模型[2]和大比例模型液压支架，铺装了大倾角煤层开采的平面倾向和走向平面模型，在陕西省岩层控制重点实验室所属的相似材料模型实验室中进行了较系统的实验研究[3]。

1. 实验模型

1）三维可加载块体模型

三维可加载块体模型由顶板加载框架、可变角底板框架、底座三个主要部分组成，其中顶板加载框架由载荷块（木质长方块）、加载杆（金属丝杠）、载荷簧管（不锈钢管中放置弹簧）等部件组成，共有零部件近千个（块）（图 2-3）。实验过程中载荷块可竖向转动，

(a) 倾斜方向

(b) 走向方向

图 2-3　三维可加载与变角块体相似模拟实验系统

且可沿煤(岩)层层面滑动,能够满足大倾角煤层开采时顶板破断、滑移的要求。同时,在加载块的下面放置一薄石膏板(强度根据煤层直接顶的平均强度确定)以模拟直接顶。实验开始前将支架沿工作面倾斜方向安装(支架编号自下而上分别为1~8号),用配重钢丝连接支架底座,模拟刮板运输机在开采过程中对支架的影响。用轻质木框模拟开采煤层(厚度可变化),每拆卸一排框架相当于采煤机割一刀煤。实验过程中使用8架模型支架,上下回采巷道及开采煤层用特制木框代替,基本顶为木块加弹簧,直接顶为石膏板。上覆岩层载荷利用可调节螺杆通过弹簧作用于顶板之上。

2) 平面应力模型

平面模型实验在2.15m×0.2m×2.0m和5.0m×0.2m×1.2m可回转模型架上进行,模拟比例为1:20。根据现场工作面(四川华蓥山矿务局绿水洞煤矿6134工作面)实际地质与生产条件,5m走向平面应力模型铺装高度为1.2m,相当于模拟现场的实际高度24m(大于煤层厚度、直接顶厚度和基本顶厚度之和),其他覆岩厚度(平均约296m)按相似准则用配重代替。模型长度5m,相当于工作面原型长度100m,在实验时分为三段开采,分别为正常开采段(2.5m)、断层段(1.0m)、分岔段(1.5m),分岔段和正常开采段包含边界条件。2.15m×0.2m×0.2m倾向平面模型铺装高度1.6m,相当于模拟现场实际高度32m,其余高度与走向模型同样用配重代替。倾向模型长度为2.15m,倾角39°(图2-4)。

(a) 走向模型　　　　　　　　　　　(b) 倾向模型

图2-4　平面应力模型

平面应力模型铺设有称重式传感器,以观测沿工作面推进方向的支承压力分布规律,此外,倾向模型上工作面中部还设置了顶板下沉、破断与底板破坏、滑移观测区域。

5m走向平面模型宽度20cm,实验中用两架模型支架,支架支护阻力按每米支护强度计算,模型开采速度为2.2cm/h(相当于现场日推进度2.4m)。2m×2m倾向模型实验中先使工作面上下回采巷道成型,然后自下而上逐段开挖煤层并安装10架模型支架,模拟原型工作面长度16m,运输巷道中安装端头支架,工作面排头支架依托下端头支架架设。实验过程中将回风巷道以上的煤层采出,使顶板充分垮落,以弥补工作面长度的不足。

实验过程中对工作面围岩的变形与破坏及运移特征进行观测,同时测量工作面支承压力,支架的支护阻力和顶梁、掩护梁以及底座的侧推(护)力。

模型实验选用的模拟材料为河砂、粉煤灰、石膏和碳酸钙等,材料配比与铺装顺序见表2-3。

表 2-3 模型材料配比与铺装顺序

序号	岩性	厚度/cm			配比	顺序	层厚/cm	材料/kg			
		原型	模拟	累计				砂子	石膏	大白粉	煤灰
1	细砂岩	348	17.0	17.0	655	1	2.00	27.50	2.20	2.30	
						2	2.00	27.50	2.20	2.30	
						3	1.00	13.50	1.10	1.15	
						4	2.00	27.50	2.20	2.30	
						⋮	⋮	⋮	⋮	⋮	
						9	2.00	27.50	2.20	2.30	
2	黏土岩	109	5.0	22.0	737	1	2.00	28.00	1.20	2.80	
						2	2.00	28.00	1.20	2.80	
						3	1.00	14.00	0.60	1.40	
3	煤层	269	13.0	35.0	928	1	3.00	21.00	2.10	3.20	21.00
						2	2.00	14.00	1.40	2.10	14.00
						⋮	⋮	⋮	⋮	⋮	⋮
						6	2.00	14.00	1.40	2.10	14.00
4	分岔下	150	7.5		928						
	夹矸	150	7.5		737						
	分岔上	85	4.0		928						
5	直接顶	800	40.0	81.0	637	1	1.00	13.70	0.68	1.60	
						2	1.00	13.70	0.68	1.60	
						3	2.00	27.40	1.37	3.20	
						⋮	⋮	⋮	⋮	⋮	
						21	2.00	27.40	1.37	3.20	
6	基本顶	700	35.0	116.0	646	1	2.00	27.40	1.80	2.70	
						2	2.00	27.40	1.80	2.70	
						3	2.00	27.40	1.80	2.70	
						⋮	⋮	⋮	⋮	⋮	
						12	2.00	27.40	1.80	2.70	

3) 模(型)拟支架

为测量工作面推进过程中支架的工作阻力(顶板支撑力,顶梁、掩护梁、底座侧推力)以及工作面支架和设备的下滑与倾倒特征,根据现场使用的原型支架(ZYJ2300 大倾角综采支架),特别制作了实验模型支架。模型支架的结构形状和几何尺寸与原型支架几何相似,其宽度为 7.5cm,相当于原型的 1.5m,高度为 6~16cm,相当于原型的 1.2~3.2m。同时,模拟了原型支架的运转特性,并进行了与原型支架的对比、标定。模型支架形状见图 2-5,标定特征曲线见图 2-6,运转特性见表 2-4。

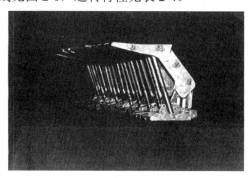

图 2-5 模型支架形状

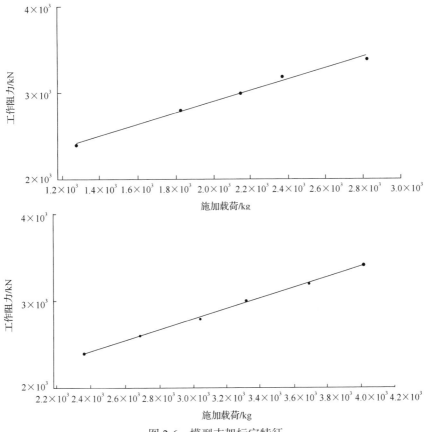

图 2-6　模型支架标定特征

表 2-4　原型支架与模型支架性能对比

项目	支架工作阻力/kN		支架外形尺寸/cm		支护强度/MPa	
	初撑	额定	顶梁长	宽度	对顶板	对底板
原型	1400~1537	2063~2332	240	140~159	0.4~0.49	0.58~1.27
模型	200×10^{-3}	250×10^{-3}	12	7.5	$(130\sim160)\times10^{-6}$	$(185\sim410)\times10^{-6}$

2. 实验过程与主要结果

工作面开采过程中顶板破断、运动以及上覆岩层大范围的运移特征和矿山压力显现规律的实验在平面应力模型架上进行。支架工作阻力变化的测试以三维模型实验架和倾斜平面应力模型架实验数据为主，以走向平面应力模型架的实验数据为辅进行修正。

1）工作面沿走向推进的矿山压力显现规律

沿工作面走向矿山压力显现规律实验研究是在 5m 平面模型架上进行的。工作面开切眼（宽度 2.5cm）后，按割煤—移架 1—移架 2 的顺序循环推进，循环进度 1.0m，整个实验过程进行了 80 个循环，推进度 80m。实验中工作面支架或支护系统工作阻力实测数据见表 2-5，支架工作阻力与推进度关系曲线见图 2-7。

表 2-5　支架工作阻力与工作面推进度实测数据

开采序号	推进距离/m	支架载荷或工作阻力/g									备注
		1号支架			2号支架			平均			
		初撑	移架2	开采	初撑	移架1	开采	开采	移架	总体	
1	30	20009	/	/	20000	/	/	19752	19593	19675	
2	35	20009	19685	19829	20000	19674	19593	19861	19952	19907	
3	40	20009	19901	19613	20000	20109	20218	19327	19516	19426	
4	45	20009	19685	19685	20000	18968	19131	19635	19789	19712	
5	50	20009	19937	19433	20000	19837	19892	19609	20078	19844	
6	55	20009	19829	19217	20000	20000	20218	19613	19847	19730	
7	60	20009	19973	19469	20000	19756	19864	19797	19933	19865	
8	65	20009	19901	19865	20000	19729	19892	19797	19951	19874	
9	70	20009	19973	19757	20000	19837	20000	19831	20123	19977	
10	75	20009	19901	19577	20000	20085	20272	19371	19299	19335	
11	80	20009	19973	19829	20000	18913	18696	20092	20345	20223	
12	85	20009	19685	19829	20000	20354	20734	19626	19544	19585	
13	90	20009	20009	19721	20000	19511	19402	19476	19448	19461	
14	95	20009	19433	20009	20000	18940	18886	17347	21090	19219	
15	100	20009	19829	15509	20000	19239	22747	19874	20295	20085	
16	105	20009	19361	19829	20000	19919	20761	19423	19871	19647	
17	110	20009	18533	19253	20000	19593	20381	19117	19022	19070	
18	115	15006	19685	18533	14999	19701	19511	19752	19870	19811	
19	120	15006	15114	19721	14999	19783	20055	21137	19297	20217	降低初撑力
20	125	15006	22780	25372	14999	16902	23479	19016	21481	20218	
21	130	15006	17021	22924	14999	15108	20055	16078	17152	16615	
22	135	17993	11406	17021	17989	15135	17282	17615	14209	15912	
23	140	17993	17597	18029	17989	17201	17011	17095	17209	17172	
24	145	17993	/	17669	17989	16521	16820	18149	29219	23684	
25	150	17993	27012	26925	17989	15244	29219	27254	27182	27218	
26	155	20009	26108	26175	20000	27583	27352	26541	26181	27361	初次来压
27	160	20009	25804	24436	20000	26907	26253	25306	25840	25573	
28	165	20009	19145	18785	20000	26176	25875	18428	22278	20353	
29	170	20009	19109	19181	20000	18071	25411	19278	19446	19362	
30	175	20009	19901	20153	20000	19375	19783	20050	20331	20191	
31	180	20009	22996	23068	20000	19946	20761	21426	23591	22509	周期来压 (1)
32	185	20009	25516	25516	20000	19783	24186	22595	25543	24069	
33	190	20009	25712	26557	20000	19674	25525	22898	25770	24334	
34	195	20009	20261	20297	20000	19239	25827	19918	19547	19732	
35	200	20009	14574	14574	20000	19538	18832	17274	17287	17281	
36	205	20009	19577	18461	20000	19973	20000	17763	18294	18029	
37	210	20009	19253	18667	20000	17065	17011	19366	20089	19728	
38	215	20009	20009	22060	20000	20055	20925	21574	22247	21911	
39	220	20009	19757	19829	20000	21088	24485	19806	19825	19815	
40	225	20009	19901	19757	20000	19783	19892	19811	20141	19976	
41	230	20009	19757	20585	20000	19864	20381	20497	20599	20548	
42	235	20009	19685	19973	20000	20408	21441	20241	20821	20531	

续表

开采序号	推进距离/m	支架载荷或工作阻力/g									备注
		1号支架			2号支架			平均			
		初撑	移架2	开采	初撑	移架1	开采	开采	移架	总体	
43	240	20009	19829	21998	20000	20544	21957	22630	22651	22640	
44	245	20009	22744	24364	20000	23262	25472	22182	24161	23172	周期来压(2)
45	250	20009	27053	26911	20000	20000	25578	25739	26290	26015	
46	255	20009	24832	26712	20000	24567	25527	23479	23884	23382	
47	260	20009	25984	25852	20000	20245	22963	25427	26458	25942	
48	265	20009	21664	21772	20000	25002	26931	20859	21838	21349	
49	270	20009	20801	20729	20000	19946	22012	19971	23274	21623	
50	275	20009	25804	24616	20000	19212	25747	21561	23310	22436	
51	280	20009	21161	12018	20000	18505	20816	11919	21161	16540	

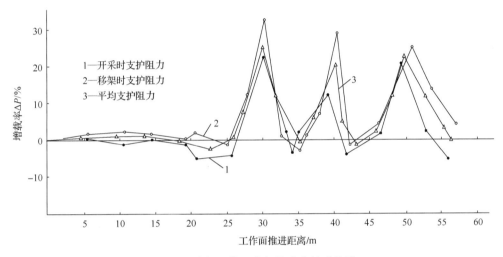

图 2-7　支架工作阻力与推进度关系曲线

从表 2-5 及图 2-7 中可以看出，工作面上覆岩层具有明显的初次来压和周期来压。实验表明，当工作面推进 18.5m（实际推进距离为 13.5m），直接顶初次垮落并伴有顶板内大量的裂隙产生，在随后 3 个循环内（工作面推进距离 18.5~21.5m），顶板在架后出现裂断并持续垮落（破断角约为 60°）。当工作面推进至 29.0~30.0m 时，开采过程中监测到支架增阻，移架后顶板沿已成裂隙裂断、垮落，高度达 14m，短暂稳定后，顶板再次大范围垮落，支架载荷均超过了额定工作阻力，工作面初次来压，来压影响持续了 3 个循环。来压期间架前有局部冒顶，支架上方出现两条贯通型裂隙，其中一条向工作面煤壁发展（见图 2-8）。当工作面推进到 38m 时，顶板发生较大范围垮落，顶板破断线从支架前端向上发展，裂断岩块长度达到 7.5m（该现象与现场顶板大面积悬露不易冒落或冒落块度较大的实际状况相吻合），此时，支架工作阻力急剧增大，工作面第一次周期来压（图 2-9）。来压期间，支架出现严重的抬头现象（顶板破断线和实际的垮落滑移线位于支架后部）。工作面来压特征见表 2-6。

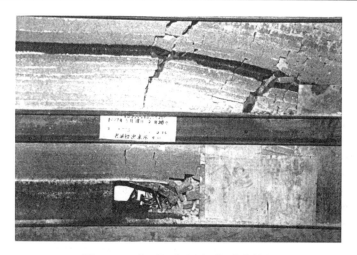

图 2-8　工作面初次来压顶板垮落特征

图 2-9　工作面周期来压顶板垮落特征

表 2-6　工作面来压特征

序号	名　称	来压步距/m	支护阻力/kN		增载系数		
			支架(1)	支架(2)	支架(1)	支架(2)	平均
1	初次来压	29~31	3125	4122	1.60	2.01	1.80
2	周期来压(1)	7~8	2190	1990	1.35	1.21	1.28
3	周期来压(2)	11~12	2499	2086	1.14	1.04	1.09

表 2-6 所示的大倾角煤层工作面来压特征与相同条件下的近水平或缓倾斜煤层工作面的来压特征相比来压步距较大(增加 17%~30%)而增载幅度较小(降低 15%~25%)。

2)"支架—围岩"相互作用关系

(1)顶板破断、运动对支架工作阻力的影响

支架工作阻力的变化规律见图 2-10 所示,顶板破断和运动对支架支撑力的影响具有较明显的规律性,对支架的侧推力(侧护力或靠架力)也存在影响,但基本不具有规律性。一般来说,在顶板破断和垮落的初期,工作面中部或中部靠上区域内支架的工作阻力增幅较大,向两侧工作阻力增长幅度逐渐减小,顶板全部破断并完全垮落后,中部或中部靠上侧支架的工作阻力增幅减小或出现负增长,而向两侧的支架支护阻力则相应增加。支架各个部分的靠架力(侧推力或侧护力)具有相邻支架间增大、相隔支架间减小和顶、底增减互补的大致特征,但就整体而言,支架顶梁、掩护梁上作用的侧推力较大,变化幅度也较为明显,相对地,作用于支架底座之上的靠架力较小,变化幅度也不大。值得注意的是,作用于支架顶梁、掩护梁和底座之上靠架力(侧推力或侧护力)的总和经常出

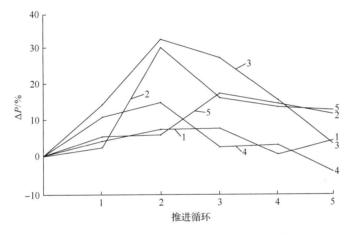

图 2-10　顶板破断、运动对支架工作阻力的影响

1—4 号支架;2—5 号支架;3—6 号支架;4—7 号支架;5—8 号支架

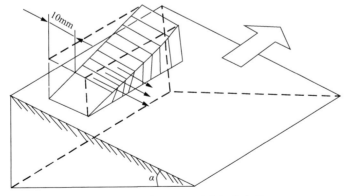

图 2-11　工作面回风平巷扭曲变形

现大于支架本身下滑力的现象，说明顶板破断岩块参与了"支架—围岩"系统的整体运动。此外，在实验过程中观测到了工作面上回采巷道断面发生扭曲的现象（见图 2-11），这说明破断顶板有沿层面向下滑移的现象发生。顶板破断、运动对工作面支架工作阻力影响的综合测试数据见表 2-7。

表 2-7 顶板破断、运动过程中支架工作阻力变化

支架工作阻力/g		支架编号				
		4	5	6	7	8
顶梁侧推力	初值	15851	10716	15635	19366	13618
	终值	16463	11059	17799	21491	14329
		16984	17845	20755	22401	14418
		17176	15994	19995	19943	16019
		16021	15720	18235	20065	15752
		10625	15652	16315	18782	15429
顶梁侧推力	初值	537	545	650	299	218
	终值	523	673	1191	684	536
		108	764	1227	485	456
		457	127	1460	513	377
		605	55	1444	627	20
		618	72	1209	612	179
掩护梁侧推力	初值	222	38	41	986	43
	终值	172	54	43	0	322
		115	41	41	0	374
		114	39	53	33	331
		86	38	32	65	65
		115	37	21	42	272
底座侧推力	初值	61	61	870	461	12
	终值	0	20	104	1176	22
		27	32	87	1152	31
		14	905	26	1539	42
		43	875	17	1261	76
		36	864	52	1297	33

(2)底板破坏、滑移对支架工作阻力的影响

底板破坏、滑移对工作面支架工作阻力影响的综合测试数据见表 2-8，支架工作阻力的变化规律如图 2-12 所示。

表 2-8　底板破坏、滑移过程中支架工作阻力变化

支架工作阻力/g		支架编号				
		4	5	6	7	8
支架支撑力	初值	18388	16063	15795	17982	15396
	终值	20295	15995	15154	17098	15841
		16026	15869	14835	16936	15019
		15851	13806	13995	15987	12906
		14424	8145	12176	15947	12964
		12405	13847	8401	13345	10892
顶梁侧推力	初值	645	909	397	1553	1309
	终值	643	1418	2301	3119	1388
		1479	455	2274	3105	2598
		2834	450	108	2777	1626
		632	590	180	2735	1706
		847	1020	144	2368	2083
掩护梁侧推力	初值	86	94	103	82	109
	终值	115	53	164	49	123
		1092	87	78	69	68
		1092	94	113	66	91
		546	89	93	82	49
		333	67	89	0	22
底座侧推力	初值	68	417	61	1103	48
	终值	65	386	191	436	1405
		61	366	174	521	1276
		57	976	243	1479	3573
		73	997	70	1030	3430
		69	1291	104	1236	2526

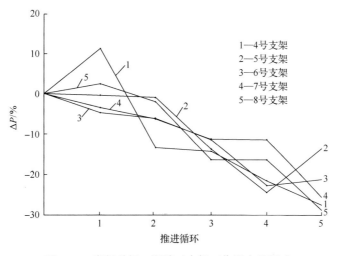

图 2-12　底板破坏、滑移对支架工作阻力的影响

　　由表 2-7 及图 2-12 中可见,底板破坏和滑移对支架工作阻力中的顶梁支撑力部分的影响与顶板破断、运动对其的影响一样,具有较明显的规律性,而对支架的侧推力(侧护力或靠架力)的影响规律性较差。一般来说,在底板破坏和滑移的初期,工作面中部或中

部靠下区域内支架的顶梁支撑力降幅较大，向上侧支架的顶梁支撑力降低幅度较小，向下侧的支架顶梁支撑力降低幅度很小。底板全部破坏并出现明显滑移后(滑移体与母体明显分离、其上端部与母体岩体间可见明显裂缝，下端部具有挤压臌出特征)，中部或中部靠上侧支架的工作阻力(主要为顶梁的支撑力)降幅增大，同时向上侧的支架的顶梁支撑力明显减小(降低幅度增加)，而向下侧的支架顶梁支撑力降幅减小，有时甚至出现增长(底板因上部滑移体的运动在一定范围内鼓起，使"支架—围岩"系统中支架的被动约束阻力增大)。支架各个部分的靠架力(侧推力或侧护力)具有相邻支架间增大、相隔支架间减小和顶、底增减互补的大致特征，但就整体而言，支架顶梁、掩护梁上作用的侧推力较大，变化幅度也较为明显，相对地，作用于支架底座之上的靠架力与顶板破断、运动状态条件相比有明显的增加，变化幅度也相对增大。

(3)回采工序(邻架加、卸载)对支架工作阻力的影响

大倾角煤层工作面的回采工序，特别是支架的加载、卸载与移动工序对相邻支架的稳定性具有一定影响，从而对整个工作面的"支架—围岩"系统稳定性产生影响，表2-9给出了支架升架(加载)和降架(卸载)时对相邻支架(升架对上邻架、降架对下邻架)影响的综合测试数据，图2-13给出了工作面支架工作阻力随不同工序的变化规律。

表2-9 回采工序(邻架加、卸)支架工作阻力变化

支架工作阻力/g			支架编号						
			2	3	4	5	6	7	8	9
下邻架升架、加载	支撑力	初值	31275	16005	16026	15994	15995	15987	16019	16009
		终值	31059	15435	15239	15240	16714	15947	16197	15855
	顶梁推力	初值	1063	909	484	336	0	57	69	402
		终值	1277	954	484	245	108	100	128	402
	护梁推力	初值	547	534	201	455	0	164	33	1115
		终值	490	585	187	436	62	197	0	1134
	底座推力	初值	230	645	41	153	400	103	71	221
		终值	213	669	20	142	443	115	71	195
上邻架降架、卸载	支撑力	初值	42218	30710	19963	12224	12117	18145	20555	15816
		终值	42362	30710	20050	12190	12117	18226	20644	15893
	顶梁推力	初值	1919	1610	592	944	397	783	486	641
		终值	1895	1520	578	823	433	783	486	652
	护梁推力	初值	912	1008	259	255	383	345	371	850
		终值	854	988	230	282	403	353	360	843
	底座推力	初值	400	821	205	833	313	273	256	1548
		终值	370	805	191	795	330	285	250	1561

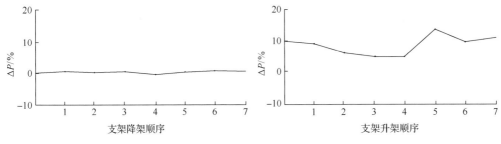

图 2-13　不同工序对支架工作阻力的影响

图 2-13 和表 2-8 表明，工作面回采工序，特别是支架的加载(升架)和卸载(降架)对相邻支架工作阻力具有一定的影响。通常，降架会使邻架的工作阻力(特别是支架顶梁支撑力)增加，在此过程中，上邻架工作阻力的增加幅度大于下邻架。相反地，升架会使邻架的工作阻力减小，在此过程中，上邻架工作阻力的减小幅度比下邻架为小。总体来说，支架的升、降架对"支架—围岩"系统的稳定性影响并不显著(升架的影响小于 10%，降架的影响小于 3%)，但对单体支架的滑、倒、挤、咬及具体的操作工艺有较大影响。

(4)不同介质的动摩擦特征与单体支架下滑

在不同介质条件下，支架的动摩擦系数和单体支架下滑实验是在三维块体模型和特制的实验装置上利用动力增加法和倾角变化法进行的，实验的主要结果见表 2-10。当单个支架处于约 14°光滑且有水的岩石表面上时，支架最容易下滑，这是支架运行中最不利情况。当有干煤粉时，摩擦系数可增大到 0.362，支架下滑的极限倾角约为 20°。当支架处于无水的光滑岩石表面时，摩擦系数为 0.5456，支架下滑的极限倾角约为 28°30′。当支架处于一定厚度较湿底煤(结块状)的光滑岩石表面上时，摩擦系数可达 0.8191，支架下滑极限倾角为 39°。因此，在生产实际中要因地制宜管好用好水和底煤，以防止支架下滑，特别是支架处于较大倾角的光滑岩石表面时，一定要做好防水疏水工作，避免支架过度下滑。

表 2-10　不同介质时支架的动摩擦系数

序号	介质类型	实验次数	摩擦系数	摩擦角/(°)	相对误差/%	备注
1	石膏	9	0.7565	37°06′27″	2.7	
2	粉煤灰(干)	9	0.5825	30°13′18″	1.63	煤灰不含水
3	粉煤灰(湿)	7	0.7403	36°30′49″	2.09	可用手捏成团
4	粉状石墨	7	0.4072	22°09′22″	1.99	底板未全覆盖
5	粉状石墨	7	0.2221	12°31′19″	1.97	底板全部覆盖
6	煤与石墨(2∶1)	11	0.3942	21°30′49″	1.64	底板未全覆盖
7	煤与石墨(2∶1)	11	0.2320	13°03′42″	2.12	底板全部覆盖
8	坚硬光滑底板	9	0.5456	28°36′37″	2.53	底板干燥
9	坚硬光滑底板	9	0.2493	13°59′53″	1.79	用水膜覆盖
10	硬滑、煤与石墨	5	0.3632	19°57′07″	2.46	厚度小
11	硬滑、煤与石墨	5	0.8191	39°19′17″	2.70	厚度覆盖底座

(5)支架的倾(翻)倒

当煤层倾角增大到一定值时，即使不发生沿工作面的下滑，支架也会出现失稳—倾倒或侧翻失稳，同样影响支架的正常使用，因此，在三维模型上对单个支架在斜面上的倾倒失稳机理进行了研究。

考虑到最大采高时支架的倾倒（侧翻）稳定性最小，所以实验按最危险情况进行，即按支架最大工作高度计算。由实验测定，当煤层底板介质为石膏上覆煤与石墨混合体、倾角 α 为 24°24′48″时，模型支架开始发生倾倒失稳。此时，支架与底板间的静摩擦系数仅为 0.4539，监测发现支架在斜面上几乎没有发生滑动，但却出现了倾倒（支架靠工作面上底座与底板间出现空隙）。实验过程中，通过在底板上标注的尺寸显示，支架的倾倒失稳除与煤层倾角密切相关外，还与支架在工作面底板斜面上所处的方位，即支架推进方向与煤层的真倾斜走向（垂直与煤层倾向）之间的夹角有关（图 2-14）。

由图 2-14 可见，若工作面沿伪仰斜推进时，在斜面上支架底座中心线与工作面正常推进方向朝上方的夹角为 ψ，当 α 为确定值时，ψ 越大，支架越不易失稳（越稳定）。若在斜面上支架底座中心线与工作面正常推进方向向下方夹角为 v，当 α 为确定值时，v 越大，支架越容易失稳（即越不稳定）。实验过程中，当 α=30°时，ψ 的极限值为 31°，v=40°；而当 α>40°时，ψ、v 对支架稳定性将失去调节作用，也就是说，一旦煤层的倾角大于 40°，工作面走向推进时，不论支架处于工作面（底板斜面）何种方位，都会发生倾倒失稳。

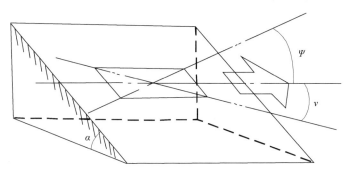

图 2-14　支架在斜面上的稳定性

在可变层面角三维块体力学模型模拟实验中还发现，当支架依靠自重力自行调整至伪仰斜方向后，支架将保持稳定（图 2-15）。该现象与上述的 α 不超过 40°时，ψ 越小支架越稳定的结论相一致。

图 2-15　排头支架卸载后底座后部下摆自动调稳

在大倾角煤层开采中，工作面沿伪仰斜推进的目的是使工作面输送机上窜以抵消其下滑量。通过实验发现，工作面沿伪仰斜推进还有利于支架稳定。因此，在生产实践中，当煤层倾角增大或采高加大时，要密切关注支架的防倒装置，防止支架因此而引发的失稳[4]。

实验过程中经常可观测到工作面支架底座尾部与底板接触状况不良，且以支架底座前下侧边沿下陷居多(图 2-16)，说明工作面支架有出现向前侧倾的可能，使支架与底板间出现非耦合接触。

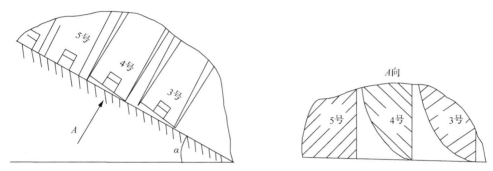

图 2-16　支架底座与工作面底板的非耦合接触模型

2.1.4　大倾角煤层走向长壁工作面矿压显现一般特征

通过对图 2-1~图 2-16 和表 2-1~表 2-8 所示的矿压显现观测结果分析，可以看出，大倾角煤层走向长壁工作面开采时，由于在直接顶上位岩层中会形成作用范围较小的"砌体拱"结构，同时在直接顶上覆岩层(关键层)中会形成类似于"三铰拱"的岩体大"结构"。随着工作面的推进，这两类"结构"都会发生失稳，从而导致工作面出现与缓倾斜工作面同样的来压现象。但因为倾角对"结构"形成和运动的影响，大倾角煤层走向长壁工作面的矿压显现具有以下特点：

(1)大倾角煤层走向长壁工作面开采具有初次来压和周期来压现象,初次来压和周期来压强度(显现程度)取决于顶板岩层中"关键层"的岩性、厚度(组合厚度)、上覆岩层荷载、"结构"稳定极限跨距以及"关键层"形成的层位(距煤层的距离)等。与缓倾斜煤层开采时相比，在顶板条件相同时，基本顶(关键层)来压的步距较大，持续时间较长，但来压强度较同样岩性及生产技术条件下的缓倾斜煤层要小。

(2)大倾角煤层走向长壁工作面开采时在工作面倾斜方向由于支撑(约束)条件不同，在工作面倾斜方向的不同位置，"关键层"形成的层位是变化的，因此，"关键层"的运动及其对下位"岩层结构"的作用和对工作面的影响不同。通常情况下，不论工作面为直线布置还是伪斜布置，其工作面倾斜中、上部区域的矿压显现要明显大(剧烈)于下部区域。

(3)由于顶板岩层中"结构"形成是随工作面推进从工作面倾斜方向的中部(或中上部)区域开始的，这样，"结构"的运动在空间上具有"时序性"，导致了大倾角煤层工作面来压的"时序性"，即沿工作面倾斜方向来压是不同步的。当工作面倾斜中部或中上部区域顶板岩层中"关键层"处于剧烈运动的非稳定状态时，工作面倾斜下部区域顶板内相应层位的岩层则仍处于相对稳定的状态，所以一般表现是工作面中部或中上部区域首先出现来压显现，相隔一段时间后(一天到三天不等)，工作面下部区域才出现来压显现特征。

(4)顶板破断、运动和底板破坏、滑移对工作面支架工作阻力(特别是支架顶梁支撑力)具有明显影响。顶板破断、运动使支架顶梁支撑力增大；底板破坏、滑移使大部分支架顶梁支撑力降低，但可能会使滑移体下端的个别支架顶梁支撑力在一定的时间段内增加；支架靠架力的无规律变化(经常出现靠架力大于支架本身极限下滑力的现象)，说明顶板破断岩块和底板破坏滑移体均参与"支架—围岩"系统的整体运动。回采工序中的降架和升架对相邻支架对顶板的支撑力有一定影响，但其影响只局限于单体支架的稳定性(在限制空间和时间内滑、倾、挤、咬)，对"支架—围岩"系统的整体稳定性影响不显著。

(5)接触介质对支架与工作面底板间的动态摩擦系数有决定性的影响，相同介质在水的作用下测得的摩擦系数变化幅度很大，这说明水不论对单体支架还是"R-S-F"系统的稳定性都具有较大影响。倾角变化对"支架—围岩"系统的稳定性有很大影响，开采大倾角煤层的走向长壁工作面沿伪倾斜布置、仰斜推进有利于工作面支架自身及"支架—围岩"系统的稳定性控制。

以上矿压显现特征表明，大倾角煤层走向长壁工作面(倾斜布置)的矿山压力显现具有时、序、强度不一的复杂性，且由于顶板破断活动、底板破坏滑移的复杂性使"支架—围岩"系统的稳定性控制复杂化(如导致工作面不同区域支架的倾倒方向不一致等)，易于导致"顶板—支架—底板"系统动态失稳，从而引发安全事故。因此，有必要对由于倾角增大后围岩的破断和运动规律进行深入研究。

2.2　大倾角煤层走向长壁开采围岩破断与运动基本特征

众所周知，除严格意义上的水平赋存状态煤层外，由于倾角作用，工作面围岩的重力(自重)均会分解为法向力(垂直岩层层面)和切向力(平行岩层层面)，随着岩层(煤层)倾角的增大，导致岩层变形(顶板下沉、底板鼓起)、破断的法向力减小，而导致破断岩层(顶板破断岩块或底板破坏滑移体)沿层面方向产生位移的切向力则增大，因此，工作面围岩在开采过程中向已成空间的运动是法向与切向(倾向)位移交互的三维复合运动。当煤层倾角增大到一定程度时(达到大倾角煤层定义中的下限时)，围岩组成中的顶板破断并形成垮落后岩层(冒落矸石)会沿底板向下滑滚，使回采空间在倾斜方向上形成非均匀充填，造成垮落矸石对上覆岩层约束的非均衡性，从而形成了大倾角煤层走向长壁工作面开采特有的覆岩变形、破坏、位移与垮落及充填形态[5]。

2.2.1　上覆岩层变形破坏过程

在采动附加应力和煤层倾角等特殊因素作用下，大倾角煤层走向长壁开采上覆岩层运动过程可以分为四个阶段[6]：

(1)变形阶段。工作面推进开始阶段，回采空间较小，其周围岩体在附加应力作用下会产生较大的应力集中，并产生微小的变形。随着工作面的推进，开采空间不断扩大，顶板岩层悬露跨度增加，并在应力作用下上覆岩体中产生相对初始时期较大的变形和移动，其显著特征是变形主方向为法线方向，且法向移动不会达到采出的煤层厚度，更远小于岩层自身厚度。

(2)离层弯曲阶段。上覆岩层由若干力学性质各异的岩层组成，在运动过程中以单层或迭层(硬岩及其上覆的软岩)形变出现，下位岩层弯曲下沉时，在围岩横向挤压力作用下，层内产生剪力，使岩层在垂直于层面方向处于受拉状态，当其与上位相邻岩层间产生的拉应力超过层间抗拉强度极限时，层与层之间的黏结力作用彻底丧失，便会在层间产生层与层的脱开——离层。

(3)断裂回转阶段。断裂是岩层运动中较为剧烈的阶段，主要发生在基本顶岩层中。由于离层的产生，层间黏聚力丧失，下位岩层的挠曲度迅速加大(如果下方失去支撑的话)，同时，岩石脆性及不抗拉特性表现明显，在岩层板的边界处及下边缘层面处将产生不同程度的断裂现象，沿工作面倾向上部岩层板边界处主要发生受拉断裂，同时受上部岩层板的反向推力作用，发生反向回转，下部岩层板边界主要发生压剪断裂，受下部岩层铰接作用，发生回转，见图 2-17。

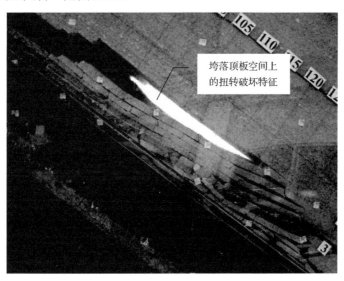

图 2-17　大范围顶板扭转破坏

(4)垮落滑移阶段。随着回采工作的进行，上覆岩层断裂回转的运动空间增大，岩板失去支撑作用，铰接结构失稳，向回采空间垮落，并沿工作面底板向下滑移。

上述四个过程随工作面推进，周期性交替出现。

2.2.2　上覆岩层变形破坏特征

1. 直接顶破坏滑移特征

直接顶首先从工作面中上部区域破坏，破坏方式主要包括：离层—弯曲—破断垮落等过程，由于倾角作用，沿工作面倾斜方向不同位置直接顶岩层的运移也不同。通常，工作面上部区域的直接顶岩层能够全厚度垮落,且在直接后方呈杂乱堆积(块度由构成岩层的岩石性质决定)并沿工作面倾斜方向下滑,导致倾斜下部累积充填,使工作面倾斜上部垮落破坏空间逐渐增加,向工作面上部转移并延伸至上区段采空区;采面中部位置的直接顶岩层则从下分层到较上分层以不同的形式冒落,较下的岩层一般杂乱垮落而且块度不一,较上的岩层垮落则以较大块度、较整齐排列的形式垮落,而更上部的岩层则有可能在走向及倾斜方向上均形成"砌体结构";处于工作面倾斜下部区域内的直接顶岩层由于受到上部破坏岩块滚落充填,其运移空间较小,通常只有最下分层及其附近的岩层才会出现断裂与垮落,其上各分层一般以各自岩性允许的块度裂断(不同约束条件下的极限悬伸长度)并整齐排列,较上分层的岩层则易形成"结构",见图 2-18。

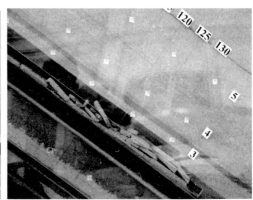

图 2-18　直接顶破坏运移

2. 基本顶破坏运移特征

基本顶的破坏方式主要包括:离层—回转—断裂—反向回转—垮落等过程,工作面顶板岩层沿推进方向垮落的主要形态是沿工作面长度方向的"时序"不一致性,即在工作面长度方向上顶板岩层垮落时间和顺序与缓倾斜煤层相比差异性更大。

一般情况下,在工作面推进过程中,顶板在工作面线的中部或中上部首先出现裂缝(该裂缝既有沿工作面倾斜方向的,也有沿工作面推进方向的),与此同时,在工作面回风巷道附近也出现沿工作面走向的裂缝(同时还有大量的裂缝出现在回风巷道上部的煤或岩层内),随着工作面的推进,出现在工作面中部的裂缝向工作面上下延伸,工作面运输巷道附近的裂缝向工作面前后延伸,当工作面推进长度或顶板沿工作面倾斜方向的悬伸长度超过顶板岩层极限跨距时,顶板出现断裂,继而出现垮落。由于裂缝的发展随工作面的推进有一个时间过程,故顶板的裂断和垮落在工作面走向方向上的"时序"不同。工作面中部首先开始裂断和垮落,接着是工作面倾斜上部,然后是工作面倾斜下部。

此外,由于工作面中部垮落顶板对下部已成空间(煤层被采空的区域)的充填作用和对上部已成空间的"负约束效应"造成工作面倾斜下部顶板活动空间减小而上部顶板活动空间扩大,这样就引发了工作面中上部顶板垮落充分,延伸区域大(大部分工作面顶板上部垮落区域扩展范围超过了工作面回风巷道所对应的位置)而工作面中下部顶板垮落受限制(工作面靠近运输巷道的部分顶板基本不出现垮落)的非均衡现象,见图 2-19。

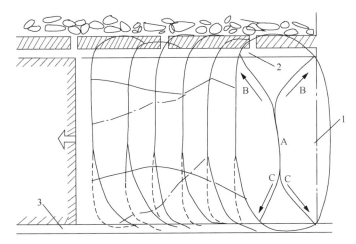

图 2-19　顶板岩层变形与裂断时序特征

1—开切眼；2—回风巷；3—运输巷；A，B，C—破断顺序

　　大倾角煤层走向长壁工作面上覆岩层沿倾斜剖面在不同位置所受到的约束不同，因此在垂直方向上，不同位置的上覆岩层的运动状态不同。一般表现为工作面下部区域小于上部，中上部区域的岩层运动较下部剧烈。由于倾角影响，大倾角煤层直接顶上覆岩层中的基本顶主要是指工作面中上部直接顶厚度以上的岩层。研究表明，该部分岩层的挠曲变形以工作面倾斜中部偏上最大，而下部则明显小于上部。随着工作面的推进，该岩层在最大挠曲处形成主要裂隙并发展到中部的拉断破坏。无论工作面直线或伪斜布置，拉断裂隙都不会沿工作面全长发展(与此同时，也伴生一些伪斜方向的裂隙，开采周边也出现拉裂隙，甚至向煤壁前方发展)，当岩层达到极限跨距时，裂隙贯通后出现裂断与冒落，见图 2-20。

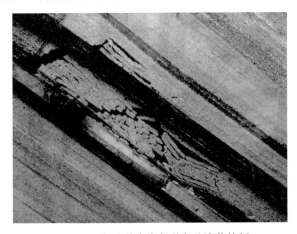

图 2-20　岩层裂隙分布形态及垮落特征

3. 高位岩层空间变形、破坏和运移特征

　　在开采大倾角走向长壁工作面时，当工作面低位顶板出现初次垮落后(通常是工作面直接顶)，处于工作面中、上部区域内的顶板破断和冒落后的矸石不能在原地停留，既不能对更深层次的围岩提供约束，又给上覆岩层的进一步运动留下了足够的空间，上覆岩

层(顶板)内可垮落的岩层(冒落带和裂隙带下位岩层)能够进行充分的垮落,故一般情况下"三带"特征明显,且层位较高;处于工作面下部区域内的顶板岩层由于运动空间受中、上部冒落岩块等的充填限制(约束),得不到充分的垮落运移,因此没有明显的"三带"特征或"三带"形成的层位较低且不充分(完整),见图 2-21(新疆焦煤集团艾维尔沟煤矿 2130 平硐大倾角煤层开采相似模拟实验)。

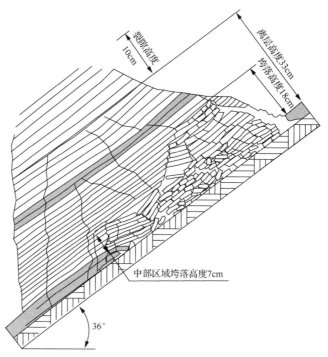

图 2-21　覆岩倾向破特征

大倾角煤层采场沿走向上覆岩层垮落特征与一般倾角煤层相似,都存在三带,即垮落带、离层裂隙带和弯曲下沉带,见图 2-22。

(a) 实拍图

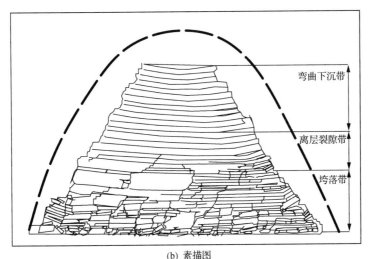

(b) 素描图

图 2-22　走向覆岩垮落特征

　　大倾角煤层群开采时，由于受到采动影响次数和程度不尽相同，导致采空区垮落岩体(石)在工作面倾斜方向上的破碎程度不同，一般为上部较为破碎，中部和下部次之。在多区段开采时，表现为上区段较为破碎，下区段次之。此外，在垂直工作面倾斜方向上，处于上方煤层层位的垮落岩层较为破碎，下方煤层层位的岩层次之，处于上方煤层之上的较高位岩层完整性或垮落规则性较好；同时，多煤层多区段开采导致破断岩层下滑堆积后，倾斜上部与采场高位区域易形成空洞，为有害气体等提供储存空间，形成安全隐患，见图 2-23[7]。

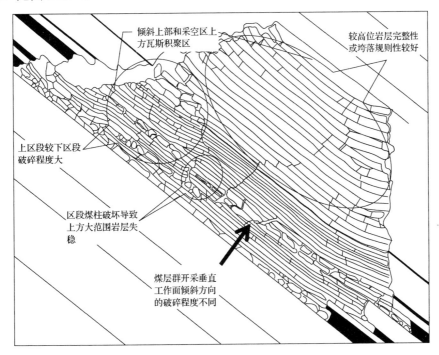

图 2-23　覆岩垮落破碎特征

2.2.3 上覆岩层垮落与充填特征

大倾角煤层开采受煤层倾角的影响，顶板岩层垮落具有时序性和非均匀性，工作面上部区域顶板岩层垮落先于下部区域顶板岩层，上部区域顶板垮落矸石向下滑移，充填下部采空区，使上部区域顶板垮落充分，下部区域顶板垮落不充分，垮落矸石沿工作面倾向形成分区域充填特征。沿工作面倾向，从下向上依次分为三个区域：下部充填压实区、中部完全充填区、上部部分充填区 (图 2-24)[8]。

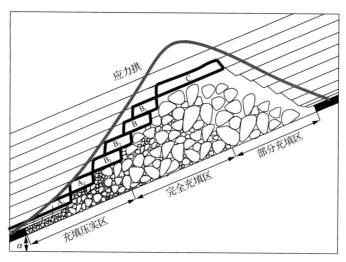

图 2-24　大倾角煤层开采采场充填特征

1. 工作面下部充填压实区

沿工作面倾向，中上部区域顶板垮落先于工作面下部区域顶板，中上部区域直接顶岩层垮落后向下部采空区滑移充填，使下部区域顶板在充填矸石的支撑作用下，向下移动的趋势受到抑制，同时下部区域顶板下沉压实充填矸石。工作面中上部区域直接顶垮落矸石充填下部区域煤层开采空间，

$$\sum hK_P L_{1T} = ML_1 \tag{2-1}$$

式中，$\sum h$ 为直接顶厚度，m；L_{1T} 为直接顶沿倾向垮落的极限跨距，m；L_1 为下部充填压实区长度，m；M 为煤层厚度，m；K_P 为直接顶垮落的碎胀系数。

直接顶岩梁可以看做两端固支梁，对其进行受力分析 (图 2-25)，得出其最大弯矩为 $M_{\max} = -\dfrac{1}{12}q\cos\alpha L^2$，由弯矩产生的最大拉应力为

$$\sigma_{\max} = \frac{qL^2\cos\alpha}{2\left(\sum h\right)^2} \tag{2-2}$$

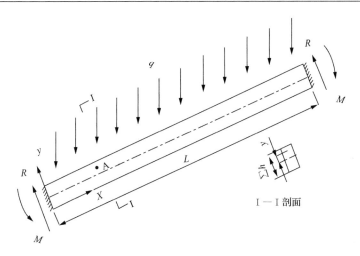

图 2-25　直接顶岩梁力学模型

当 $\sigma_{\max} = R_T$，即梁两端最大拉应力达到抗拉强度极限时，梁两端发生拉裂，则直接顶沿倾向断裂的极限跨距为

$$L_{1T} = \sum h \cdot \sqrt{\frac{2R_T}{q\cos\alpha}} \qquad (2\text{-}3)$$

由于直接顶所受载荷 q 由其上方多层岩层自重和岩层间相互作用产生的载荷组成，考虑到 n 层对直接顶影响形成的载荷为

$$(q_n)_1 = \frac{E_1 h_1^3 \left(\gamma_1 h_1 + \gamma_2 h_2 + \cdots + \gamma_n h_n\right)}{E_1 h_1^3 + E_2 h_2^3 + \cdots + E_n h_n^3} \qquad (2\text{-}4)$$

将式(2-4)代入式(2-3)，得出直接顶沿倾向断裂的极限跨距为

$$L_{1T} = \sum h \cdot \sqrt{\frac{2R_T \left(E_1 h_1^3 + E_2 h_2^3 + \cdots + E_n h_n^3\right)}{E_1 h_1^3 \left(\gamma_1 h_1 + \gamma_2 h_2 + \cdots + \gamma_n h_n\right)\cos\alpha}} \qquad (2\text{-}5)$$

式中，$h_i\left(i = 1,2,\cdots,n\right)$ 为各岩层的厚度，m；$\gamma_i\left(i = 1,2,\cdots,n\right)$ 为各岩层的体积力，kN/m^3；$E_i\left(i = 1,2,\cdots,n\right)$ 为各岩层的弹性模量。

将直接顶沿倾向断裂的极限跨距 L_{1T}，即式(2-5)代入式(2-1)，得出下部充填压实区长度为

$$L_1 = \frac{K_P \left(\sum h\right)^2}{M} \cdot \sqrt{\frac{2R_T \left(E_1 h_1^3 + E_2 h_2^3 + \cdots + E_n h_n^3\right)}{E_1 h_1^3 \left(\gamma_1 h_1 + \gamma_2 h_2 + \cdots + \gamma_n h_n\right)\cos\alpha}} \qquad (2\text{-}6)$$

2. 工作面上部部分充填区

沿工作面倾向，由于顶板垮落矸石向下滑移充填，在工作面上部区域形成部分充填区，其特征表现为矸石部分充填回采空间，矸石完整性较下部区域好，矸石之间间隙大，与上部顶板之间存在一定的空间，未能对上部区域顶板形成支撑作用或者对上部区域顶板支撑作用较小。由于上部区域矸石与顶板之间存在一定的空间，上部区域顶板垮落高度较下部区域顶板垮落高度大，在采场围岩应力拱作用下，围岩运移垮落形成拱结构，采场围岩处于相对平衡状态，从垮落形态上看，上部区域顶板可以看作由一层一层悬露长度不一的悬臂梁叠加而成，同时，悬露边缘连线(OD)具有拱的特征，拱结构与梁结构的主要区别在于竖向载荷作用下的拱结构会产生水平推力，在上部区域 D 点位置对顶板产生水平作用力，因此，可将上部区域顶板简化为斜拱。斜拱的支座反力可由全拱的 3 个整体平衡条件及半拱的平衡条件 $\sum M_O = 0$ 求出，斜拱受力情况如图 2-26 所示。

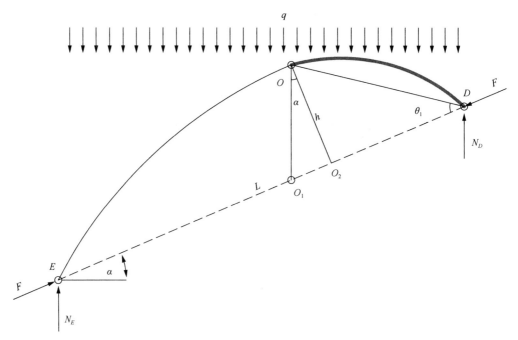

图 2-26　斜拱受力情况

由斜拱的整体平衡条件 $\sum M_D = 0$ 及 $\sum M_E = 0$，可以求出支座的竖向反力为

$$N_E = N_D = \frac{1}{2} qL \cos \alpha \tag{2-7}$$

上部区域顶板拱结构(OD)平衡条件 $\sum M_O = 0$ 有

$$Fh + \frac{1}{2} q L_{O_1D}^2 \cos^2 \alpha - N_D L_{O_1D} \cos \alpha = 0 \tag{2-8}$$

解得

$$F = \frac{1}{2} q (\tan \alpha + \cot \theta_1)(L - h \tan \alpha - h \cot \theta_1) \tag{2-9}$$

取上部区域顶板拱结构(OD)为隔离体(图 2-27),计算得出拱顶 O 点的内力为

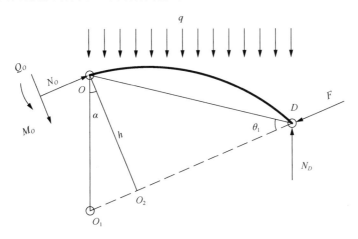

图 2-27　拱结构 OD 段受力

$$\begin{cases} M_O = \frac{1}{2} q L_{O_1D}^2 + Fh - N_D L_{O_1D} \cos \alpha \\ N_O = F - \frac{1}{2} q L \cos \alpha \sin \alpha + q L_{O_1D} \cos \alpha \sin \alpha \\ Q_O = \frac{1}{2} q L \cos^2 \alpha + q L_{O_1D} \cos^2 \alpha \end{cases} \tag{2-10}$$

拱顶 O 点位置岩体所受剪切力与摩擦力相等时,拱顶岩体处于极限平衡状态。拱顶岩体结构不发生滑落失稳,必须满足:

$$Q_O \leqslant N_O \tan \varphi \tag{2-11}$$

将式(2-7)、式(2-9)、式(2-10)代入式(2-11)得出

$$h \leqslant \frac{L}{\tan \alpha + \cot \theta_1} \left[1 + \frac{\cos \alpha \sin \alpha \tan \varphi - 3\cos^2 \alpha}{(\tan \alpha + \cot \theta_1) \tan \varphi - 2\cos \alpha \sin \alpha \tan \varphi + 2\cos^2 \alpha} \right] \tag{2-12}$$

上部部分充填区的长度 L_3 为

$$L_3 = h \cot \theta_1 \leqslant \frac{L \cot \theta_1}{\tan \alpha + \cot \theta_1} \left[1 + \frac{\cos \alpha \sin \alpha \tan \varphi - 3\cos^2 \alpha}{(\tan \alpha + \cot \theta_1) \tan \varphi - 2\cos \alpha \sin \alpha \tan \varphi + 2\cos^2 \alpha} \right] \tag{2-13}$$

2.2.4 底板破坏滑移特征

煤矿开采的对象是处于三维原岩应力状态下的煤层，伴随着煤层被采出的过程，采场周围的围岩应力场要发生变化，形成应力的"二次分布"，导致局部区域的应力升高(或降低)，在开采所造成的卸荷过程完成后，回采空间围岩的应力状态从煤层深部向工作面表面逐步由三向应力状态向双向应力状态过渡，进而发展为单向应力状态(周边)。很显然，当工作面无支护时，回采空间的煤层顶底板和两侧煤壁表面通常处于"零"应力状态，其周围岩体在深部应力的作用下向已成空间移动是必然的。此外，含煤地层是由沉积岩组成的，都具有明显的沉积特征——层理和节理，在围岩向已成空间的移动过程中，由于组成不同分层的岩性不同，在移动过程中所表现出的力学特性(变形与破坏)不同，在相邻岩层之间就会出现程度不同的变形不协调现象。对于煤层顶板岩层来说，由于岩层自身重力的作用加剧了变形程度，促使岩层非稳态运动"加速"，因而经常表现出顶板的裂断和冒落。对于煤层底板来说，岩层自身重力的作用减缓了其变形程度，有利于岩层自身的稳定，故在一般情况下，不会出现明显的破坏特征(裂断与膨出)。但是随着煤层(岩层)倾角增大，底板岩层自身重力中促使其稳定的分量减小，而导致其出现非稳态运动的分量相应增大，当倾角增大到一定程度后(倾角大于 35°)，底板岩层在卸荷过程中发生的运动也会导致出现与顶板岩层相对应的破坏特征—大量变形引发的裂断、膨出，形成滑移体并产生沿滑移面(与工作面底板岩层成一定夹角)的滑移，并具有以下一般规律[9~11]：

(1)底板变形的基础(内因)是经"二次分布"后的围岩应力，岩层赋存条件(岩性、层理、节理、分层厚度等)和外力扰动(支护系统阻力、回采工艺作用、底板随机破坏等)以及相应的运移空间是其必要条件。底板出现变形、破坏和滑移的几率随工作面倾斜长度的加大、底板分层厚度减小、靠近煤层的软弱夹层增多、原(次)生裂隙组数增加和分层间水渗透性的提高而增大。

(2)与顶板的变形和垮落特征不同，大倾角煤层底板变形(膨出)在工作面倾斜方向随采煤方法的不同而不同。在倒台阶采煤工作面，底板变形或位移的最大梯度出现在工作面下部，在正台阶和俯伪斜短壁工作面，底板变形的最大梯度出现在工作面上部。在直线工作面，底板变形或位移量(一般为顶板下沉或位移量的 1/10~1/7)随着工作面长度的增大而增加，但并不一定呈线性关系。

(3)若底板分层明显，出现失稳变形的一般为靠近煤层的 1~3 分层，深部的底板岩层变形和移动特征不明显。若底板表面岩层被原生裂隙(节理)或人为外力切割成"结构体+结构面"形态时，破坏和滑移沿"结构面"发展；底板靠近煤层的分层中含有软弱夹层或分层间有较充足的水渗透时，底板的非稳态运动(破坏和滑移)沿该层面发展，"结构体"将逐步演变为滑移体，"结构面"将会单独或合并成为滑移面(图 2-28)。

(4)底板滑移的前提条件是变形、破坏(底板膨出变形大到引发薄层状岩层裂断或支护系统阻力使厚度较大的岩层表面形成局部损伤)，只有大量变形而导致破坏后能够形成滑移体与滑移面的底板岩层才会出现滑移。当破坏出现在工作面倾斜方向的中部或上部区域且下部区域岩层完整性较好(薄层与极薄层岩层组成的底板除外)，则破坏滑移区一般不会向下蔓延。但当该破坏区出现在工作面下部区域时，由于该局部破坏给上部底板岩层的滑移提供了空间，所以在外力的作用下，有可能导致破坏滑移区的扩大和蔓延。

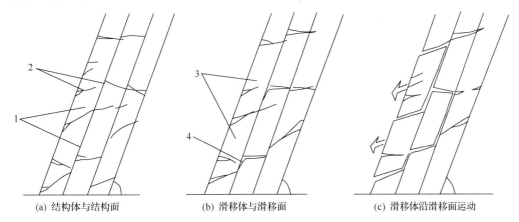

(a) 结构体与结构面　　　　　　(b) 滑移体与滑移面　　　　　(c) 滑移体沿滑移面运动

图 2-28　大倾角煤层底板滑移的演变过程

1—结构体；2—结构面；3—滑移体；4—滑移面

底板是"支架—围岩"系统构成的基础，在一般倾角的煤层中，底板的变形(如软底、遇水膨胀底板等)会引起"支架—围岩"系统的"失稳"，如单体支柱插底使其工作阻力降低、液压支架底座的非均匀下陷造成的支架倾、倒等。对于大倾角煤层而言，"支架—围岩"系统本来就是一个"非稳态"运动系统，所以不论底板因何种因素出现破坏滑移，必然会加剧"支架—围岩"系统的不稳定性。

底板滑移的前提是破坏，而引发破坏的因素则包括内因和外因两方面。一般来说，在工作面形成后，内因(主要是经过二次分布后的围岩应力)对底板的作用(向已成空间的卸荷作用)是相对不变的，而外因则有可供选择的余地。如果支护体的结构和工作特性与底板围岩的变形特性匹配，其对底板的"增载"作用与内因产生的"卸荷"作用相互抵消，则会对底板起到好的控制效果，有利于"支架—围岩"系统的稳定。反之，如果支护体的结构和工作特性与底板围岩的变形特性不匹配，其对底板的"增载"作用与内因形成的"卸荷"作用叠加，则可能使底板出现"结构型"损伤(图 2-28)，如单体支柱插底、综采支架因底板比压选择不当形成的底座侧倾等，这种损伤的扩展会造成底板围岩表层结构断裂，促使底板破坏滑移体产生，则既降低支护体本身的支护效率，又会使底板出现破坏，产生滑移，导致"支架—围岩"系统更易失稳。

2.3　大倾角煤层开采覆岩关键层与岩体结构的形成与变异

2.3.1　"关键层"形成区域

大倾角煤层走向长壁工作面上覆岩层沿倾斜剖面在不同位置所受到的约束不同，因此在垂直方向上，不同位置的上覆岩层的运动状态不同。一般表现为工作面下部区域小于上部，中上部区域的岩层运动较下部剧烈。由于倾角影响，大倾角煤层直接顶上覆岩层中的"关键层"主要是指工作面中上部直接顶厚度($\sum h_{max}$)以上的岩层。研究表明[12,13]，该部分岩层的挠曲变形以工作面倾斜中部偏上最大，而下部则明显小于上部。随着工作面的推进，该岩层在最大挠曲处形成主要裂隙并发展到中部的拉断破坏。无论工作面直线或伪斜布置，拉断裂隙都不会沿工作面全长发展，当岩层达到极限跨距时，裂隙贯通后出现裂断与冒落，在工作面的推进过程中形成如图 2-29 所示的特征。

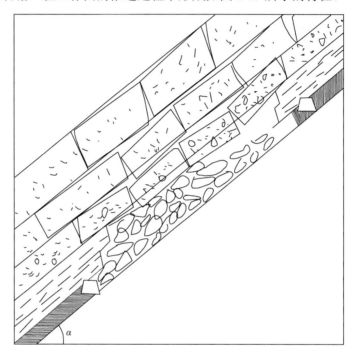

图 2-29　大倾角工作面沿倾斜方向顶板结构和垮落形态

2.3.2　直接顶沿工作面倾斜方向运动状态

由于倾角作用，直接顶岩层的运动也随沿工作面倾斜方向的位置不同而不同。通常，工作面上部区域的直接顶岩层能够全厚度垮落，且在放顶线后呈杂乱堆积(块度由构成岩层的岩石性质决定)并沿工作面倾斜下滑。采面中部位置的直接顶岩层则从下分层到较上分层以不同的形式冒落，较下的岩层一般杂乱垮落而且块度不一，较上岩层则以较大块度、较整齐排列的形式垮落，而更上部的岩层则有可能在走向及倾斜方向上均形成"结构(砌体拱)"。处于工作面倾斜下部区域内的直接顶岩层通常只有最下分层及其附近的岩层才会出现断裂与垮落，其上各分层一般以各自岩性允许的块度裂断(不同约束条件下的极限悬伸长度)并整齐排列，较上分层的岩层则会形成"结构"。(如图 2-29 所示，根据"关键层"理论，形成"结构"的岩层不论其岩性是否相同，都可统一归为"关键层"，故这部分直接顶可划归直接顶上覆岩层范畴)。

在近水平或缓倾斜工作面，通常情况下，沿工作面倾斜方向顶板不易形成"结构"，但在大倾角煤层工作面，破断岩块在重力的倾向分力作用下，极易形成"结构"，该结构的实质是一个"三铰拱"，上部拱脚支撑于回风平巷上方的岩(煤)层内，下部拱脚由工作面中部(或中部偏上)的冒落矸石支撑。

2.3.3　"关键层"迁移转化特征

　　大倾角煤层开采采空区垮落岩体在工作面倾斜方向上的破碎程度不同,表现出的力学特征(强度、完整性、约束作用)不同,导致工作面上覆岩层变形、破坏和垮落形态沿工作面倾向发生变化:在工作面倾斜下部区域,采空区垮落矸石排列整齐、充填密实,对上覆岩层的支撑与约束作用强,在工作面推进过程中,破碎、垮落的岩层高度为工作面直接顶一部分(直接顶下位岩层);在工作面中部区域,采空区垮落矸石排列杂乱、充填较密实,对上覆岩层的支撑与约束作用一般,在工作面推进过程中,破碎、垮落的岩层高度为工作面直接顶的全部和部分基本顶(基本顶下位岩层);在工作面上部区域,采空区垮落矸石沿底板滑移,只有部分矸石在原地停留、充填作用较差,对上覆岩层的支撑与约束作用较弱或缺失,在工作面推进过程中,破碎、垮落的岩层高度为工作面基本顶。工作面顶板岩层的破碎、垮落方式导致沿工作面倾斜方向上岩层垮落形态不同、应力分布形态不同。在工作面走向方向上,大倾角煤层开采上覆岩层的垮落与一般倾角煤层相同,存在煤壁支承区、离层区和重新压实区,顶板岩层垮落形态为对称拱形。

　　大倾角煤层开采顶板岩层的垮落形态可简化为"拱壳"形式的"异形空间",其空间轮廓(包络形态)范围穿越顶板岩层,在工作面沿倾斜方向的不同区域内,形成轮廓的层位不同,即大倾角煤层"关键层"区域沿工作面倾斜方向发生迁移转化,在工作面倾斜下部区域,"关键层"区域由一般倾角条件下的基本顶岩层向下部的直接顶和伪顶岩层转移;在工作面倾斜中部区域,"关键层"区域处于基本顶中下位岩层中;在工作面倾斜上部区域,"关键层"区域向基本顶上位岩层中转移。由于顶板岩层的沉积层理作用,"关键层"沿工作面倾斜方向形成"梯阶"结构(图2-30)[14,15]。沿工作面走向"关键层"结构的前部支承点位于工作面前方煤壁内,后部支承点位于采空区(垮落矸石与顶板岩层接触处),见图2-31。

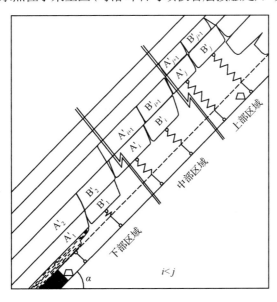

图 2-30　大倾角煤层倾斜长壁开采"关键层"岩体结构倾向模型

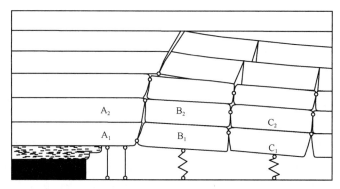

图 2-31　大倾角煤层倾斜长壁开采"关键层"岩体结构走向模型

2.3.4 "关键层"岩体结构变异致灾机理

在工作面倾斜方向下部区域,"关键层"岩体结构形成层位较低,结构的一般性失稳不易发生,周期来压显现不明显或强度较小,但一旦出现沿倾斜方向整个"关键层"岩体结构下部支承区域破坏(工作面运输巷道破坏或下端头支护失效),则会引发"关键层"岩体结构整体破坏,直接顶和基本顶下位岩层内未充分裂断的大尺度岩块剪切滑落,导致工作面部分区域或整个工作面出现推垮性灾变(图 2-32)。

在工作面中部区域,"关键层"岩体结构形成层位高于下部区域,低于上部区域,构成岩体结构的岩块数量多、跃层区间多,容易发生不同类型结构失稳,除周期来压明显外,其他强度不等的来压活动比较活跃,结构失稳则可能导致工作面出现支架挤、咬、滑、倒等灾变。

在工作面上部区域,"关键层"岩体结构形成层位最高、可供运动(移)空间最大、"R-S-F"系统构成元素缺失或成为"伪系统"的概率最大,且岩块与工作面回风巷道顶板之间易形成接触不良的"残垣"结构,极易发生强度损失导致的塌落型结构失稳,除来压强度较大外,还带有明显的冲击特征,导致工作面局部区域产生支架损坏、"R-S-F"系统功能失效等动力灾变(图 2-33)。

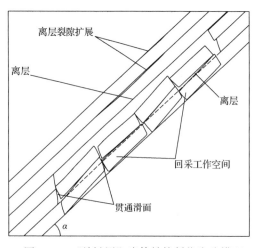

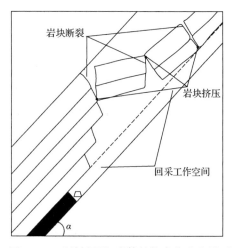

图 2-32　"关键层"岩体结构低位失稳模型　　　　图 2-33　"关键层"岩体结构高位失稳模型

　　在工作面倾斜方向的上部区域，顶板和部分底板岩层变形破坏产生的矸石向工作面中、下部滑、滚后形成的异形空间（上隅角包含在该空间内）为气体积聚提供了条件，对于大倾角高瓦斯煤层，此空间会积聚远大于普通倾角的煤层工作面上隅角的瓦斯或其他气体，此外，随着工作面的推进和上覆岩层的周期性垮落，数十个或数百个相似的异形空间可能会沿工作面回风巷道形成连续性条带，并可能与相邻区段的采空区连通，成为巨大的瓦斯积聚空间或瓦斯补给源，除给工作面通风系统带来巨大压力外，也在一个相当大的区域内给瓦斯动力灾害（有时会伴随着工作面或巷道煤层自燃）的演化与产生创造了条件，给矿井的安全生产留下了巨大隐患。

参 考 文 献

[1]　伍永平. 绿水洞煤矿大倾角煤层综采技术研究[D]. 西安: 西安矿业学院, 1996.

[2]　肖江, 伍永平, 李毅, 等. 一种相似材料立体模拟实验支架: 中国, ZL00226585.0[P]. 2001-05-16.

[3]　伍永平. 大倾角走向长壁开采"R-S-F"动态稳定性实验[J]. 西安科技学院学报, 2003, 23(2): 123-127.

[4]　负东风, 伍永平. 大倾角煤层综采工作面调伪仰斜的原理与方法[J]. 辽宁工程技术大学学报(自然科学版), 2001, (2): 152-156.

[5]　伍永平, 负东风, 周邦远, 等. 绿水洞煤矿大倾角煤层综采技术研究与应用[J]. 煤炭科学技术, 2001, (4): 30-33.

[6]　王红伟. 大倾角煤层开采覆岩结构特征分析[D]. 西安: 西安科技大学, 2010.

[7]　Wu Y, Xie P, Ren S, et al. Three-dimensional strata movement around coal face of steeply dipping seam group[J]. Journal of Coal Science & Engineering(China), 2008, 14(3): 352-355.

[8]　王红伟. 大倾角煤层长壁开采围岩应力演化及结构稳定性研究[D]. 西安: 西安科技大学, 2014.

[9]　王作宇, 刘鸿泉, 葛亮涛. 采场底板岩体移动[J]. 煤炭学报, 1989, 14(3): 62-70.

[10]　方恩才, 何向荣, 张立顺. 潘三矿1241(3)大倾角综采工作面试采实践综述[C]//中国煤炭学会第六届青年科学技术研讨会论文集. 北京: 煤炭工业出版社, 2000: 153-156.

[11]　顾兵. 大倾角煤层顶板破断特征及围岩应力分布初探[D]. 泰安: 山东矿业学院, 1990.

[12]　吴绍倩, 石平五. 急倾斜煤层矿压显现规律的研究[J]. 西安矿业学院学报, 1990, (2): 4-8.

[13]　伍永平. 大倾角煤层开采"R-S-F"系统动力学控制基础研究[M]. 西安: 陕西科学技术出版社, 2003.

[14]　伍永平, 王红伟, 解盘石. 大倾角煤层长壁开采围岩宏观应力拱壳分析[J]. 煤炭学报, 2012, 37(4): 359-364.

[15]　Wu Y P, Wang H W, Xie P S, et al. Stress Evolution and Instability Mechanism of Overlying Rock in Steeply Dipping Seam Mining[C]. 2013 Word Mining Congress(WMC), Canada, 2013.

第3章 大倾角煤层开采"R-S-F"系统动力学控制理论

3.1 大倾角煤层走向长壁开采"R-S-F"系统稳定性基本概念

3.1.1 "R-S-F"系统研究的本质

大倾角煤层走向长壁工作面围岩应力分布的复杂性导致了顶板破断和运移、支架和设备运动以及底板破坏和滑移的复杂性,这种复杂性使"支架—围岩"系统由传统意义上的"稳态"系统成为了"非稳态"系统,将一般意义上支架通过工作阻力对顶板的控制延伸到了支架既需要通过工作阻力对顶板、底板进行控制,又需要通过工作阻力与结构特性的有机结合对自身及"支架—围岩"系统的稳定性进行控制,当倾角增大到一定程度后,对"支架—围岩"稳定性控制的重要性将愈加突出。由于顶板、支架或支护系统、底板均有出现失稳的可能性(这种失稳的几率会随煤层倾角的增加而上升),相应地,由顶板破断岩块、工作面支架和设备、底板破坏滑移体组成的"支架—围岩"系统就成为了"R(顶板)-S(支架)-F(底板)"系统。显然,研究需要从一般支架对顶板的控制向对R、S、F的稳定性及其组合形成的"R-S-F"系统稳定性逐层深入。

从矿压观测、围岩破断活动可以看出,煤炭采出的卸荷作用使大倾角煤层走向长壁工作面的围岩(顶、底板)破坏具有如下突出特征:

(1)顶板破断和冒落运动为沿层面和垂直层面方向的复合运动,产生沿层面方向的分力,该力既作用于破断顶板自身之上,又通过顶板作用于工作面支护体之上;

(2)冒落后的顶板破断岩块不能在原地停留,从而形成对采空区沿倾斜方向的非均匀充填,改变了对顶板的支承和约束条件,使顶板破断运动复杂化,这种复杂的顶板运动方式使工作面支护体承受的荷载复杂化;

(3)当煤层倾角超过35°时,破坏后的底板可能向下滑移,而使"R-S-F"系统失稳,一旦支护系统失稳而失去对顶板的有效控制,则会进一步诱发顶板冒落,而冒落的进一步发展不但会给破断顶板的运动提供更大的空间,而且会使导致顶板破断岩块和支护体沿倾斜方向运动的作用力加大。

很显然,顶板破断活动的复杂性和底板破坏滑移构成了大倾角煤层走向长壁工作面"R-S-F"系统失稳、引发围岩灾变的基础,当工作面支护体的结构和工作特性不足以对顶板和底板的稳定性进行控制时,或其特性与顶、底板非稳定特性"耦合"时,"R-S-F"系统必然会出现失稳,从而引发围岩出现灾变。

大倾角煤层安全开采的根本出路在于机械化,要发展大倾角煤层综合机械化采煤,实现安全高效,必须对大倾角煤层开采的围岩活动进行有效控制,而岩层控制的关键技术基础就是对"R-S-F"系统不稳定性的认识及对系统稳定性的研究。

3.1.2　支护系统的静态稳定性及其与围岩相互作用

1. 工作面支架的静态稳定性

工作面支架是控制围岩的人工构筑物(结构物)，在缓倾斜和倾斜工作面其作用主要是对顶板进行支撑，控制顶板在工作面推进过程中不出现非正常的裂断和垮落。但在大倾角煤层工作面，工作面支架既要对顶板裂断、垮落和底板损伤、滑移进行控制，还要对破断顶板沿层面的移(运)动和底板破坏滑移体沿倾斜方向的滑移进行控制，同时须通过对顶、底板的作用来调整和保持自身的稳定性。

在大倾角煤层工作面，由于支架自身重量及施加于支架之上顶板破断岩块在空间运动过程中的推力(重力的倾斜分量)作用，支架在工作过程中(移架)必然会出现沿工作面倾斜方向(支架横向)非均衡下滑和不规则倾倒现象(如在支架前移中的"掉尾"、顶梁前端的局部"挤咬"等)。研究表明[1,2]，在不考虑工作面刮板输送机、采煤机及架间作用等因素的影响下，处于非运动状态的单个支架的下滑稳定性和倾倒稳定性分别为 w_{sj}、w_{tj},$(j=1,2,3)$，则有：

(1) 自由状态(支架与顶板未产生接触)：

$$w_{s1} = \mu\cot\alpha$$
$$w_{t1} = \frac{b}{h}\cot\alpha$$

(2) 初撑状态：

$$w_{s2} = w_{s1} + \frac{2\mu P_0}{Q_S \sin\alpha}$$
$$w_{t2} = w_{t1} + \frac{2(b+h)P_0}{hQ_S \sin\alpha}$$

(3) 工作状态：

$$w_{s3} = w_{s1} + \frac{2\mu P}{(Q_S + Q_R)\sin\alpha}$$
$$w_{t3} = w_{t1} + \frac{2(b+h)P}{h(Q_S + Q_R)\sin\alpha}$$

支架下滑和倾倒的临界倾角 $[\alpha_s]$ 和 $[\alpha_t]$ 分别为：

$$[\alpha_s] = \text{arccot}\frac{1}{\mu}$$
$$[\alpha_t] = \text{arccot}\frac{h}{b}$$

式中，b 为工作面支架宽度，m；h 为工作面支架高度，m；P_0,P 分别为支架设计初撑力、工作阻力，kN；Q_S,Q_R 分别为 S、R 的质量，kN；μ 为摩擦系数；$\alpha,[\alpha_j]$ 分别为煤层倾角和极限倾角，(°)。

根据统计与实验数据[3,4]，支架与煤层顶底板之间的摩擦系数一般为 0.222~0.819,相应的下滑临界倾角为 12°30′~39°20′；支架设计高度与宽度的比值一般为 0.8~2.2，相应的倾倒临界倾角为 25°7′~49°5′。由此可以看出，当煤层埋藏倾角大于 35°时，走向长壁(倾斜布置)工作面支架均有出现下滑和倾倒的可能。

单个支架静态自稳所需的最小初撑力 P_{s0},P_{t0} 和工作阻力 P_s,P_t 分别为

$$P_{s0} = \frac{(1-w_{s1})Q_S}{2\mu}\sin\alpha$$

$$P_{t0} = \frac{(1-w_{t1})hQ_S}{2(b+h)}\sin\alpha$$

$$P_s = \frac{(1-w_{s1})(Q_S+Q_R)}{2\mu}\sin\alpha$$

$$P_t = \frac{(1-w_{t1})h(Q_S+Q_R)}{2(b+h)}\sin\alpha$$

从上述分析中可以看出，支架的"静态稳定性"随工作阻力(或初撑力)和支架与顶底板间摩擦系数的增大而上升，随支架重量、高宽比、顶板荷载和煤层倾角的增大而降低。一般大倾角煤层工作面支架在自由状态下出现的下滑、倾倒和架间挤咬现象不可避免。要使支架在工作过程中正常推进，则须借助于支架的初撑力和工作阻力使顶梁与煤层顶板、底座与煤层底板间出现摩擦力来保持其自身的静态稳定(但当支架已出现倾倒时，过大的初撑力和工作阻力可能会造成支架底座对煤层底板的破坏)。

2. 端头和排头支架对工作面支护系统稳定性的作用

大倾角煤层工作面防止支架下滑、倾倒及支架调整的最终依托是端头和排头支架。端头支架布置在工作面运输平巷内，由于有巷道围岩的约束，其稳定性通常可以得到满足(横向布置时对排头支架的稳定更加有利)。排头支架除本身具有滑、倒倾向外，还要受到工作面支架、刮板输送机、采煤机运行所产生的下滑力作用。因此，除依靠来自于端头支架的"稳定阻力"外，自身还要有足够的初撑力和工作阻力，并需多架支架相互作用，互为依托前移，才能完成对顶板的支撑与控制。

3. 工作面设备对支护系统静态稳定性的影响

大倾角煤层走向长壁工作面设备主要有高强度封闭式输送机和大功率采煤机，由于重量大，且不能固定在底板上，在实际的推进过程中刮板输送机和采煤机的整体下滑是不可避免的。此外，采煤机和刮板输送机在工作过程中的震动，对设备的静态稳定性会产生特别的影响(由于设备处于的环境介质是煤层或岩石,此类介质在动载作用下的性状会发生很大变化，相关研究目前还没有文献报道)。如果在回采工艺设计中有上行割煤工

序，则设备的整体滑移运动将会加剧。值得注意的是，在采煤工作面设备和支架是联系在一起的，在工作面推进过程中两者会产生相互影响，故设备的整体"非稳态运动"必然会对支架的稳定产生"负面"影响。

3.1.3　大倾角煤层"R-S-F"系统的灾变因素

分析表明，大倾角煤层走向长壁工作面支护系统的静态稳定性在工作面推进过程中会不可避免地受到 R、F 动力学(动态)作用的影响，可能形成大倾角条件下的失稳与灾变运动。因而，大倾角煤层"R-S-F"系统灾变的主要因素包括顶板破断的非均衡运动、破坏底板的滑移和支护系统的运动失控三个方面。

1. 破断顶板的空间非均衡运动

大倾角煤层工作面顶板破断岩块的运动过程是一个"非均衡"运动过程，即顶板破断岩块除在垂直岩层层面内运动(缓倾斜煤层工作面顶板破断岩块运动一般形式)外，在平行岩层层面内也产生运动。由于在垂直岩层层面内顶板的破断和运动是非均衡的(破断岩块的下沉—回转—反回转)，因此造成顶板破断岩块在平行岩层层面内的运动随之产生非均衡特征(破断岩块靠近采空区方向沿倾斜的运动速度较大)，很显然，这种在两个正交平面内出现的非均衡运动组合形成了破断岩块的空间"非均衡"运动(图 3-1)。

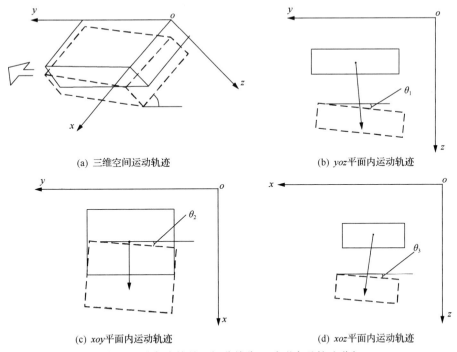

(a) 三维空间运动轨迹　　　　　　　　(b) *yoz*平面内运动轨迹

(c) *xoy*平面内运动轨迹　　　　　　　　(d) *xoz*平面内运动轨迹

图 3-1　破断岩块的空间非均衡运动形态及轨迹分解

θ_1，θ_2，θ_3 分别为顶板破断岩块在沿层面(yoz、xoy)方向和垂直层面方向(xoz)运动过程中出现的回转角。顶板破断岩块的空间非均衡运动可能引发的围岩灾变效应表现在以下方面：

（1）工作面破断顶板非均衡移动与充填给中、上部区域内的破断顶板留下了较大的运动空间，有可能在工作面中、上部形成"空洞"，使工作面支护系统与顶板处于非接触状态，不能构成"R-S-F"系统；

（2）施加工作面支护系统沿倾斜方向的作用力，且在局部区域内作用力的瞬间方向和强度不同，加剧支架（支护系统）倾倒和下滑运动。

2. 支架和设备的下滑与倾倒

支架和设备的下滑与倾倒主要引起"R-S-F"系统的关键参数（可人为控制的系统主导参数）变化，使系统一直处于"非稳定"的工作状态。同时，减少了支架或支护系统对围岩的控制（支撑）强度，增大了围岩灾变出现的概率。

3. 底板破坏滑移

在"R-S-F"系统中，底板是保证该系统稳定的基础，也就是说，工作面支架与设备以及顶板的稳定性控制基础依赖于对底板的控制。在该意义上来说，底板的破坏与滑移对工作面围岩灾变的控制具有决定性的作用。

3.2　大倾角煤层走向长壁开采"R-S-F"系统动力学模型

3.2.1　"R-S-F"系统的失稳类型

大倾角煤层工作面围岩出现灾变的根本原因是在顶板破断岩块运移、工作面支架或支护系统位移和底板破坏滑移体运动的过程中，由于三者之间的荷载及运（移）动耦合效应减弱，造成可人为控制的支架（支护体）对围岩（包括顶板与底板）的控制效果减弱或消失，导致"R-S-F"系统失稳，从而引发围岩灾变。根据现场观测与实验室研究[5,6]，"R-S-F"系统失稳主要有以下几种类型[7]。

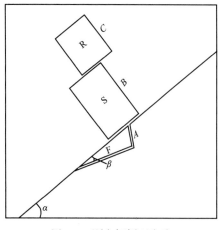

图 3-2　顺向倾倒型失稳

1. 顺向倾倒型失稳（图 3-2）

顺向倾倒型失稳的特征是"R-S-F"系统中底板（F）滑移、支架（S）下滑与破断顶板（R）空间运移的倾向相同，轨迹耦合趋势一致，但移动（下滑）量底板＞支架和设备＞破断顶板。

顺向倾倒失稳是由于工作面底板中首先产生破坏、滑移，并且破坏和滑移区在工作面推进过程中出现向上部区域的蔓延，继而使支架出现失稳（倾倒和位移量失控），一旦支架失稳，其在对顶板的支撑能力大幅度降低的同时会加剧对底板的破坏，造成顶板推垮冒落（反向回转）和底板滑移速率增大，导致"R-S-F"系统整体失稳。

2. 逆向侧翻型失稳（图 3-3）

逆向侧翻型失稳的特征是"R-S-F"系统中底板（F）滑移、支架（S）下滑与破断顶板（R）空间运移的倾向相同，轨迹耦合趋势一致，但移动（下滑）量则与顺向倾倒失稳时相反，即底板小于支架和设备小于破断顶板。

逆向侧翻型失稳的前提是工作面顶板在局部区域出现了冒落或部分支架对顶板的控制失效而给破断顶板的运动提供了条件（运动空间），通常是破断后顶板运动产生的沿层面方向的作用力超过了支架由工作阻力提供的保持静态稳定的摩擦力，而工作面底板未产生破坏滑移或破坏滑移体的滑移速率较小且支架与底板接触良好，此时顶板的破断运动会带动支架沿倾斜方向作非均匀运动（支架顶梁与底座的运动速率不同），造成支架侧翻，使其失去对顶、底板的控制，导致"R-S-F"系统整体失稳。

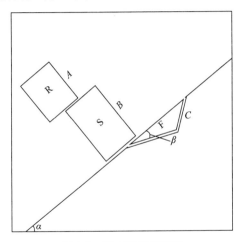

图 3-3　逆向倾翻型失稳

3. 错动型滑落失稳（图 3-4）

错动型滑落失稳按 R、S、F 沿工作面倾向的位移量判定在理论上可分为六种状态，即顶板超前型、顶板滞后型、支架超前型、支架滞后型、底板超前型、底板滞后型，其共同特征是 R、S、F 三者的运动倾向和轨迹耦合趋势不一致或者移动（位移）量差异较大，超出了保持"系统"动态稳定的基本范围。

在实际生产中顶板超前型（底板滞后型）和底板超前型（顶板滞后型）易演变为逆向翻倒和顺向倾倒型失稳，故支架超前型是错动型失稳的主要形式。支架超前型滑落失稳主要是由于支架的结构和工作性能特征与围岩的变形和移动特征耦合性较差，支架因不适应围岩的运移特性而使其工作特性不能发挥，支架自身首先出现滑动或倾倒，造成支架间的挤、咬现象，使其失去了对顶、底板的大部分控制能力，引起顶板冒落和底板破坏滑移，导致"R-S-F"系统最终失稳。

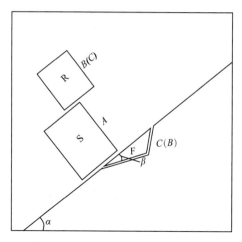

图 3-4　错动型失稳(支架超前型)

3.2.2 　"R-S-F"系统动力学模型

由上述的分析中可以看出,在大倾角煤层走向长壁倾斜布置的工作面开采过程中,顶板裂断岩块的空间运动、支架(支护系统)和设备的下滑与倾倒、底板的破坏滑移构成了"空间多刚体非稳态系统",该系统的稳定性取决于不同约束条件下系统空间运动的性状。

由于"空间多刚体非稳态系统"[8~10]只可能在瞬间出现"静态平衡","动态平衡"是系统稳定的主体,且系统的动态稳定取决于构成系统的三部分(R、S、F)在空间运动过程中的相互协调(运动轨迹的动态耦合、运动速度的一致、约束与荷载的均匀传递等)和支护系统工作阻力对系统运动速度梯度的有效控制。因此,大倾角煤层围岩灾变的控制实质就是对"R-S-F"系统动态稳定性的控制。

基于对围岩灾变机理和"R-S-F"系统失稳类型的分析,可以认为构成大倾角煤层走向长壁工作面开采"支架—围岩"系统的三要素 R、S、F 的运动为空间的"非稳态"运动,由其组成的"R-S-F"系统具有如下特点:

(1)R(顶板破断岩块)为直接位于工作面支架(支护系统)之上的顶板(通常为煤层直接顶或直接顶的大部分),在工作面沿走向推进过程中产生变形和破断,破断后的岩块与顶板岩层完全分离且沿岩层层面方向上具有产生运动的空间,在沿垂直岩层层面方向运动(下沉)的同时出现沿倾斜方向的运动。顶板上覆岩层(除破断岩块外更深层次的顶板围岩)对 R 的作用以载荷形式出现,与破断岩块同一层次的相邻围岩对其的约束为弹塑性对称约束[11],在工作面正常推进过程中,破断顶板上覆岩层提供的围岩深部荷载由约束产生的约束反力平衡,在初次来压和周期来压期间,这部分围岩荷载由"R-S-F"系统中 S 所提供的支护阻力平衡(保证系统动态稳定性之外的支架工作阻力——系统安全系数)。在一个工艺过程循环内,R 的运动量为工作面顶板控制所允许的最大量。

(2)S(工作面支架)在工作面沿走向推进过程中出现沿倾斜方向的滑动,相邻支架间的弹性约束和作用具有对称性(大小相等、方向相反),R 对 S 施加荷载,S 以工作阻力的方式给 R 提供约束。在一个工艺循环过程内,S 沿倾斜方向的下滑量为确定值。

（3）F 为底板变形和破坏后产生的滑移体（块），与底板母体（更深层底板岩体）完全脱离，并沿由结构面形成的滑移面（与煤层倾角成一定角度）滑移，底板岩体对其的作用以弹塑性约束形式表现[12]。S 给 F 施加荷载，F 提供给 S 约束反力。F 的形状多为楔形体或平行四边形，根据现场观测，取楔形体为底板滑移块（体）形状[13~15]。

（4）R、S、F 系统中的 R 与 S 之间，S 与 F 之间具有位移和荷载耦合效应[16]（变形与运动协调）。

据此，取单位工作面支架（包括设备重量）为基础分析单元，并以此作为顶板破断岩块和底板滑移体沿倾斜方向尺度的截取标准，则可得到图 3-5 所示的"R-S-F"系统动力学分析模型。

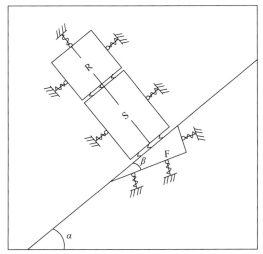

(a) 约束模型　　　　　　　　　　　(b) 运动模型

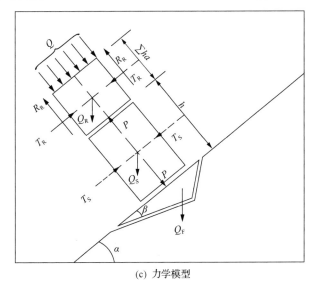

(c) 力学模型

图 3-5　"R-S-F"系统动力学分析模型

x_F、x_S、x_R—F、S、R 运动轨迹切线方向的位移，m；β—滑移体与底板岩层夹角，(°)。

3.3 大倾角煤层走向长壁开采"R-S-F"系统动力学方程

3.3.1 "R-S-F"系统分析基本假设

根据对"支架—围岩"系统作用关系的现场和实验观测，假设顶板破断岩块和底板滑移楔形块做平动，支架做平面运动，底板滑移楔形块的运动方向沿着 x_F 方向；工作面支架与底板滑移楔形块接触面(点)的相对滑动方向为 x_S；支架的转动角度为 φ；顶板破断岩块与支架接触面(点)的相对滑动方向为 x_R。

由于顶板破断岩块、底板滑移楔形块以及支架三者之间不会发生分离，且顶板破断岩块和底板滑移楔形块做平动，支架做平面运动，则系统在二维的情况下具有四自由度系统，依次为 x_F、x_S、x_R 和 φ。

3.3.2 "R-S-F"系统动能

底板滑移楔形块的绝对速度为

$$v_F = \dot{x}_F \tag{3-1}$$

该速度在斜面和垂直于斜面的分矢量大小为

$$v_{Fx} = \dot{x}_F \cos\beta \tag{3-2}$$

$$v_{Fy} = \dot{x}_F \sin\beta \tag{3-3}$$

则底板滑移楔形块的动能为

$$T_F = \frac{1}{2}m_F v_F^2 = \frac{1}{2}m_F \dot{x}_F^2 \tag{3-4}$$

支架与底板滑移楔形块接触点的绝对速度在斜面和垂直于斜面的分量为：

$$v_{Sex} = \dot{x}_F \cos\beta + \dot{x}_S \tag{3-5}$$

$$v_{Sey} = \dot{x}_F \sin\beta \tag{3-6}$$

那么，支架与底板滑移楔形块接触点的绝对速度为

$$\begin{aligned} v_{Se} &= \sqrt{v_{Sex}^2 + v_{Sey}^2} \\ &= \sqrt{(\dot{x}_F \cos\beta + \dot{x}_S)^2 + (\dot{x}_F \sin\beta)^2} \\ &= \sqrt{\dot{x}_F^2 + \dot{x}_S^2 + 2\dot{x}_F \dot{x}_S \cos\beta} \end{aligned} \tag{3-7}$$

假设支架质量分布均匀，支架质心相对支架与底板滑移楔形块接触点的相对速度大小为

$$v_{Scr} = \frac{1}{2}\sqrt{b^2 + h^2}\,\dot{\varphi} \tag{3-8}$$

该速度与斜面间的夹角 θ 为

$$\theta = \gamma - \varphi \tag{3-9}$$

式中，γ 为常量，可表示为

$$\cos\gamma = \frac{h}{\sqrt{b^2 + h^2}}, \quad \gamma = \arccos\frac{h}{\sqrt{b^2 + h^2}}$$

则该速度在斜面和垂直于斜面的分量为

$$v_{Scrx} = \pm\frac{1}{2}\sqrt{b^2 + h^2}\,\dot{\varphi}\cos(\gamma - \varphi) \tag{3-10}$$

$$v_{Scry} = \frac{1}{2}\sqrt{b^2 + h^2}\,\dot{\varphi}\sin(\gamma - \varphi) \tag{3-11}$$

在图 3-5 所示情况下，当支架逆时针转动时 v_{Scrx} 为正，反之为负，则支架质心绝对速度在斜面和垂直于斜面的分量为

$$\begin{aligned}
v_{Scx} &= v_{Sex} + v_{Scrx} \\
&= \dot{x}_F\cos\beta + \dot{x}_S \pm \frac{1}{2}\sqrt{b^2 + h^2}\,\dot{\varphi}\cos(\gamma - \varphi)
\end{aligned} \tag{3-12}$$

$$\begin{aligned}
v_{Scy} &= v_{Sey} + v_{Scry} \\
&= \dot{x}_F\sin\beta + \frac{1}{2}\sqrt{b^2 + h^2}\,\dot{\varphi}\sin(\gamma - \varphi)
\end{aligned} \tag{3-13}$$

支架质心绝对速度为

$$\begin{aligned}
v_{Sc} &= \sqrt{v_{Scx}^2 + v_{Scy}^2} \\
&= \left\{ \left[\dot{x}_F\cos\beta + \dot{x}_S \pm \frac{1}{2}\sqrt{b^2 + h^2}\,\dot{\varphi}\cos(\gamma - \varphi) \right]^2 \right. \\
&\quad \left. + \left[\dot{x}_F\sin\beta + \frac{1}{2}\sqrt{b^2 + h^2}\,\dot{\varphi}\sin(\gamma - \varphi) \right]^2 \right\}^{\frac{1}{2}}
\end{aligned} \tag{3-14}$$

由此可得，支架的平动动能为

$$T_S = \frac{1}{2}m_S v_{Sc}^2 = \frac{1}{2}m_S\left\{\left[\dot{x}_F\cos\beta + \dot{x}_S \pm \frac{1}{2}\sqrt{b^2+h^2}\,\dot{\varphi}\cos(\gamma-\varphi)\right]^2\right.$$
$$\left. + \left[\dot{x}_F\sin\beta + \frac{1}{2}\sqrt{b^2+h^2}\,\dot{\varphi}\sin(\gamma-\varphi)\right]^2\right\} \tag{3-15}$$

支架的转动动能为

$$T_{St} = \frac{1}{2}J_S\dot{\varphi}^2 = \frac{1}{2}\frac{1}{12}m_S\left(b^2+h^2\right)\dot{\varphi}^2 = \frac{1}{24}m_S\left(b^2+h^2\right)\dot{\varphi}^2 \tag{3-16}$$

支架与顶板破断岩块接触点(假设为 A 点)相对于支架与底板滑移楔形块接触点的相对速度在斜面和垂直斜面的分量为

$$v_{SArx} = \pm\sqrt{b^2+h^2}\,\dot{\varphi}\cos(\gamma-\varphi) \tag{3-17}$$

$$v_{SAry} = \sqrt{b^2+h^2}\,\dot{\varphi}\sin(\gamma-\varphi) \tag{3-18}$$

则顶板破断岩块绝对速度在斜面和垂直斜面的分量为

$$\begin{aligned} v_{Rx} &= v_{Sex} + v_{SArx} + \dot{x}_R \\ &= \dot{x}_F\cos\beta + \dot{x}_S \pm \sqrt{b^2+h^2}\,\dot{\varphi}\cos(\gamma-\varphi) + \dot{x}_R \end{aligned} \tag{3-19}$$

$$\begin{aligned} v_{Ry} &= v_{Sey} + v_{SAry} \\ &= \dot{x}_F\sin\beta + \sqrt{b^2+h^2}\,\dot{\varphi}\sin(\gamma-\varphi) \end{aligned} \tag{3-20}$$

顶板破断岩块的绝对速度为

$$\begin{aligned} v_R &= \sqrt{v_{Rx}^2 + v_{Ry}^2} \\ &= \left\{\left[\dot{x}_F\cos\beta + \dot{x}_S + \sqrt{b^2+h^2}\,\dot{\varphi}\cos(\gamma-\varphi) + \dot{x}_R\right]^2\right. \\ &\quad \left. + \left[\dot{x}_F\sin\beta + \sqrt{b^2+h^2}\,\dot{\varphi}\sin(\gamma-\varphi)\right]^2\right\}^{\frac{1}{2}} \end{aligned} \tag{3-21}$$

由此可得，顶板破断岩块的动能为

$$T_R = \frac{1}{2}m_R v_R^2 = \frac{1}{2}m_R\left\{\left[\dot{x}_F\cos\beta + \dot{x}_S \pm \sqrt{b^2+h^2}\,\dot{\varphi}\cos(\gamma-\varphi) + \dot{x}_R\right]^2\right.$$
$$\left. + \left[\dot{x}_F\sin\beta + \sqrt{b^2+h^2}\,\dot{\varphi}\sin(\gamma-\varphi)\right]^2\right\} \tag{3-22}$$

式中，m_F, m_S, m_R 为 F、S、R 的质量，kg。

3.3.3　"R-S-F" 系统的动能函数及其微分

"R-S-F" 系统总动能为

$$
\begin{aligned}
T = T_{\mathrm{F}} + T_{\mathrm{S}} + T_{St} + T_{\mathrm{R}} \ &= \frac{1}{2}m_{\mathrm{F}}\dot{x}_{\mathrm{F}}^2 + \frac{1}{24}m_{\mathrm{S}}\left(b^2 + h^2\right)\dot{\varphi}^2 \\
&+ \frac{1}{2}m_{\mathrm{S}}\left\{\left[\dot{x}_{\mathrm{F}}\cos\beta + \dot{x}_{\mathrm{S}} \pm \frac{1}{2}\sqrt{b^2 + h^2}\,\dot{\varphi}\cos(\gamma - \varphi)\right]^2\right. \\
&\left. + \left[\dot{x}_{\mathrm{F}}\sin\beta + \frac{1}{2}\sqrt{b^2 + h^2}\,\dot{\varphi}\sin(\gamma - \varphi)\right]^2\right\} \\
&+ \frac{1}{2}m_{\mathrm{R}}\left\{\left[\dot{x}_{\mathrm{F}}\cos\beta + \dot{x}_{\mathrm{S}} \pm \sqrt{b^2 + h^2}\,\dot{\varphi}\cos(\gamma - \varphi) + \dot{x}_{\mathrm{R}}\right]^2\right. \\
&\left. + \left[\dot{x}_{\mathrm{F}}\sin\beta + \sqrt{b^2 + h^2}\,\dot{\varphi}\sin(\gamma - \varphi)\right]^2\right\}
\end{aligned}
\tag{3-23}
$$

利用 $\dfrac{\mathrm{d}}{\mathrm{d}t}\left(\dfrac{\partial T}{\partial \dot{q}_i}\right)$，对动能 T 进行微分并求导：

$$
\begin{aligned}
\frac{\mathrm{d}}{\mathrm{d}t}&\left(\frac{\partial T}{\partial \dot{x}_{\mathrm{F}}}\right) \\
= m_{\mathrm{F}}\ddot{x}_{\mathrm{F}} &+ m_{\mathrm{S}}\left\{\left[\ddot{x}_{\mathrm{F}}\cos\beta + \ddot{x}_{\mathrm{S}} \pm \frac{1}{2}\sqrt{b^2 + h^2}\left(\ddot{\varphi}\cos(\gamma - \varphi) + \dot{\varphi}^2\sin(\gamma - \varphi)\right)\right]\cos\beta\right. \\
&\left. + \left[\ddot{x}_{\mathrm{F}}\sin\beta + \frac{1}{2}\sqrt{b^2 + h^2}\left(\ddot{\varphi}\sin(\gamma - \varphi) - \dot{\varphi}^2\cos(\gamma - \varphi)\right)\right]\sin\beta\right\} \\
&+ m_{\mathrm{R}}\left\{\left[\ddot{x}_{\mathrm{F}}\cos\beta + \ddot{x}_{\mathrm{S}} \pm \sqrt{b^2 + h^2}\left(\ddot{\varphi}\cos(\gamma - \varphi) + \dot{\varphi}^2\sin(\gamma - \varphi)\right) + \ddot{x}_{\mathrm{R}}\right]\cos\beta\right. \\
&\left. + \left[\ddot{x}_{\mathrm{F}}\sin\beta + \sqrt{b^2 + h^2}\left(\ddot{\varphi}\sin(\gamma - \varphi) - \dot{\varphi}^2\cos(\gamma - \varphi)\right)\right]\sin\beta\right\}
\end{aligned}
\tag{3-24-1}
$$

这里令

$$
\begin{aligned}
Q_1 &= \pm\sqrt{b^2 + h^2}\left[\ddot{\varphi}\cos(\gamma - \varphi) + \dot{\varphi}^2\sin(\gamma - \varphi)\right] \\
Q_2 &= \sqrt{b^2 + h^2}\left[\ddot{\varphi}\sin(\gamma - \varphi) - \dot{\varphi}^2\cos(\gamma - \varphi)\right] \\
Q_3 &= \pm\sqrt{b^2 + h^2}\,\dot{\varphi}\cos(\gamma - \varphi) \\
Q_4 &= \sqrt{b^2 + h^2}\,\dot{\varphi}\sin(\gamma - \varphi)
\end{aligned}
$$

表示由于支架转动而引起的参数。

则上式可进一步简化为

$$
\begin{aligned}
\frac{\mathrm{d}}{\mathrm{d}t}\left(\frac{\partial T}{\partial \dot{x}_{\mathrm{F}}}\right) &= m_{\mathrm{F}}\ddot{x}_{\mathrm{F}} + m_{\mathrm{S}}\left[\left(\ddot{x}_{\mathrm{F}}\cos\beta + \ddot{x}_{\mathrm{S}} + \frac{1}{2}Q_1\right)\cos\beta + \left(\ddot{x}_{\mathrm{F}}\sin\beta + \frac{1}{2}Q_2\right)\sin\beta\right] \\
&+ m_{\mathrm{R}}\left[\left(\ddot{x}_{\mathrm{F}}\cos\beta + \ddot{x}_{\mathrm{S}} + Q_1 + \ddot{x}_{\mathrm{R}}\right)\cos\beta + \left(\ddot{x}_{\mathrm{F}}\sin\beta + Q_2\right)\sin\beta\right]
\end{aligned}
\tag{3-24-2}
$$

$$\frac{\mathrm{d}}{\mathrm{d}t}\left(\frac{\partial T}{\partial \dot{x}_\mathrm{S}}\right)$$

$$= m_\mathrm{S}\left\{\ddot{x}_\mathrm{F}\cos\beta + \ddot{x}_\mathrm{S} \pm \frac{1}{2}\sqrt{b^2+h^2}\left[\ddot{\varphi}\cos(\gamma-\varphi)+\dot{\varphi}^2\sin(\gamma-\varphi)\right]\right\} \tag{3-25-1}$$

$$+ m_\mathrm{R}\left\{\ddot{x}_\mathrm{F}\cos\beta + \ddot{x}_\mathrm{S} \pm \sqrt{b^2+h^2}\left[\ddot{\varphi}\cos(\gamma-\varphi)+\dot{\varphi}^2\sin(\gamma-\varphi)\right]+\ddot{x}_\mathrm{R}\right\}$$

同理可得

$$\frac{\mathrm{d}}{\mathrm{d}t}\left(\frac{\partial T}{\partial \dot{x}_\mathrm{S}}\right) = m_\mathrm{S}\left(\ddot{x}_\mathrm{F}\cos\beta + \ddot{x}_\mathrm{S} + \frac{1}{2}Q_1\right) + m_\mathrm{R}\left(\ddot{x}_\mathrm{F}\cos\beta + \ddot{x}_\mathrm{S} + Q_1 + \ddot{x}_\mathrm{R}\right) \tag{3-25-2}$$

$$\frac{\mathrm{d}}{\mathrm{d}t}\left(\frac{\partial T}{\partial \dot{x}_\mathrm{R}}\right) = m_\mathrm{R}\left\{\ddot{x}_\mathrm{F}\cos\beta + \ddot{x}_\mathrm{S} \pm \sqrt{b^2+h^2}\left[\ddot{\phi}\cos(\gamma-\phi)+\dot{\phi}^2\sin(\gamma-\phi)\right]+\ddot{x}_\mathrm{R}\right\} \tag{3-26-1}$$

$$\frac{\mathrm{d}}{\mathrm{d}t}\left(\frac{\partial T}{\partial \dot{x}_\mathrm{R}}\right) = m_\mathrm{R}\left\{\ddot{x}_\mathrm{F}\cos\beta + \ddot{x}_\mathrm{S} + Q_1 + \ddot{x}_\mathrm{R}\right\} \tag{3-26-2}$$

$$\frac{\mathrm{d}}{\mathrm{d}t}\left(\frac{\partial T}{\partial \dot{\phi}}\right)$$

$$= \frac{m_\mathrm{S}}{2}\sqrt{b^2+h^2}\,\dot{\phi}\left\{\left[\ddot{x}_\mathrm{F}\cos\beta + \ddot{x}_\mathrm{S} \pm \frac{1}{2}\sqrt{b^2+h^2}\left(\ddot{\phi}\cos(\gamma-\phi)+\dot{\phi}^2\sin(\gamma-\phi)\right)\right]\sin(\gamma-\phi)\right.$$

$$\left. -\left[\ddot{x}_\mathrm{F}\sin\beta + \frac{1}{2}\sqrt{b^2+h^2}\left(\ddot{\phi}\sin(\gamma-\phi)-\dot{\phi}^2\cos(\gamma-\phi)\right)\right]\cos(\gamma-\phi)\right\}$$

$$+ \frac{1}{12}m_\mathrm{S}\left(b^2+h^2\right)\ddot{\phi} + m_\mathrm{R}\sqrt{b^2+h^2}\,\dot{\phi}\left\{\left[\ddot{x}_\mathrm{F}\cos\beta + \ddot{x}_\mathrm{S} \pm \sqrt{b^2+h^2}\left(\ddot{\phi}\cos(\gamma-\phi)+\dot{\phi}^2\sin(\gamma-\phi)\right)+\ddot{x}_\mathrm{R}\right]\right.$$

$$\left. \sin(\gamma-\phi) - \left[\ddot{x}_\mathrm{F}\sin\beta + \sqrt{b^2+h^2}\left(\ddot{\varphi}\sin(\gamma-\phi)-\dot{\phi}^2\cos(\gamma-\phi)\right)\right]\cos(\gamma-\phi)\right\}$$

$$\tag{3-27-1}$$

$$\frac{\mathrm{d}}{\mathrm{d}t}\left(\frac{\partial T}{\partial \dot{\phi}}\right)$$

$$= \frac{m_\mathrm{S}}{2}\sqrt{b^2+h^2}\,\dot{\phi}\left[\left(\ddot{x}_\mathrm{F}\cos\beta + \ddot{x}_\mathrm{S} + \frac{1}{2}Q_1\right)\sin(\gamma-\phi) - \left(\ddot{x}_\mathrm{F}\sin\beta + \frac{1}{2}Q_2\right)\cos(\gamma-\phi)\right] \tag{3-27-2}$$

$$+ m_\mathrm{R}\sqrt{b^2+h^2}\,\dot{\phi}\left[\left(\ddot{x}_\mathrm{F}\cos\beta + \ddot{x}_\mathrm{S} + Q_1 + \ddot{x}_\mathrm{R}\right)\sin(\gamma-\phi) - \left(\ddot{x}_\mathrm{F}\sin\beta + Q_2\right)\cos(\gamma-\phi)\right]$$

$$+ \frac{1}{12}m_\mathrm{S}\left(b^2+h^2\right)\ddot{\phi}$$

利用 $\dfrac{\partial T}{\partial q_i}$ ，对动能 T 进行微分：

$$\frac{\partial T}{\partial x_{\mathrm{F}}} = 0 \tag{3-28}$$

$$\frac{\partial T}{\partial x_{\mathrm{F}}} = 0 \tag{3-29}$$

$$\frac{\partial T}{\partial x_{\mathrm{F}}} = 0 \tag{3-30}$$

$$
\begin{aligned}
\frac{\partial T}{\partial \varphi} &= \frac{m_{\mathrm{S}}}{2}\sqrt{b^2+h^2}\,\dot{\varphi}^2\left\{\left[\dot{x}_{\mathrm{F}}\cos\beta+\dot{x}_{\mathrm{S}}\pm\frac{1}{2}\sqrt{b^2+h^2}\,\dot{\varphi}\cos(\gamma-\varphi)\right]\sin(\gamma-\varphi)\right.\\
&\quad\left.-\left[\dot{x}_{\mathrm{F}}\sin\beta+\frac{1}{2}\sqrt{b^2+h^2}\,\dot{\varphi}\sin(\gamma-\varphi)\right]\cos(\gamma-\varphi)\right\}\\
&\quad+m_{\mathrm{R}}\sqrt{b^2+h^2}\,\dot{\varphi}^2\left\{\left[\dot{x}_{\mathrm{F}}\cos\beta+\dot{x}_{\mathrm{S}}\pm\sqrt{b^2+h^2}\,\dot{\varphi}\cos(\gamma-\varphi)+\dot{x}_{\mathrm{R}}\right]\sin(\gamma-\varphi)\right.\\
&\quad\left.-\left[\dot{x}_{\mathrm{F}}\sin\beta+\sqrt{b^2+h^2}\,\dot{\varphi}\sin(\gamma-\varphi)\right]\cos(\gamma-\varphi)\right\}
\end{aligned}
\tag{3-31-1}
$$

上式可进一步简化为

$$
\begin{aligned}
\frac{\partial T}{\partial \varphi} &= \frac{m_{\mathrm{S}}}{2}\sqrt{b^2+h^2}\,\dot{\varphi}^2\left[\left(\dot{x}_{\mathrm{F}}\cos\beta+\dot{x}_{\mathrm{S}}+\frac{1}{2}Q_3\right)\sin(\gamma-\varphi)-\left(\dot{x}_{\mathrm{F}}\sin\beta+\frac{1}{2}Q_4\right)\cos(\gamma-\varphi)\right]\\
&\quad+m_{\mathrm{R}}\sqrt{b^2+h^2}\,\dot{\varphi}^2\left[\left(\dot{x}_{\mathrm{F}}\cos\beta+\dot{x}_{\mathrm{S}}+Q_3+\dot{x}_{\mathrm{R}}\right)\sin(\gamma-\varphi)-\left(\dot{x}_{\mathrm{F}}\sin\beta+Q_4\right)\cos(\gamma-\varphi)\right]
\end{aligned}
\tag{3-31-2}
$$

1. "R-S-F" 系统广义力的求解

(1) S 的运动 (趋向) 先于 R、F，系统有可能出现错动 (支架超前) 型失稳。

在该种状态下，令 $\delta x_{\mathrm{R}}\neq 0$，$\delta x_{\mathrm{S}}=0$，$\delta x_{\mathrm{F}}=0$，$\delta\varphi=0$，主动力所做的虚功 δW_{R}^1 为

$$\delta W_{\mathrm{R}}^1 = (Q_{\mathrm{R}}\sin\alpha+f_{\mathrm{R}})\delta x_{\mathrm{R}} \tag{3-32}$$

则对应于 x_{R} 的广义力为

$$Q_{\mathrm{R}}^1 = \frac{\delta W_{\mathrm{R}}^1}{\delta x_{\mathrm{R}}} = \frac{(Q_{\mathrm{R}}\sin\alpha+f_{\mathrm{R}})\delta x_{\mathrm{R}}}{\delta x_{\mathrm{R}}} = Q_{\mathrm{R}}\sin\alpha+f_{\mathrm{R}} \tag{3-33}$$

令 $\delta x_{\mathrm{R}}=0$，$\delta x_{\mathrm{S}}\neq 0$，$\delta x_{\mathrm{F}}=0$，$\delta\varphi=0$，则主动力所做的虚功 δW_{S}^1 为

$$\delta W_{\mathrm{S}}^{1}=\left[(Q_{\mathrm{R}}+Q_{\mathrm{S}})\sin\alpha-f_{\mathrm{S}}\right]\delta x_{\mathrm{S}} \tag{3-34}$$

则对应于 x_{S} 的广义力为

$$Q_{\mathrm{S}}^{1}=\frac{\delta W_{\mathrm{S}}^{1}}{\delta x_{\mathrm{S}}}=\frac{\left[(Q_{\mathrm{R}}+Q_{\mathrm{S}})\sin\alpha-f_{\mathrm{S}}\right]\delta x_{\mathrm{S}}}{\delta x_{\mathrm{S}}}=(Q_{\mathrm{R}}+Q_{\mathrm{S}})\sin\alpha-f_{\mathrm{S}} \tag{3-35}$$

令 $\delta x_{\mathrm{R}}=0$，$\delta x_{\mathrm{S}}=0$，$\delta x_{\mathrm{F}}\neq0$，$\delta\varphi=0$，主动力所做的虚功 $\delta W_{\mathrm{F}}^{1}$ 为

$$\delta W_{\mathrm{F}}^{1}=\left[(Q_{\mathrm{R}}+Q_{\mathrm{S}}+Q_{\mathrm{F}})\sin(\alpha-\beta)-Q\sin\beta-f_{\mathrm{F}}\right]\delta x_{\mathrm{F}} \tag{3-36}$$

注意，这里 $Q\sin\beta$ 是沿着 x_{F} 负方向。

则对应于 x_{F} 的广义力为

$$
\begin{aligned}
Q_{\mathrm{F}}^{1}=\frac{\delta W_{\mathrm{F}}^{1}}{\delta x_{\mathrm{F}}}&=\frac{\left[(Q_{\mathrm{R}}+Q_{\mathrm{S}}+Q_{\mathrm{F}})\sin(\alpha-\beta)-Q\sin\beta-f_{\mathrm{F}}\right]\delta x_{\mathrm{F}}}{\delta x_{\mathrm{F}}}\\
&=(Q_{\mathrm{R}}+Q_{\mathrm{S}}+Q_{\mathrm{F}})\sin(\alpha-\beta)-Q\sin\beta-f_{\mathrm{F}}
\end{aligned} \tag{3-37}
$$

令 $\delta x_{\mathrm{R}}=0$，$\delta x_{\mathrm{S}}=0$，$\delta x_{\mathrm{F}}=0$，$\delta\varphi\neq0$，主动力所做的虚功 δW_{φ}^{1} 为

$$
\begin{aligned}
\delta W_{\varphi}^{1}&=\pm\frac{1}{2}\sqrt{b^{2}+h^{2}}\,\delta\varphi\cos\!\left(\frac{\pi}{2}-\gamma\right)Q_{\mathrm{S}}\sin\alpha-\frac{1}{2}\sqrt{b^{2}+h^{2}}\,\delta\varphi\cos\!\left(\frac{\pi}{2}-\gamma\right)Q_{\mathrm{S}}\cos\alpha\\
&\quad\pm\sqrt{b^{2}+h^{2}}\,\delta\varphi\cos\!\left(\frac{\pi}{2}-\gamma\right)Q_{\mathrm{R}}\sin\alpha-\sqrt{b^{2}+h^{2}}\,\delta\varphi\cos\!\left(\frac{\pi}{2}-\gamma\right)(Q_{\mathrm{R}}\cos\alpha+Q)\\
&=\frac{1}{2}\sqrt{b^{2}+h^{2}}\,\delta\varphi\cos\!\left(\frac{\pi}{2}-\gamma\right)Q_{\mathrm{S}}(\pm\sin\alpha-\cos\alpha)\\
&\quad+\sqrt{b^{2}+h^{2}}\,\delta\varphi\cos\!\left(\frac{\pi}{2}-\gamma\right)(\pm Q_{\mathrm{R}}\sin\alpha-Q_{\mathrm{R}}\cos\alpha-Q)
\end{aligned} \tag{3-38}
$$

则对应于 φ 的广义力为

$$
\begin{aligned}
Q_{\varphi}^{1}=\frac{\delta W_{\varphi}^{3}}{\delta\varphi}&=\frac{\dfrac{1}{2}\sqrt{b^{2}+h^{2}}\,\delta\varphi\cos\!\left(\dfrac{\pi}{2}-\gamma\right)Q_{\mathrm{S}}(\pm\sin\alpha-\cos\alpha)}{\delta\varphi}\\
&\quad+\frac{\sqrt{b^{2}+h^{2}}\,\delta\varphi\cos\!\left(\dfrac{\pi}{2}-\gamma\right)(\pm Q_{\mathrm{R}}\sin\alpha-Q_{\mathrm{R}}\cos\alpha-Q)}{\delta\varphi}\\
&=\frac{1}{2}\sqrt{b^{2}+h^{2}}\cos\!\left(\frac{\pi}{2}-\gamma\right)Q_{\mathrm{S}}(\pm\sin\alpha-\cos\alpha)\\
&\quad+\sqrt{b^{2}+h^{2}}\cos\!\left(\frac{\pi}{2}-\gamma\right)(\pm Q_{\mathrm{R}}\sin\alpha-Q_{\mathrm{R}}\cos\alpha-Q)
\end{aligned} \tag{3-39}
$$

(2)F 的运动(趋向)先于 S、R，系统有可能出现顺向失稳。

在该种状态下，同理可得

对应于 x_R 的广义力为

$$Q_R^2 = \frac{\delta W_R^2}{\delta x_R} = \frac{(Q_R \sin\alpha + f_R)\delta x_R}{\delta x_R} = Q_R \sin\alpha + f_R \qquad (3\text{-}40)$$

对应于 x_S 的广义力为

$$Q_S^2 = \frac{\delta W_S^2}{\delta x_S} = \frac{[(Q_R + Q_S)\sin\alpha + f_S]\delta x_S}{\delta x_S} = (Q_R + Q_S)\sin\alpha + f_S \qquad (3\text{-}41)$$

对应于 x_F 的广义力为

$$\begin{aligned}
Q_F^2 &= \frac{\delta W_F^2}{\delta x_F} = \frac{[(Q_R + Q_S + Q_F)\sin(\alpha-\beta) - Q\sin\beta - f_F]\delta x_F}{\delta x_F} \\
&= (Q_R + Q_S + Q_F)\sin(\alpha-\beta) - Q\sin\beta - f_F
\end{aligned} \qquad (3\text{-}42)$$

对应于 φ 的广义力为

$$\begin{aligned}
Q_\varphi^2 &= \frac{\delta W_\varphi^2}{\delta\varphi} = \frac{-\dfrac{1}{2}\sqrt{b^2+h^2}\,\delta\varphi\cos\left(\dfrac{\pi}{2}-\gamma\right)Q_S(\sin\alpha+\cos\alpha)}{\delta\varphi} \\
&\quad + \frac{-\sqrt{b^2+h^2}\,\delta\varphi\cos\left(\dfrac{\pi}{2}-\gamma\right)(Q_R\sin\alpha + Q_R\cos\alpha + Q)}{\delta\varphi} \\
&= -\frac{1}{2}\sqrt{b^2+h^2}\cos\left(\frac{\pi}{2}-\gamma\right)Q_S(\sin\alpha+\cos\alpha) \\
&\quad - \sqrt{b^2+h^2}\cos\left(\frac{\pi}{2}-\gamma\right)(Q_R\sin\alpha + Q_R\cos\alpha + Q)
\end{aligned} \qquad (3\text{-}43)$$

(3)R 的运动(趋向)先于 S，S 的运动(趋向)先于 F，系统有可能出现逆向失稳。

在该种状态下，同理可得

对应于 x_R 的广义力为

$$Q_R^3 = \frac{\delta W_R^3}{\delta x_R} = \frac{(Q_R \sin\alpha + f_R)\delta x_R}{\delta x_R} = Q_R \sin\alpha - f_R \qquad (3\text{-}44)$$

对应于 x_S 的广义力为

$$Q_S^3 = \frac{\delta W_S^3}{\delta x_S} = \frac{[(Q_R + Q_S)\sin\alpha - f_S]\delta x_S}{\delta x_S} = (Q_R + Q_S)\sin\alpha - f_S \qquad (3\text{-}45)$$

对应于 x_F 的广义力为

$$Q_F^3 = \frac{\delta W_F^3}{\delta x_F} = \frac{\left[(Q_R + Q_S + Q_F)\sin(\alpha - \beta) - Q\sin\beta - f_F\right]\delta x_F}{\delta x_F} \tag{3-46}$$
$$= (Q_R + Q_S + Q_F)\sin(\alpha - \beta) - Q\sin\beta - f_F$$

对应于 φ 的广义力为

$$Q_\varphi^3 = \frac{\delta W_\varphi^3}{\delta\varphi} = \frac{\frac{1}{2}\sqrt{b^2 + h^2}\,\delta\varphi\cos\left(\frac{\pi}{2} - \gamma\right)Q_S(\sin\alpha - \cos\alpha)}{\delta\varphi}$$
$$+ \frac{\sqrt{b^2 + h^2}\,\delta\varphi\cos\left(\frac{\pi}{2} - \gamma\right)(Q_R\sin\alpha - Q_R\cos\alpha - Q)}{\delta\varphi} \tag{3-47}$$
$$= \frac{1}{2}\sqrt{b^2 + h^2}\cos\left(\frac{\pi}{2} - \gamma\right)Q_S(\sin\alpha - \cos\alpha)$$
$$+ \sqrt{b^2 + h^2}\cos\left(\frac{\pi}{2} - \gamma\right)(Q_R\sin\alpha - Q_R\cos\alpha - Q)$$

根据"支架—围岩"相互作用原理，对"R-S-F"系统进行分析可得

$$\begin{cases} f_R = \mu_3 P^* \\ f_S = \mu_2\left(P^* + Q_S\cos\alpha + m_S\ddot{x}_F\sin\beta\right) \\ f_F = \mu_1\left(P^* + Q_S\cos\alpha + m_S\ddot{x}_F\sin\beta\right)\cos\beta \\ \qquad - \mu_1 Q_F\cos(\alpha - \beta) + f_S^* \\ f_S^* = \left(P^* + Q_S\cos\alpha + m_S\ddot{x}_F\sin\beta\right)\sin\beta \end{cases} \tag{3-48}$$

整理上式得

$$\begin{cases} f_R = \mu_3 P^* \\ f_S = \mu_2\left(P^* + Q_S\cos\alpha + m_S\ddot{x}_F\sin\beta\right) \\ f_F = \left(\mu_1\cos\beta + \sin\beta\right)\left(P^* + Q_S\cos\alpha + m_S\ddot{x}_F\sin\beta\right) \\ \qquad - \mu_1 Q_F\cos(\alpha - \beta) \end{cases} \tag{3-49}$$

则在不同运动状态下的广义力可表示为

$$Q_R^1 = Q_R \sin\alpha + \mu_3 P^*$$

$$Q_S^1 = (Q_R + Q_S)\sin\alpha - \mu_2 \left(P^* + Q_S \cos\alpha + m_S \ddot{x}_F \sin\beta \right)$$

$$Q_F^1 = (Q_R + Q_S + Q_F)\sin(\alpha - \beta) - Q\sin\beta + \mu_1 Q_F \cos(\alpha - \beta)$$
$$\qquad - (\mu_1 \cos\beta + \sin\beta)\left(P^* + Q_S \cos\alpha + m_S \ddot{x}_F \sin\beta \right)$$

$$Q_\varphi^1 = \frac{1}{2}\sqrt{b^2 + h^2}\cos\left(\frac{\pi}{2} - \gamma\right)Q_S(\pm\sin\alpha - \cos\alpha)$$
$$\qquad + \sqrt{b^2 + h^2}\cos\left(\frac{\pi}{2} - \gamma\right)(\pm Q_R \sin\alpha - Q_R \cos\alpha - Q)$$

$$(3\text{-}50)$$

$$Q_R^2 = Q_R \sin\alpha + \mu_3 P^*$$

$$Q_S^2 = (Q_R + Q_S)\sin\alpha + \mu_2 \left(P^* + Q_S \cos\alpha + m_S \ddot{x}_F \sin\beta \right)$$

$$Q_F^2 = (Q_R + Q_S + Q_F)\sin(\alpha - \beta) - Q\sin\beta + \mu_1 Q_F \cos(\alpha - \beta)$$
$$\qquad - (\mu_1 \cos\beta + \sin\beta)\left(P^* + Q_S \cos\alpha + m_S \ddot{x}_F \sin\beta \right)$$

$$Q_\varphi^2 = -\frac{1}{2}\sqrt{b^2 + h^2}\cos\left(\frac{\pi}{2} - \gamma\right)Q_S(\sin\alpha + \cos\alpha)$$
$$\qquad - \sqrt{b^2 + h^2}\cos\left(\frac{\pi}{2} - \gamma\right)(Q_R \sin\alpha + Q_R \cos\alpha + Q)$$

$$(3\text{-}51)$$

$$Q_R^3 = Q_R \sin\alpha - \mu_3 P^*$$

$$Q_S^3 = (Q_R + Q_S)\sin\alpha - \mu_2 \left(P^* + Q_S \cos\alpha + m_S \ddot{x}_F \sin\beta \right)$$

$$Q_f^3 = (Q_R + Q_S + Q_F)\sin(\alpha - \beta) - Q\sin\beta + \mu_1 Q_F \cos(\alpha - \beta)$$
$$\qquad - (\mu_1 \cos\beta + \sin\beta)\left(P^* + Q_S \cos\alpha + m_S \ddot{x}_F \sin\beta \right)$$

$$Q_\varphi^3 = \frac{1}{2}\sqrt{b^2 + h^2}\cos\left(\frac{\pi}{2} - \gamma\right)Q_S(\sin\alpha - \cos\alpha)$$
$$\qquad + \sqrt{b^2 + h^2}\cos\left(\frac{\pi}{2} - \gamma\right)(Q_R \sin\alpha - Q_R \cos\alpha - Q)$$

$$(3\text{-}52)$$

式中，P^* 为 S 在平行和垂直层面方向的工作阻力，kN；Q_j^i 为广义力（$i = 1,2,3$；$j = r, s, f, \varphi$），N；μ_i 为摩擦系数（$i = 1,2,3$）。

2. 拉格朗日方程

由第二类拉格朗日方程

$$\frac{\mathrm{d}}{\mathrm{d}t}\left(\frac{\partial T}{\partial \dot{q}_i}\right) + \frac{\partial T}{\partial q} = Q \tag{3-53}$$

可得"R-S-F"系统在不同状态下的动力学方程为

(1) S 的运动（趋向）先于 R、F，系统有可能出现错动（支架超前）型失稳。

$$
\begin{aligned}
&m_F \ddot{x}_F + m_S\left[\left(\ddot{x}_F \cos\beta + \ddot{x}_S + \frac{1}{2}Q_1\right)\cos\beta + \left(\ddot{x}_F \sin\beta + \frac{1}{2}Q_2\right)\sin\beta\right] \\
&+ m_R\left[\left(\ddot{x}_F \cos\beta + \ddot{x}_S + Q_1 + \ddot{x}_R\right)\cos\beta + \left(\ddot{x}_F \sin\beta + Q_2\right)\sin\beta\right] \\
&= \left(Q_R + Q_S + Q_F\right)\sin(\alpha - \beta) - Q\sin\beta + \mu_1 Q_F \cos(\alpha - \beta) \\
&- \left(\mu_1 \cos\beta + \sin\beta\right)\left(P^* + Q_S \cos\alpha + m_S \ddot{x}_F \sin\beta\right)
\end{aligned}
\tag{3-54}
$$

$$
\begin{aligned}
&m_S\left(\ddot{x}_F \cos\beta + \ddot{x}_S + \frac{1}{2}Q_1\right) + m_R\left(\ddot{x}_F \cos\beta + \ddot{x}_S + Q_1 + \ddot{x}_R\right) \\
&= \left(Q_R + Q_S\right)\sin\alpha - \mu_2\left(P^* + Q_S \cos\alpha + m_S \ddot{x}_F \sin\beta\right)
\end{aligned}
\tag{3-55}
$$

$$
\begin{aligned}
&\frac{m_S}{2}\sqrt{b^2 + h^2}\,\dot{\varphi}\left[\left(\ddot{x}_F \cos\beta + \ddot{x}_S + \frac{1}{2}Q_1\right)\sin(\gamma - \varphi) - \left(\ddot{x}_F \sin\beta + \frac{1}{2}Q_2\right)\cos(\gamma - \varphi)\right] \\
&+ m_R\sqrt{b^2 + h^2}\,\dot{\varphi}\left[\left(\ddot{x}_F \cos\beta + \ddot{x}_S + Q_1 + \ddot{x}_R\right)\sin(\gamma - \varphi) - \left(\ddot{x}_F \sin\beta + Q_2\right)\cos(\gamma - \varphi)\right] \\
&+ \frac{1}{12}m_S\left(b^2 + h^2\right)\ddot{\varphi} \\
&- \frac{m_S}{2}\sqrt{b^2 + h^2}\,\dot{\varphi}^2\left[\left(\dot{x}_F \cos\beta + \dot{x}_S + \frac{1}{2}Q_3\right)\sin(\gamma - \varphi) - \left(\dot{x}_F \sin\beta + \frac{1}{2}Q_4\right)\cos(\gamma - \varphi)\right] \\
&- m_R\sqrt{b^2 + h^2}\,\dot{\varphi}^2\left[\left(\dot{x}_F \cos\beta + \dot{x}_S + Q_3 + \dot{x}_R\right)\sin(\gamma - \varphi) - \left(\dot{x}_F \sin\beta + Q_4\right)\cos(\gamma - \varphi)\right] \\
&= \sqrt{b^2 + h^2}\cos\left(\frac{\pi}{2} - \gamma\right)\left[\frac{1}{2}Q_S\left(\pm\sin\alpha - \cos\alpha\right) + \left(\pm Q_R \sin\alpha - Q_R \cos\alpha - Q\right)\right]
\end{aligned}
\tag{3-56}
$$

$$
m_R\left(\ddot{x}_F \cos\beta + \ddot{x}_S + Q_1 + \ddot{x}_R\right) = Q_R \sin\alpha + \mu_3 P^*
\tag{3-57}
$$

(2) F 的运动（趋向）先于 S、R，系统有可能出现顺向失稳。

$$
\begin{aligned}
&m_F \ddot{x}_F + m_S\left[\left(\ddot{x}_F \cos\beta + \ddot{x}_S + \frac{1}{2}Q_1\right)\cos\beta + \left(\ddot{x}_F \sin\beta + \frac{1}{2}Q_2\right)\sin\beta\right] \\
&+ m_R\left[\left(\ddot{x}_F \cos\beta + \ddot{x}_S + Q_1 + \ddot{x}_R\right)\cos\beta + \left(\ddot{x}_F \sin\beta + Q_2\right)\sin\beta\right] \\
&= \left(Q_R + Q_S + Q_F\right)\sin(\alpha - \beta) - Q\sin\beta + \mu_1 Q_F \cos(\alpha - \beta) \\
&- \left(\mu_1 \cos\beta + \sin\beta\right)\left(P^* + Q_S \cos\alpha + m_S \ddot{x}_F \sin\beta\right)m_S\left(\ddot{x}_F \cos\beta + \ddot{x}_S + \frac{1}{2}Q_1\right)
\end{aligned}
\tag{3-58}
$$

$$
\begin{aligned}
&+ m_R\left(\ddot{x}_F \cos\beta + \ddot{x}_S + Q_1 + \ddot{x}_R\right) \\
&= \left(Q_R + Q_S\right)\sin\alpha + \mu_2\left(P^* + Q_S \cos\alpha + m_S \ddot{x}_F \sin\beta\right)
\end{aligned}
\tag{3-59}
$$

$$\frac{m_S}{2}\sqrt{b^2+h^2}\,\dot{\varphi}\left[\left(\ddot{x}_F\cos\beta+\ddot{x}_S+\frac{1}{2}Q_1\right)\sin(\gamma-\varphi)-\left(\ddot{x}_F\sin\beta+\frac{1}{2}Q_2\right)\cos(\gamma-\varphi)\right]$$

$$+m_R\sqrt{b^2+h^2}\,\dot{\varphi}\left[\left(\ddot{x}_F\cos\beta+\ddot{x}_S+Q_1+\ddot{x}_R\right)\sin(\gamma-\varphi)-\left(\ddot{x}_F\sin\beta+Q_2\right)\cos(\gamma-\varphi)\right]$$

$$+\frac{1}{12}m_S\left(b^2+h^2\right)\ddot{\varphi}$$

$$-\frac{m_S}{2}\sqrt{b^2+h^2}\,\dot{\varphi}^2\left[\left(\dot{x}_F\cos\beta+\dot{x}_S+\frac{1}{2}Q_3\right)\sin(\gamma-\varphi)-\left[\dot{x}_F\sin\beta+\frac{1}{2}Q_4\right]\cos(\gamma-\varphi)\right]$$

$$-m_R\sqrt{b^2+h^2}\,\dot{\varphi}^2\left[\left(\dot{x}_F\cos\beta+\dot{x}_S+Q_3+\dot{x}_R\right)\sin(\gamma-\varphi)-\left(\dot{x}_F\sin\beta+Q_4\right)\cos(\gamma-\varphi)\right]$$

$$=-\sqrt{b^2+h^2}\cos\left(\frac{\pi}{2}-\gamma\right)\left[\frac{1}{2}Q_S(\sin\alpha+\cos\alpha)+(Q_R\sin\alpha+Q_R\cos\alpha+Q)\right]$$

$$\tag{3-60}$$

$$m_R\left(\ddot{x}_F\cos\beta+\ddot{x}_S+Q_1+\ddot{x}_R\right)=Q_R\sin\alpha+\mu_3 P^* \tag{3-61}$$

(3) R 的运动(趋向)先于 S，S 的运动(趋向)先于 F，系统有可能出现逆向失稳。

$$m_F\ddot{x}_F+m_S\left[\left(\ddot{x}_F\cos\beta+\ddot{x}_S+\frac{1}{2}Q_1\right)\cos\beta+\left(\ddot{x}_F\sin\beta+\frac{1}{2}Q_2\right)\sin\beta\right]$$

$$+m_R\left[\left(\ddot{x}_F\cos\beta+\ddot{x}_S+Q_1+\ddot{x}_R\right)\cos\beta+\left(\ddot{x}_F\sin\beta+Q_2\right)\sin\beta\right]$$

$$=(Q_R+Q_S+Q_F)\sin(\alpha-\beta)-Q\sin\beta+\mu_1 Q_F\cos(\alpha-\beta)$$

$$-\left(\mu_1\cos\beta+\sin\beta\right)\left(P^*+Q_S\cos\alpha+m_S\ddot{x}_F\sin\beta\right) \tag{3-62}$$

$$m_S\left(\ddot{x}_F\cos\beta+\ddot{x}_S+\frac{1}{2}Q_1\right)+m_R\left(\ddot{x}_F\cos\beta+\ddot{x}_S+Q_1+\ddot{x}_R\right)$$

$$=(Q_R+Q_S)\sin\alpha-\mu_2\left(P^*+Q_S\cos\alpha+m_S\ddot{x}_F\sin\beta\right) \tag{3-63}$$

$$\frac{m_S}{2}\sqrt{b^2+h^2}\,\dot{\varphi}\left[\left(\ddot{x}_F\cos\beta+\ddot{x}_S+\frac{1}{2}Q_1\right)\sin(\gamma-\varphi)-\left(\ddot{x}_F\sin\beta+\frac{1}{2}Q_2\right)\cos(\gamma-\varphi)\right]$$

$$+m_R\sqrt{b^2+h^2}\,\dot{\varphi}\left[\left(\ddot{x}_F\cos\beta+\ddot{x}_S+Q_1+\ddot{x}_R\right)\sin(\gamma-\varphi)-\left(\ddot{x}_F\sin\beta+Q_2\right)\cos(\gamma-\varphi)\right]$$

$$+\frac{1}{12}m_S\left(b^2+h^2\right)\ddot{\varphi}$$

$$-\frac{m_S}{2}\sqrt{b^2+h^2}\,\dot{\varphi}^2\left[\left(\dot{x}_F\cos\beta+\dot{x}_S+\frac{1}{2}Q_3\right)\sin(\gamma-\varphi)-\left[\dot{x}_F\sin\beta+\frac{1}{2}Q_4\right]\cos(\gamma-\varphi)\right]$$

$$-m_R\sqrt{b^2+h^2}\,\dot{\varphi}^2\left[\left(\dot{x}_F\cos\beta+\dot{x}_S+Q_3+\dot{x}_R\right)\sin(\gamma-\varphi)-\left(\dot{x}_F\sin\beta+Q_4\right)\cos(\gamma-\varphi)\right]$$

$$=\sqrt{b^2+h^2}\cos\left(\frac{\pi}{2}-\gamma\right)\left[\frac{1}{2}Q_S(\sin\alpha-\cos\alpha)+(Q_R\sin\alpha-Q_R\cos\alpha-Q)\right]$$

$$\tag{3-64}$$

$$m_R \left(\ddot{x}_F \cos \beta + \ddot{x}_S + Q_1 + \ddot{x}_R \right) = Q_R \sin \alpha - \mu_3 P^* \tag{3-65}$$

3. "R-S-F" 系统动力学模型与方程简化

如果不是特别破碎和松软的底板,只要支架不失控,底板通常不会出现破坏滑移,则上述三种情况下的动力学方程可简化为[17]:

(1) S 的运动(趋向)先于 R、F,系统有可能出现错动(支架超前)型失稳。

$$m_S \left(\ddot{x}_S + \frac{1}{2} Q_1 \right) + m_R \left(\ddot{x}_S + Q_1 + \ddot{x}_R \right) = (Q_R + Q_S) \sin \alpha - \mu_2 \left(P^* + Q_S \cos \alpha \right) \tag{3-66}$$

$$
\begin{aligned}
& \frac{m_S}{2} \sqrt{b^2 + h^2} \, \dot{\varphi} \left[\left(\ddot{x}_S + \frac{1}{2} Q_1 \right) \sin(\gamma - \varphi) - \frac{1}{2} Q_2 \cos(\gamma - \varphi) \right] \\
& + m_R \sqrt{b^2 + h^2} \, \dot{\varphi} \left[\left(\ddot{x}_S + Q_1 + \ddot{x}_R \right) \sin(\gamma - \varphi) - Q_2 \cos(\gamma - \varphi) \right] \\
& + \frac{1}{12} m_S \left(b^2 + h^2 \right) \ddot{\varphi} \\
& - \frac{m_S}{2} \sqrt{b^2 + h^2} \, \dot{\varphi}^2 \left[\left(\dot{x}_S + \frac{1}{2} Q_3 \right) \sin(\gamma - \varphi) - \frac{1}{2} Q_4 \cos(\gamma - \varphi) \right] \\
& - m_R \sqrt{b^2 + h^2} \, \dot{\varphi}^2 \left[\left(\dot{x}_S + Q_3 + \dot{x}_R \right) \sin(\gamma - \varphi) - Q_4 \cos(\gamma - \varphi) \right] \\
& = \sqrt{b^2 + h^2} \cos \left(\frac{\pi}{2} - \gamma \right) \left[\frac{1}{2} Q_S \left(\pm \sin \alpha - \cos \alpha \right) + \left(\pm Q_R \sin \alpha - Q_R \cos \alpha - Q \right) \right]
\end{aligned}
\tag{3-67}
$$

$$m_R \left(\ddot{x}_S + Q_1 + \ddot{x}_R \right) = Q_R \sin \alpha + \mu_3 P^* \tag{3-68}$$

(2) F 的运动(趋向)先于 S、R,系统有可能出现顺向失稳。

$$m_S \left(\ddot{x}_S + \frac{1}{2} Q_1 \right) + m_R \left(\ddot{x}_S + Q_1 + \ddot{x}_R \right) = (Q_R + Q_S) \sin \alpha + \mu_2 \left(P^* + Q_S \cos \alpha \right) \tag{3-69}$$

$$
\begin{aligned}
& \frac{m_S}{2} \sqrt{b^2 + h^2} \, \dot{\varphi} \left[\left(\ddot{x}_S + \frac{1}{2} Q_1 \right) \sin(\gamma - \varphi) - \frac{1}{2} Q_2 \cos(\gamma - \varphi) \right] \\
& + m_R \sqrt{b^2 + h^2} \, \dot{\varphi} \left[\left(\ddot{x}_S + Q_1 + \ddot{x}_R \right) \sin(\gamma - \varphi) - Q_2 \cos(\gamma - \varphi) \right] \\
& + \frac{1}{12} m_S \left(b^2 + h^2 \right) \ddot{\varphi} \\
& - \frac{m_S}{2} \sqrt{b^2 + h^2} \, \dot{\varphi}^2 \left[\left(\dot{x}_S + \frac{1}{2} Q_3 \right) \sin(\gamma - \varphi) - \frac{1}{2} Q_4 \cos(\gamma - \varphi) \right] \\
& - m_R \sqrt{b^2 + h^2} \, \dot{\varphi}^2 \left[\left(\dot{x}_S + Q_3 + \dot{x}_R \right) \sin(\gamma - \varphi) - Q_4 \cos(\gamma - \varphi) \right] \\
& = -\sqrt{b^2 + h^2} \cos \left(\frac{\pi}{2} - \gamma \right) \left[\frac{1}{2} Q_S \left(\sin \alpha + \cos \alpha \right) + \left(Q_R \sin \alpha + Q_R \cos \alpha + Q \right) \right]
\end{aligned}
\tag{3-70}
$$

$$m_R \left(\ddot{x}_S + Q_1 + \ddot{x}_R \right) = Q_R \sin\alpha + \mu_3 P^* \tag{3-71}$$

(3) R 的运动（趋向）先于 S，S 的运动（趋向）先于 F，系统有可能出现逆向失稳。

$$m_S \left(\ddot{x}_S + \frac{1}{2} Q_1 \right) + m_R \left(\ddot{x}_S + Q_1 + \ddot{x}_R \right) = \left(Q_R + Q_S \right) \sin\alpha - \mu_2 \left(P^* + Q_S \cos\alpha \right) \tag{3-72}$$

$$
\begin{aligned}
&\frac{m_S}{2} \sqrt{b^2 + h^2}\, \dot{\varphi} \left[\left(\ddot{x}_S + \frac{1}{2} Q_1 \right) \sin(\gamma - \varphi) - \frac{1}{2} Q_2 \cos(\gamma - \varphi) \right] \\
&+ m_R \sqrt{b^2 + h^2}\, \dot{\varphi} \left[\left(\ddot{x}_S + Q_1 + \ddot{x}_R \right) \sin(\gamma - \varphi) - Q_2 \cos(\gamma - \varphi) \right] \\
&+ \frac{1}{12} m_S \left(b^2 + h^2 \right) \ddot{\varphi} \\
&- \frac{m_S}{2} \sqrt{b^2 + h^2}\, \dot{\varphi}^2 \left[\left(\dot{x}_S + \frac{1}{2} Q_3 \right) \sin(\gamma - \varphi) - \frac{1}{2} Q_4 \cos(\gamma - \varphi) \right] \\
&- m_R \sqrt{b^2 + h^2}\, \dot{\varphi}^2 \left[\left(\dot{x}_S + Q_3 + \dot{x}_R \right) \sin(\gamma - \varphi) - Q_4 \cos(\gamma - \varphi) \right] \\
&= \sqrt{b^2 + h^2} \cos\left(\frac{\pi}{2} - \gamma \right) \left[\frac{1}{2} Q_S (\sin\alpha - \cos\alpha) + \left(Q_R \sin\alpha - Q_R \cos\alpha - Q \right) \right]
\end{aligned} \tag{3-73}
$$

$$m_R \left(\ddot{x}_S + Q_1 + \ddot{x}_R \right) = Q_R \sin\alpha - \mu_3 P^* \tag{3-74}$$

同时，合理地选择结构参数，并使其在工作面推进过程中与回采工艺参数有机结合，可以避免大部分的支架倾倒现象，则上述三种情况下的动力学方程可简化为

(1) S 的运动（趋向）先于 R、F，系统有可能出现错动（支架超前）型失稳。

$$m_S \ddot{x}_S + m_R \left(\ddot{x}_S + \ddot{x}_R \right) = Q_R \sin\alpha + Q_S \left(\sin\alpha - \mu_2 \cos\alpha \right) - \mu_2 P^* \tag{3-75}$$

$$m_R \left(\ddot{x}_S + \ddot{x}_R \right) = Q_R \sin\alpha + \mu_3 P^* \tag{3-76}$$

整理得

$$\left(m_S + m_R \right) \ddot{x}_S + m_R \ddot{x}_R = Q_R \sin\alpha + Q_S \left(\sin\alpha - \mu_2 \cos\alpha \right) - \mu_2 P^* \tag{3-77}$$

$$m_R \ddot{x}_S + m_R \ddot{x}_R = Q_R \sin\alpha + \mu_3 P^* \tag{3-78}$$

(2) F 的运动（趋向）先于 S、R，系统有可能出现顺向失稳。

$$m_S \ddot{x}_S + m_R \left(\ddot{x}_S + \ddot{x}_R \right) = Q_R \sin\alpha + Q_S \left(\sin\alpha + \mu_2 \cos\alpha \right) + \mu_2 P^* \tag{3-79}$$

$$m_R \left(\ddot{x}_S + \ddot{x}_R \right) = Q_R \sin\alpha + \mu_3 P^* \tag{3-80}$$

整理得

$$(m_S + m_R)\ddot{x}_S + m_R\ddot{x}_R = Q_R \sin\alpha + Q_S(\sin\alpha + \mu_2\cos\alpha) + \mu_2 P^* \tag{3-81}$$

$$m_R\ddot{x}_S + m_R\ddot{x}_R = Q_R\sin\alpha + \mu_3 P^* \tag{3-82}$$

(3) R 的运动(趋向)先于 S，S 的运动(趋向)先于 F，系统有可能出现逆向失稳。

$$m_S\ddot{x}_S + m_R(\ddot{x}_S + \ddot{x}_R) = Q_R\sin\alpha + Q_S(\sin\alpha - \mu_2\cos\alpha) - \mu_2 P^* \tag{3-83}$$

$$m_R(\ddot{x}_S + \ddot{x}_R) = Q_R\sin\alpha - \mu_3 P^* \tag{3-84}$$

整理得

$$(m_S + m_R)\ddot{x}_S + m_R\ddot{x}_R = Q_R\sin\alpha + Q_S(\sin\alpha - \mu_2\cos\alpha) - \mu_2 P^* \tag{3-85}$$

$$m_R\ddot{x}_S + m_R\ddot{x}_R = Q_R\sin\alpha - \mu_3 P^* \tag{3-86}$$

令：　　$W_{S1} = Q_R\sin\alpha + Q_S(\sin\alpha - \mu_2\cos\alpha) - \mu_2 P^*$

$W_{R1} = Q_R\sin\alpha + \mu_3 P^*$

$W_{S2} = Q_R\sin\alpha + Q_S(\sin\alpha + \mu_2\cos\alpha) + \mu_2 P^*$

$W_{R2} = Q_R\sin\alpha + \mu_3 P^*$

$W_{S3} = Q_R\sin\alpha + Q_S(\sin\alpha - \mu_2\cos\alpha) - \mu_2 P^*$

$W_{R3} = Q_R\sin\alpha - \mu_3 P^*$

则上述三种情况下的运动微分方程可归化为

$$\begin{cases} (m_S + m_R)\ddot{x}_S + m_R\ddot{x}_R = W_{Sj} \\ m_R\ddot{x}_S + m_R\ddot{x}_R = W_{Rj} \end{cases} \tag{3-87}$$

式中，j=1，2，3。

求解以上微分方程组，可得

$$\begin{cases} x_S = \dfrac{W_{Sj} - W_{Rj}}{2m_S}t^2 + c_1 t + c_2 \\ x_R = \dfrac{m_S W_{Rj} - m_R(W_{Sj} - W_{Rj})}{2m_S m_R}t^2 + c_1^* t + c_2^* \end{cases} \tag{3-88}$$

对应的初始条件：

$$\begin{cases} t = 0, x_R = 0, x_S = 0 \\ t = t_0, x_R = C_R, x_S = C_S \end{cases} \tag{3-89}$$

可得

$$
\begin{cases}
x_{\mathrm{R}} = \dfrac{m_{\mathrm{S}}W_{\mathrm{R}j} - m_{\mathrm{R}}\left(W_{\mathrm{S}j} - W_{\mathrm{R}j}\right)}{2m_{\mathrm{S}}m_{\mathrm{R}}}t^2 + \dfrac{2m_{\mathrm{S}}m_{\mathrm{R}}C_{\mathrm{R}} - \left[m_{\mathrm{S}}W_{\mathrm{R}j} - m_{\mathrm{R}}\left(W_{\mathrm{S}j} - W_{\mathrm{R}j}\right)\right]t_0^2}{2m_{\mathrm{S}}m_{\mathrm{R}}t_0}t \\[4mm]
x_{\mathrm{S}} = \dfrac{W_{\mathrm{S}j} - W_{\mathrm{R}j}}{2m_{\mathrm{S}}}t^2 + \dfrac{2m_{\mathrm{S}}C_{\mathrm{S}} - m_{\mathrm{R}}\left(W_{\mathrm{S}j} - W_{\mathrm{R}j}\right)t_0^2}{2m_{\mathrm{S}}t_0}t
\end{cases}
\tag{3-90}
$$

对上式进行一次和二次微分得

$$
\begin{cases}
\dot{x}_{\mathrm{R}} = \dfrac{m_{\mathrm{S}}W_{\mathrm{R}j} - m_{\mathrm{R}}\left(W_{\mathrm{S}j} - W_{\mathrm{R}j}\right)}{m_{\mathrm{S}}m_{\mathrm{R}}}t + \dfrac{2m_{\mathrm{S}}m_{\mathrm{R}}C_{\mathrm{R}} - \left[m_{\mathrm{S}}W_{\mathrm{R}j} - m_{\mathrm{R}}\left(W_{\mathrm{S}j} - W_{\mathrm{R}j}\right)\right]t_0^2}{2m_{\mathrm{S}}m_{\mathrm{R}}t_0} \\[4mm]
\dot{x}_{\mathrm{S}} = \dfrac{W_{\mathrm{S}j} - W_{\mathrm{R}j}}{m_{\mathrm{S}}}t + \dfrac{2m_{\mathrm{S}}C_{\mathrm{S}} - m_{\mathrm{R}}\left(W_{\mathrm{S}j} - W_{\mathrm{R}j}\right)t_0^2}{2m_{\mathrm{S}}t_0}
\end{cases}
\tag{3-91}
$$

$$
\begin{cases}
\ddot{x}_{\mathrm{R}} = \dfrac{m_{\mathrm{S}}W_{\mathrm{R}j} - m_{\mathrm{R}}\left(W_{\mathrm{S}j} - W_{\mathrm{R}j}\right)}{m_{\mathrm{S}}m_{\mathrm{R}}} \\[4mm]
\ddot{x}_{\mathrm{S}} = \dfrac{W_{\mathrm{S}j} - W_{\mathrm{R}j}}{m_{\mathrm{S}}}
\end{cases}
\tag{3-92}
$$

3.4　大倾角煤层走向长壁开采 "R-S-F" 系统动态稳定性分析与控制

3.4.1　"R-S-F" 系统动态稳定性的概念

由岩层控制理论[18,19]，不论在何种条件下，对于 "R-S-F" 系统（"支架—围岩" 系统）来说，由于顶板破断岩块(R)的运动是 "绝对的"（即支架不能阻止上履岩层的最终运动），工作面支架或支护系统(S)对 R 的运动只能起到调节的作用。在大倾角煤层工作面，S 的运动是必然存在的，只是在不同的条件下，S 运动的速率和运动所表现出来的量不同。此外，F 的运动在严格意义上来讲也是一直存在的，但在综采工作面，由于液压支架的底座覆盖率大，只要支架不倾倒，底板的破坏和滑移就会受到控制，已成滑移体运动(滑移)，量很小，对工程影响可以忽略不计。由前述的分析可知，当底板滑移体(F)发生运动时（即 $\dot{x}_{\mathrm{F}}$ 存在且不等于零），S 和 R 由于是处于 F 之上，其运动是 $\dot{x}_{\mathrm{F}}$、$\dot{x}_{\mathrm{S}}$、$\dot{x}_{\mathrm{R}}$ 的合成，"R-F-S" 系统就一定是一个动态系统(同样，当支架运动时，R-S 也肯定为一个动态系统)，因此，系统的稳定性不是静态的，而是动态的，且具有以下特征：

(1) "R-S-F" 系统构成的三要素在任意时刻的运动必须保持协调，即 $\dot{x}_{\mathrm{F}}$、$\dot{x}_{\mathrm{S}}$ 和 $\dot{x}_{\mathrm{R}}$ 相互耦合(满足系统耦合方程)。如果其中有一项为零，则其他两项(相邻两项)相互耦合。

(2)在运动速度相互耦合的基础上,三要素之间的运动速度梯度(加速度)变化趋势相同,先于其他两要素移动的要素的速度梯度(加速度)为零。

(3)在垂直岩层层面方向上,R、S、F 的运动速度函数(与支架工作阻力、系统刚度系数、系统弹性模量有关)$\dot{y}_F(P^*, k_F, E_F)$、$\dot{y}_S(P^*, k_S, E_S)$、$\dot{y}_R(P^*, k_R, E_R)$ 满足"R-S-F"系统刚度耦合条件,且顶板破断岩块和底板滑移体的速度梯度为零。

3.4.2 "R-S-F" 系统动态稳定性分析[20]

取 "R-S-F" 系统耦合函数为 Taylor series or Laurent series 的正则部分,即有

$$x_S = f(x_R) = \sum_{n=0}^{\infty} \rho_n (x_R - x_{R0})^n \tag{3-93}$$

考虑到方程求解的可能性,这里只取耦合方程的线性项

$$x_S = \rho_1 x_R + \rho_0 \tag{3-94}$$

对上式进行求导,可得

$$\dot{x}_S = \rho_1 \dot{x}_R \tag{3-95}$$

将 $\dot{x}_S$ 和 $\dot{x}_R$ 代入上式可得

$$\frac{W_{Sj} - W_{Rj}}{m_S} t + \frac{2m_S C_S - m_R (W_{Sj} - W_{Rj}) t_0^2}{2m_S t_0} = \rho_1 \left\{ \frac{m_S W_{Rj} - m_R (W_{Sj} - W_{Rj})}{m_S m_R} t \right.$$
$$\left. + \frac{2m_S m_R C_R - \left[m_S W_{Rj} - m_R (W_{Sj} - W_{Rj}) \right] t_0^2}{2m_S m_R t_0} \right\} \tag{3-96}$$

利用耦合函数的非正交现行无关的性质,可得

$$\begin{cases} \dfrac{W_{Sj} - W_{Rj}}{m_S} = \rho_1 \dfrac{m_S W_{Rj} - m_R (W_{Sj} - W_{Rj})}{m_S m_R} \\ \dfrac{2m_S C_S - m_R (W_{Sj} - W_{Rj}) t_0^2}{2m_S t_0} = \rho_1 \dfrac{2m_S m_R C_R - \left[m_S W_{Rj} - m_R (W_{Sj} - W_{Rj}) \right] t_0^2}{2m_S m_R t_0} \end{cases} \tag{3-97}$$

或 $$\begin{cases} (1 + \rho_1) m_R (W_{Sj} - W_{Rj}) = \rho_1 m_S W_{Rj} \\ (\rho_1 - 1) m_R (W_{Sj} - W_{Rj}) t_0^2 = 2m_S m_R \rho_1 (C_R - C_S) - \rho_1 m_S W_{Rj} t_0^2 \end{cases} \tag{3-98}$$

根据动态系统稳定性的特征,首先要求速度耦合,即

$$(1 + \rho_1) m_R (W_{Sj} - W_{Rj}) = \rho_1 m_S W_{Rj} \tag{3-99}$$

其次要求速度梯度的变化趋势相同，即

$$\ddot{x}_R = 0 \quad 或者 \quad \ddot{x}_S = 0$$

即

$$m_S W_{Rj} - m_R \left(W_{Sj} - W_{Rj} \right) = 0 \text{ 或者 } W_{Sj} - W_{Rj} = 0 \tag{3-100}$$

（1）"R-S-F" 系统出现错动型失稳。

由该种情况下的动态稳定性条件可得

$$\begin{cases} (1 + \rho_1) m_R \left(W_{S1} - W_{R1} \right) = \rho_1 m_S W_{R1} \\ \ddot{x}_S = 0 \end{cases} \tag{3-101}$$

得

$$\begin{cases} (1 + \rho_1) m_R \left\{ \left[Q_R \sin\alpha + Q_S \left(\sin\alpha - \mu_2 \cos\alpha \right) - \mu_2 P^* \right] \\ - \left(Q_R \sin\alpha + \mu_3 P^* \right) \right\} = \rho_1 m_S \left(Q_R \sin\alpha + \mu_3 P^* \right) \\ Q_R \sin\alpha + Q_S \left(\sin\alpha - \mu_2 \cos\alpha \right) - \mu_2 P^* = Q_R \sin\alpha + \mu_3 P^* \end{cases} \tag{3-102}$$

由以上两式得出支架的工作阻力分别为

$$\begin{cases} \left[P_1^* \right]_1 = \dfrac{(1 + \rho_1) m_R Q_S \left(\sin\alpha - \mu_2 \cos\alpha \right) - \rho_1 m_S Q_R \sin\alpha}{\rho_1 m_S \mu_3 + (1 + \rho_1) m_R \left(\mu_2 + \mu_3 \right)} \\ \left[P_1^* \right]_2 = \dfrac{Q_S \left(\sin\alpha - \mu_2 \cos\alpha \right)}{\left(\mu_2 + \mu_3 \right)} \end{cases} \tag{3-103}$$

由 $m_R = \zeta m_S$，得

$$\begin{cases} \left[P_1^* \right]_1 = \dfrac{(1 + \rho_1) Q_R \left(\sin\alpha - \mu_2 \cos\alpha \right) - \rho_1 Q_R \sin\alpha}{\rho_1 \mu_3 + \zeta (1 + \rho_1) \left(\mu_2 + \mu_3 \right)} \\ \left[P_1^* \right]_2 = \dfrac{Q_R \left(\sin\alpha - \mu_2 \cos\alpha \right)}{\zeta \left(\mu_2 + \mu_3 \right)} \end{cases} \tag{3-104}$$

整理得

$$\begin{cases} \left[P_1^* \right]_1 = \dfrac{Q_R \left[\sin\alpha - (1 + \rho_1) \mu_2 \cos\alpha \right]}{\rho_1 \mu_3 + \zeta (1 + \rho_1) \left(\mu_2 + \mu_3 \right)} \\ \left[P_1^* \right]_2 = \dfrac{Q_R \left(\sin\alpha - \mu_2 \cos\alpha \right)}{\zeta \left(\mu_2 + \mu_3 \right)} \end{cases} \tag{3-105}$$

由于 $\left[P_1^*\right]_2 > \left[P_1^*\right]_1$，因此保证系统动态稳定性的支架支护阻力为

$$\left[P_1^*\right] = \left[P_1^*\right]_2 = \frac{Q_R\left(\sin\alpha - \mu_2\cos\alpha\right)}{\zeta\left(\mu_2 + \mu_3\right)} \tag{3-106}$$

（2）"R-S-F" 系统出现顺向型失稳。

由该种情况下的动态稳定性条件可得

$$\begin{cases} \left(1+\rho_1\right)m_R\left(W_{S2} - W_{R2}\right) = \rho_1 m_S W_{R2} \\ \ddot{x}_S = 0 \end{cases} \tag{3-107}$$

得

$$\begin{cases} \left(1+\rho_1\right)m_R\left\{\left[Q_R\sin\alpha + Q_S\left(\sin\alpha + \mu_2\cos\alpha\right) + \mu_2 P^*\right] - \left(Q_R\sin\alpha + \mu_3 P^*\right)\right\} \\ = \rho_1 m_S\left(Q_R\sin\alpha + \mu_3 P^*\right) \\ Q_R\sin\alpha + Q_S\left(\sin\alpha + \mu_2\cos\alpha\right) + \mu_2 P^* = Q_R\sin\alpha + \mu_3 P^* \end{cases} \tag{3-108}$$

整理得

$$\begin{cases} \left[P_2^*\right]_1 = \dfrac{\left(1+\rho_1\right)m_R Q_S\left(\sin\alpha + \mu_2\cos\alpha\right) - \rho_1 m_S Q_R\sin\alpha}{\rho_1 m_S \mu_3 + \left(1+\rho_1\right)m_R\left(\mu_3 - \mu_2\right)} \\ \left[P_2^*\right]_2 = \dfrac{Q_S\left(\sin\alpha + \mu_2\cos\alpha\right)}{\mu_3 - \mu_2} \end{cases} \tag{3-109}$$

由 $m_R = \zeta m_S$，得

$$\begin{cases} \left[P_2^*\right]_1 = \dfrac{\left(1+\rho_1\right)Q_R\left(\sin\alpha + \mu_2\cos\alpha\right) - \rho_1 Q_R\sin\alpha}{\rho_1\mu_3 + \zeta\left(1+\rho_1\right)\left(\mu_3 - \mu_2\right)} \\ \left[P_2^*\right]_2 = \dfrac{Q_S\left(\sin\alpha + \mu_2\cos\alpha\right)}{\mu_3 - \mu_2} \end{cases} \tag{3-110}$$

整理得

$$\begin{cases} \left[P_2^*\right]_1 = \dfrac{Q_R\left[\sin\alpha + \left(1+\rho_1\right)\mu_2\cos\alpha\right]}{\rho_1\mu_3 + \zeta\left(1+\rho_1\right)\left(\mu_2 + \mu_3\right)} \\ \left[P_2^*\right]_2 = \dfrac{Q_R\left(\sin\alpha + \mu_2\cos\alpha\right)}{\zeta\left(\mu_2 + \mu_3\right)} \end{cases} \tag{3-111}$$

由于 $\left[P_2^*\right]_2 > \left[P_2^*\right]_1$，因此保证系统动态稳定性的支架支护阻力为

$$\left[P_2^* \right] = \left[P_2^* \right]_2 = \frac{Q_R \left(\sin \alpha + \mu_2 \cos \alpha \right)}{\zeta \left(\mu_2 + \mu_3 \right)} \tag{3-112}$$

(3) "R-S-F" 系统出现逆向型失稳。

由该种情况下的动态稳定性条件可得

$$\begin{cases} (1 + \rho_1) m_R \left(W_{S3} - W_{R3} \right) = \rho_1 m_S W_{R3} \\ \ddot{x}_R = 0 \end{cases} \tag{3-113}$$

得

$$\begin{cases} (1 + \rho_1) m_R \left\{ \left[Q_R \sin \alpha + Q_S \left(\sin \alpha - \mu_2 \cos \alpha \right) - \mu_2 P^* \right] - \left(Q_R \sin \alpha - \mu_3 P^* \right) \right\} \\ \qquad = \rho_1 m_S \left(Q_R \sin \alpha - \mu_3 P^* \right) \\ m_R \left\{ \left[Q_R \sin \alpha + Q_S \left(\sin \alpha - \mu_2 \cos \alpha \right) - \mu_2 P^* \right] - \left(Q_R \sin \alpha - \mu_3 P^* \right) \right\} \\ \qquad = m_S \left(Q_R \sin \alpha - \mu_3 P^* \right) \end{cases} \tag{3-114}$$

由以上两式得出支架的工作阻力分别为

$$\begin{cases} \left[P_3^* \right]_1 = \dfrac{\rho_1 m_S Q_R \sin \alpha - (1 + \rho_1) m_R Q_S \left(\sin \alpha - \mu_2 \cos \alpha \right)}{\rho_1 m_S \mu_3 + (1 + \rho_1) m_R \left(\mu_3 - \mu_2 \right)} \\[3mm] \left[P_3^* \right]_2 = \dfrac{m_S Q_R \sin \alpha - m_R Q_S \left(\sin \alpha - \mu_2 \cos \alpha \right)}{m_S \mu_3 + m_R \left(\mu_3 - \mu_2 \right)} \end{cases} \tag{3-115}$$

由 $m_R = \zeta m_S$，得

$$\begin{cases} \left[P_3^* \right]_1 = \dfrac{\rho_1 Q_R \sin \alpha - (1 + \rho_1) Q_R \left(\sin \alpha - \mu_2 \cos \alpha \right)}{\rho_1 \mu_3 + \zeta (1 + \rho_1) \left(\mu_3 - \mu_2 \right)} \\[3mm] \left[P_3^* \right]_2 = \dfrac{Q_R \sin \alpha - Q_R \left(\sin \alpha - \mu_2 \cos \alpha \right)}{\mu_3 + \zeta \left(\mu_3 - \mu_2 \right)} \end{cases} \tag{3-116}$$

整理得

$$\begin{cases} \left[P_3^* \right]_1 = \dfrac{Q_R \left[(1 + \rho_1) \mu_2 \cos \alpha - \sin \alpha \right]}{\rho_1 \mu_3 + \zeta (1 + \rho_1) \left(\mu_3 - \mu_2 \right)} \\[3mm] \left[P_3^* \right]_2 = \dfrac{\mu_2 Q_R \cos \alpha}{\mu_3 + \zeta \left(\mu_3 - \mu_2 \right)} \end{cases} \tag{3-117}$$

由于 $\left[P_3^* \right]_2 > \left[P_3^* \right]_1$，因此保证系统动态稳定性的支架支护阻力为

$$\left[P_3^* \right] = \left[P_3^* \right]_2 = \frac{\mu_2 Q_R \cos\alpha}{\mu_3 + \zeta\left(\mu_3 - \mu_2\right)} \tag{3-118}$$

3.4.3　"R-S-F"系统保持动态稳定时的实际工作阻力

1）"R-S-F"系统工作阻力与顶板破断岩块沿倾斜方向的尺度关系

顶板破断岩块沿倾斜方向延伸的尺度不同，所需的支架数目不同。在实际生产中，当每个循环内支架前移时，对顶板破断岩块提供工作阻力的支架数目会减少，即在一定的时间段内，要保持系统动态稳定所需的支架工作阻力将增大，设顶板破断岩块沿倾斜方向的延伸尺度与单个工作面支架宽度之比为 n，则某支架在相邻支架移架过程中应具有的工作阻力为

$$P_i = \frac{1+n}{n} P_j - P_j^\circ \quad (i, j = 1, 2, 3 \qquad n \neq 1) \tag{3-119}$$

式中，P_j, P_j°, P_i 为支架工作阻力、移架阻力、实际工作阻力，kN。

2）"R-S-F"系统工作阻力的安全系数

前述分析讨论的保持"R-S-F"系统动态稳定的工作阻力是在简化了工作面基本顶（关键层）运动对顶板破断岩块的作用之后得出的（认为基本顶的作用力由顶板破断岩块间的摩擦阻力承担），但实际生产中，当初次来压和周期来压时，基本顶的作用力必然会通过顶板破断岩块（直接顶）传递到工作面支架或支护系统之上，也就是说，支架或支护系统的实际工作阻力应具有一定的安全系数，令 K 为系统安全系数，该系数是工作面顶板厚度及其组成状态、开采高度及系统组成要素间动摩擦系数的函数，即 $K = f(\zeta, \mu, H)$。一般情况下取 K 为工作面来压时的动载系数，根据实际生产过程中的地质与生产技术条件综合考虑，结合实验室实验和现场实测结果，可近似地令

$$K = (1 + \chi), \quad \chi = \frac{\sum H_b}{\sum H_d} \tag{3-120}$$

式中 $\sum H_d, \sum H_b$ 分别为工作面直接顶厚度、直接顶与基本顶厚度之和。

那么就有支架或支护系统的实际工作阻力为

$$[P_i] = K \cdot P_i = (1 + \chi)\left[\frac{1+n}{n} P_j - P_j^\circ\right] \quad (i, j = 1, 2, 3 \qquad n \neq 1) \tag{3-121}$$

式（3-121）就是保持"R-S-F"系统动态稳定时要求工作面支架或支护系统（S）所具有的基本工作阻力。

式中，λ、η 为系数；ζ 为 R 与 S 质量之比；χ 为直接顶与基本顶厚度之和与直接顶厚度之比。

3）保持"R-S-F"系统动态稳定的支架或支护体工作阻力及其变化

由式（3-106）、式（3-112）、式（3-118）~式（3-121）可见，不论在何种状态下，保持系统动态稳定性所需的最小工作阻力（人为地可控制部分）与上覆岩层重量（以顶板破断岩

块的重量表示),支架(包括工作面设备)重量,系统内刚体两两之间的摩擦系数以及煤层倾角有关,其共同特点如下:

(1)顶板破断岩块的重量越大,保持系统动态稳定性所需要的支架工作阻力越大,见图 3-6 所示。

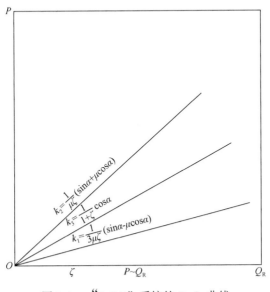

图 3-6 "R-S-F"系统的 $P\sim Q_R$ 曲线

(2)工作面支架(含设备)重量越大,保持系统动态稳定性所需的支架工作阻力越大,见图 3-7 所示。

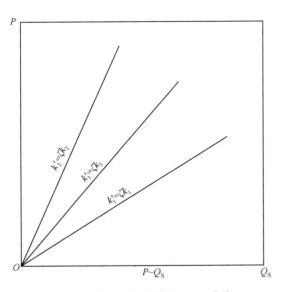

图 3-7 "R-S-F"系统的 $P\sim Q_S$ 曲线

(3)煤层(或岩层)倾角的影响随"R-S-F"系统失稳方式的不同而不同,在错动和顺向失稳时,倾角越大,保持系统沿层面方向动态稳定性所需的支架工作阻力越大。在逆向失稳时，倾角越大，保持系统动态稳定性所需的支架或支护系统工作阻力越小，如图 3-8 所示。

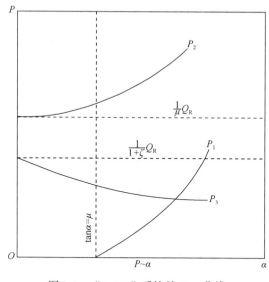

图 3-8　　"R-S-F"系统的 $P{\sim}\alpha$ 曲线

除此之外，χ 与"R-S-F"系统保持动态平衡的支架或支护体工作阻力成正变关系，即工作面上覆岩层中基本顶(关键层)与直接顶厚度之比越大，保持系统动态稳定所需的工作阻力越大；反之，ζ、μ_2、μ_3 则与"R-S-F"系统保持动态平衡的支架或支护体工作阻力成反变关系，即顶破断岩块与工作面支架(含设备)重量(质量)比越大、系统刚体间摩擦系数越大，保持系统动态稳定性所需的支架工作阻力越小。

3.4.4　"R-S-F"系统动态稳定性控制模式与方法

1. 控制模式

"R-S-F"系统是由顶板、工作面支架和底板三部分构成的，系统出现运动的先决条件是应有一个可供各构成体运动的空间。

对顶板来说，开采后的空间在垂直于岩层层面方向上是足够大的，在平行于岩层层面方向上，顶板破断岩块要受到相邻岩块的约束，完全或大范围的运动状态一般不会出现(除非工作面在局部发生冒顶，处于冒顶区域边缘的顶板才具有大范围运动的条件)，而只会在出现垂直于层面的下沉(该下沉会受到工作面支架阻力的约束)的过程中产生沿层面方向的运动或运动趋势，即使该运动量很小，甚至没有出现，但作用于该方向上的力是客观存在的，也就是说，顶板破断岩块在工作面推进过程中沿倾斜方向存在着引发本身运动和使系统失稳的作用力，只要有足够的运动空间就会出现以某种方式表现出来的运动形态或动力学现象。

工作面支架与设备是开采过程中的人工构筑体(物)，为满足"支架—围岩"相互作用原理和生产要求，有足够大的可供运动(移动)的空间，尽管每个支架相互之间具有约束作用，但在工作面推进过程中，由于重力分量的作用(即使支架不承受任何来自于顶板岩体的载荷作用)，只要煤层倾斜角度达到一定值后，就必然会产生沿工作面倾斜方向的移动。

工作面底板在一般条件下不会出现运动。在缓倾斜或倾斜煤层开采时，即使是非常软的底板，出现自身运移的几率也是非常小的。但在大倾角煤层中，底板一旦遭受破坏(这种破坏在倾斜角度足够大时是无需要其他外力作用的，岩层本身的应力就会使底板，特别是层状结构特征明显的底板出现向已成空间的卸荷运动、产生变形和破坏)，就会出现运动，这种运动除向已成空间运动(鼓起)特征与顶板的下沉相似外，还有一显著特点是向下滑移。由于底板破坏滑移体(块)之间的约束较顶板要小得多，且运动空间大，因此会出现破坏体大范围滑移并出现"多米诺现象"(破坏岩块出现原位移动后，减小了相邻岩体的约束作用，为相邻岩体进一步产生变形、破坏和滑移提供了更为有利的空间)。

由前述的动力学分析中可见，不论在工作面推进过程中 "R-S-F" 系统出现何种形式的灾变(趋向)，构成系统的 R、S 和 F 三因素是相互作用和影响(制约)的("支架—围岩"相互作用理论)，一旦其中一个因素发生变化，其他两者都会出现相应的改变，故系统的稳定性控制是一个相对的和动态的概念。

1)底板是 "R-S-F" 系统运动的基础，也是其动态稳定性控制的基础

尽管由于数学和力学解析方法上存在的困难，在 "R-S-F" 系统动力学分析中无法将底板的运动方程完全求解，并用比较简单的形式表示出来，但我们仍然可以对底板的作用进行一定的分析。从式(3-54)~式(3-65)及模型(图3-5)中不难看出，工作面支架(包括与此相关的设备)和顶板破断岩块的运动是复合运动，工作面支架的平移是由其本身的下滑和底板破坏体的下滑构成，在下滑过程中，支架高度与重心位置的改变和摩擦阻力等的作用还可能引起倾倒(翻转)，顶板破断岩块的运动是其自身运动与工作面支架运动的合成，即底板滑移体、支架和破断岩块三者运动的合成。可见，底板滑移体在整个系统运动中的作用显得特别重要，如果没有底板滑移则支架与顶板破断岩块的运动将减少一个重要组成部分。因此，减少底板破坏、滑移或使破坏后出现的滑移运动处于受控状态决定着 "R-S-F" 系统是否失稳，是动态稳定性控制的基础。

2)工作面支架对底板滑移体和顶板破断岩块均具有主动约束作用，是 "R-S-F" 系统动态稳定性控制的关键

在 "R-S-F" 系统中，对于顶板下沉和底板滑移，尽管可以采取一定的措施，加以控制，但不能改变两者的最终运动状态(顶板关键层的运动和底板的鼓起，这也是提出系统动态控制而非稳态控制的原因所在)。由式(3-90)和式(3-98)可见，只有工作面支架可以通过人为地设计和调整来实现自身的稳定性控制，并对顶板和底板的运动过程进行控制。因此可以说，工作面支架既是进行系统动态稳定性控制的手段，也是实现系统动态稳定性控制的关键。

3)"R-S-F" 系统的荷载主要来自于顶板，是动态稳定性控制的目标

由式(3-101)~式(3-118)及式(3-120)可见，在 "R-S-F" 系统中，除构成系统各因素本身的自重外，作用于子系统上的荷载主要来自于顶板破断岩块及其上覆岩层(尽管在建模时考虑求解可行性对荷载进行了许多简化)。由前述分析可知，系统失稳、引发围岩灾

变事故的最终结果是导致工作面支护失效，即工作面支架丧失了对顶板的控制与约束，使顶板处于自由状态，从而造成顶板岩层的过度变形而出现冒顶(局部冒顶)，保持系统稳定性的目的就是要保持工作面支架对围岩的约束，尤其是对顶板的支、护作用，只有在工作面推进过程中使顶板的变形和移动控制在允许范围之内，才能实现系统动态稳定性控制的目标。

很显然，系统动态稳定性的控制模式是"稳固基础，控制关键，达成目标"[21]。

2. 控制方法

根据"R-S-F"系统动态稳定性控制模式，工作面支架或支护系统是关键因素，而前述的分析也表明，工作面支架或支护系统对"R-S-F"系统起决定作用的是工作阻力。因此，在稳定性控制的基础阶段，即工作面支架设计时就要针对不同的地质和生产技术条件以及"R-S-F"系统可能出现的失稳趋向，科学地确定支架或支护系统额定工作阻力并结合生产实际合理地确定主要的回采工艺参数(带压移架阻力、顺序等)。

1) 测定"R-S-F"动态系统稳定性影响要素

在进行"R-S-F"系统动态稳定性控制分析和设计之前，作为基础工作，必须对工作面围岩构成(ζ, K)、顶板岩层的破断与冒落规律(Q_R)、底板岩体的破坏与滑移特征(Q_F)、支架(预计)质量(Q_S)、构成"R-S-F"系统的各要素之间的接触条件和摩擦系数(μ)等相关参数进行测定，该项工作一般应在工作面实地进行，如果受实际的生产条件等因素制约而无法进行时，可利用现场相邻工作面或矿井的实测数据结合实验室实验数据进行综合分析后给出。

2) 分析"R-S-F"系统失稳倾向

根据工作面地质和生产技术条件，预先对"R-S-F"系统的动态失稳倾向进行判定，以合理地确定保持"R-S-F"系统动态稳定性所需工作阻力的计算依据。由于逆向失稳通常只发生在工作面出现局部冒顶的条件下，在工作面地质条件较简单且对顶板能正常管理时，逆向失稳出现的概率很小。因此，当"R-S-F"系统既有错动失稳倾向，又有顺向失稳倾向时，由式(3-106)与式(3-112)的比较可见，出现顺向失稳倾向时，保持"R-S-F"系统动态稳定性所需的支架或支护系统工作阻力较大，基于安全角度，应以顺向失稳为分析基础。

3) 确定"R-S-F"系统工作阻力

利用式(3-106)、式(3-112)、式(3-118)和式(3-121)计算支架或支护系统保持"R-S-F"系统动态稳定性的工作阻力。

3. 生产实践中需解决的关键技术问题

根据前述的分析，为满足大倾角煤层走向长壁工作面"R-S-F"系统动态稳定性，保证安全，在实际的生产管理中应注重以下几点。

1) 煤层倾角

煤层倾角是大倾角煤层走向长壁工作面开采时"R-S-F"系统动态稳定性控制的首要

因素(在上述的所有动力学分析中煤层倾角都是最基本的指标)。一般来说,一旦矿井的开拓、开采系统形成,工作面布置完成之后,对工作面而言的煤层倾角就成为了一个客观存在的确定因素,此时,对煤层倾角控制的唯一方法就是在走向长壁工作面布置时沿伪斜方向形成一个角度,具体的伪斜角度则要根据工作面设备配置、主要回采工艺过程和参数来确定。用调整工作面伪斜角度的方法既可以有效地减缓工作面本身的倾斜角度,使系统稳定性增大,又可以利用空间几何原理,通过推移设备(主要是工作面输送机)使已经出现的系统下滑量得到控制与调整,从而保证工作面能够按设计要求的标准正常推进和回采。

2)底板的变形、破坏与滑移

底板变形、破坏而产生的滑移体运动是"R-S-F"系统动态稳定性控制的基础,要使系统保持稳定,首要问题是保持底板的稳定。由对大倾角工作面围岩灾变机理的分析中可知,底板出现滑移的先决条件是要有因变形、破坏而产生的滑移体且滑移体具有可(自由)移动的空间。很显然,控制底板的变形程度,防止底板出现破坏是保持底板稳定的基础。因此,在实际生产中,运用相关理论,科学地设计和选择支护形式,确定合理的底板比压,严格控制回采工艺过程(如非机械化开采时工作面的防滑、防倒柱窝布置,爆破落煤时对底板眼角度与装药量的控制,机械化开采时对采煤机卧底量的控制等),使底板能够在一定的时间段内(一个工作面控顶距内)保持完整与稳定。在软底或层状节理特别发育的工作面,可以分区段对底板进行加固或采取防压入措施(如给单体支柱配大底座、加大液压支架底座的接触面积等)。若某个区域内的底板已经出现了由过度变形而导致的破坏与滑移,则要立即采取措施(加强对破坏、滑移体相邻区域的约束),防止破坏与滑移区域扩大和蔓延,从而最大限度地降低底板滑移的可能性。

3)工作面支架(支护系统)和设备

在"R-S-F"系统中,唯一可人为控制和操纵的部分就是工作面支架(支护系统)与设备。从各种分析中可以看出,不论在何种条件下,工作面支护系统的工作阻力对顶板、底板和其本身的稳定都具有调节作用,也只有通过这种有机的调控才可能使"R-S-F"系统在工作面推进过程中保持动态稳定(系统中各构成部分间运动协调、速度梯度变化为零)。由于支架(支护系统)的工作阻力除与顶板荷载有关外,还与支架(支护系统)本身的重量(包括工作面设备分摊到每个支架上的重量)有关,系统重量越大,保持其稳定(不论动态还是静态稳定)所需的工作阻力越大,并且随着煤层(工作面)倾角的增大,这种特性表现得更加突出。因此,在实际生产中,应在保证支架具有保持动态稳定性所需的最小工作阻力的前提下,尽量减轻支架(支护系统)重量(质量),在保持一定安全储备(工作面来压期间能够保证支架正常工作)的基础上,降低支架工作阻力(支架工作阻力与重量之间有一定的内在联系,一般情况下,支架重量随工作阻力的增大而增大),使支架(支护系统)不会因自身重量而消耗或浪费工作阻力,从而以最小的工作阻力来最大限度地提高系统的动态稳定性,充分发挥支护效能。

工作面支架(支护系统)的工作阻力不仅对顶板有支护作用,而且通过增大正压力的方式对底板滑移体的运动也有控制效应,因此,降低支架(支护系统)工作阻力时要进行综合分析,合理取值。

最新研究与实践表明，除工作面支架的工作阻力对"R-S-F"系统动态稳定性控制具有关键作用外，工作面支架的结构与形状对"R-S-F"系统的动态稳定性控制也有重要作用，利用平行四边形等"异形"支架配合工作面伪斜布置(一般为伪俯斜)可以有效地减小工作面实际倾角，提高"R-S-F"系统动态稳定性。

4) 工作面顶板破断岩块和上覆岩层荷载

在动力学建模时，对工作面顶板破断岩块的分析是在进行了许多简化之后确定的，其中最具代表性的是认为顶板是由与工作面支架(单位支护体)尺度相当(主要表现在宽度方向上)的破断岩块"镶嵌(类似与砌体梁)"而成的，岩块除本身的重量外，还要承受来自上覆岩层的荷载作用，岩块间相互约束，岩块重量作为荷载直接作用在支架(支护系统)之上。在工作面正常推进阶段，上覆岩层的荷载由岩块之间产生的摩擦阻力(约束力)承担，在初次来压和周期来压期间，上覆岩层的荷载大于岩块之间的摩擦力，对工作面支架(支护系统)有较大影响。

由于顶板破断岩块在垂直岩层层面方向下沉的过程中，伴随着沿层面方向的滑动，导致"R-S-F"系统出现失稳趋向，同时，破断岩块的重量越大，系统出现失稳的可能性越大。因此，在生产实际中，及时控制顶板的下沉量，使其在控顶范围内的离层发展受到一定的限制，减小顶板内形成荷载的岩层有效厚度，从而减小顶板破断岩块的重量，有利于发挥支架(支护系统)有限的工作阻力(使系统能够保持动态稳定)。

在对顶板的控制中要特别注重对破碎顶板的控制，防止出现冒顶而使一部分顶板在三维空间内失去约束(支护失效)。一旦出现局部冒顶，要尽可能快地进行处理，使"R-S-F"系统能够在较短的时间段内形成一定的阻力，保持动态稳定所需的最小工作阻力。

在工作面初次来压和周期来压期间，要充分利用支架(支护系统)的安全系数所涵盖的富裕工作阻力(在采取相应措施后，有可能达到基本工作阻力的 1.5~2.0 倍)使"R-S-F"系统保持动态稳定。

在放顶煤工作面，要特别注重对工作面中、上部区域内围岩的控制，注意在该区域内工作面支架与顶煤或顶板的接触状态，确定科学合理的回采工艺参数，严格控制回采工艺过程，不允许出现"R-S-F"系统构成因素缺失(如顶煤和顶板破断岩块冒落后沿底板向工作面下部滑移，使"R-S-F"系统中 R 缺失，支护失效，系统失稳，无法进行正常移架等)，防止系统大范围失稳而引发的动力现象。

5) "R-S-F"系统内构成体之间的摩擦系数

"R-S-F"系统内构成体之间的摩擦系数主要取决于两者之间的接触介质和接触状态。在动力学模型及随后进行的分析中可以看出，摩擦系数对"R-S-F"系统稳定性的最终结果起着决定性的作用。在实验室进行的实验同样表明，同样的装备在相同的工作面由于构成体之间接触介质的不同，表现出来的稳定性有很大差异。在一种介质条件下的稳定系统，在另一种介质条件下会经常出现失稳。因此，控制顶板与支架之间、支架与底板滑移体之间、底板滑移体与深部岩层之间的接触条件和接触介质，以有效的方式增大摩擦阻力(如增加接触表面的粗糙度、杜绝工作面流水、清除工作面浮煤等)，有利于"R-S-F"系统动态稳定性的控制。

参 考 文 献

[1] 伍永平, 贠东风. 大倾角综采支架稳定性控制[J]. 矿山压力与顶板管理, 1999, (3-4): 82-85.

[2] 肖江. 大倾角煤层开采 "支架—围岩" 稳定性评价[D]. 西安: 西安矿业学院, 1998.

[3] 伍永平. 华亭矿务局东峡煤矿大倾角特厚易燃煤层群 "双大" 开采方法研究[R]. 西安: 西安科技学院, 2001.

[4] 伍永平. 王家山煤矿大倾角特厚煤层综采放顶煤技术可行性研究[R]. 西安: 西安科技学院, 2002.

[5] 周邦远, 伍永平. 绿水洞煤矿大倾角煤层综采技术研究[R]. 西安: 西安矿业学院, 1998.

[6] 周昌明, 陈光强. 大倾角综采工作面输送机和支架整体防滑[J]. 煤矿开采, 1999, (3): 55-56.

[7] 伍永平. 大倾角煤层开采 "顶板-支护-底板" 系统稳定性及动力学模型[J]. 煤炭学报, 2004, 29(5): 527-531.

[8] 胡玉奎, 韩于羹, 曹铮韵. 系统动力学模型的进化[J]. 系统工程理论与实践, 1997, (10): 132-136.

[9] 刘延柱, 洪嘉振, 杨海兴. 多刚体系统动力学[M]. 北京: 高等教育出版社, 1989.

[10] Wittenburg J. 多刚体系统动力学[M]. 谢传锋, 译. 北京: 北京航空学院出版社, 1986.

[11] 程绪铎, 王照林. 复杂系统动力学控制的几个问题[J]. 安庆师范学院学报(自然科学版), 2000, (1): 16-19.

[12] 梅凤翔. 关于经典约束系统动力学[J]. 商丘师专学报, 1999, 15(6): 8-10.

[13] 石平五. 大倾角煤层底板(层状介质)滑移机理及防治[R]. 西安: 西安矿业学院, 1998.

[14] 伍永平. 绿水洞煤矿大倾角煤层综采技术研究[R]. 西安: 西安矿业学院, 1996.

[15] 马明, 蔡国玉. 大倾角综采工作面矿压显现[J]. 矿山压力与顶板管理, 1997, (3-4): 30-33.

[16] 胡振东, 洪嘉振. 刚柔耦合系统动力学建模及分析[J]. 应用数学与力学, 1999, (10): 5-8.

[17] 伍永平. 大倾角煤层开采 "顶板-支护-底板" 系统的动力学方程[J]. 煤炭学报, 2005, 30(6): 685-689.

[18] 陈炎光, 钱鸣高. 中国煤矿采场围岩控制[M]. 徐州: 中国矿业大学出版社, 1994: 312-370.

[19] 宋振骐. 实用矿山压力控制[M]. 徐州: 中国矿业大学出版社, 1988: 23-126.

[20] 伍永平. 大倾角煤层开采 "顶板-支护-底板" 系统动力学方程求解及其工作阻力的确定[J]. 煤炭学报, 2006, 31(6): 736-741.

[21] 伍永平. "顶板-支护-底板" 系统动态稳定性控制模式[J]. 煤炭学报, 2007, 32(4): 341-346.

第4章　大倾角煤层开采倾斜砌体结构理论

4.1　大倾角煤层长壁开采覆岩空间结构特征

4.1.1　大倾角煤层长壁采场顶板倾向破坏结构特征

大量的实验研究与现场实践表明，大倾角煤层采场顶板力学特征呈现非对称性，顶板破坏、运移特征具有时序性和不均衡性等，一直以来，缺乏对大倾角煤层顶板岩层(直接顶、基本顶和覆岩)破断空间结构特点及其形成机理的深入认识，未对空间结构与"支架—围岩"系统的相互作用特征、失稳形式等问题进行系统地研究，使众多该类工程问题难以在理论和实践上达到较好的统一，制约了该类煤层开采技术水平的进一步发展，因此，有必要对大倾角煤层顶板空间结构及其施载机理等基本问题进行全面分析研究，为该类煤层开采关键技术的突破提供理论基础。

1. 倾斜砌体结构的形成机理

1) 非对称破坏的基本特征

如前所述，大倾角煤层开采沿倾斜方向呈现非对称力学特征，底板与顶板应力分布特征相反，回采巷道的区段煤柱侧出现应力集中区；工作面走向力学特征与一般埋藏条件下煤层特征相似，在沿煤层走向方向存在增压区、减压区和稳压区。顶板垮落破坏先从工作面中上部开始，随着工作面推进，采空区上部顶板破坏并向高层位和工作面下部延伸，其延伸范围超过回风巷区域。同时由于下部充填，使工作面垮落破坏区域逐渐向工作面上部转移并延伸至上区段采空区，导致工作面上中下三个区域受力不均衡。

可以看出，由于倾斜方向上力学特征的非对称性，导致了大倾角煤层顶板破坏呈现非对称特点，由于重力沿岩层倾斜向下分力作用，破断的直接顶岩块与相邻岩块发生挤压作用，并下滑充填，因而，根据形成该结构作用特征，称之为倾斜砌体结构，同样，高位岩层破断后形成的结构也具有与上述结构相同的特征，仅在结构形式上有所不同，见图 4-1。

2) 倾斜砌体结构的存在形式

在大倾角煤层走向长壁开采过程中，由于岩层层位不同导致了顶板岩层裂断后具有不同的砌体结构形式，通过大量的实验研究表明，倾斜砌体结构主要以两种形式存在。

第一种形式为倾向堆砌结构，该结构形成过程为：随着工作面推进，顶板岩层产生垂直裂隙和离层裂隙，导致顶板发生低位裂断与分离(即直接顶板发生破坏)，裂断与分离后顶板在重力沿工作面倾斜向下分力作用下产生下滑，并与倾斜下方岩层挤压形成沿工作面倾斜方向的堆砌结构，该结构通过岩层沿倾斜方向的挤压向下部直接顶岩层传递作用并通过该作用保持结构稳定；随着工作面推进，工作面上覆岩层在一定范围内逐层裂断与分离，形成高位岩层的倾向堆砌结构，见图 4-2(a)。

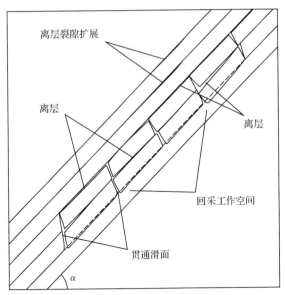

(a) 直接顶岩层破坏特征

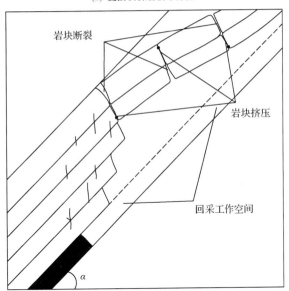

(b) 基本顶岩层破坏特征

图 4-1　非对称破坏特征

　　第二种形式为反向堆砌结构，该结构形成过程为：大倾角煤层采场的覆岩活跃区域主要处于倾向中上部，低位岩层垮落下滑充填了采场倾斜下部采空范围已成空间，使得下部形成较为稳定的结构，同时亦为倾斜上部高位岩层运移提供了空间，该范围上覆岩层发生裂断与分离后易发生以倾斜下方铰接部位为轴的回转运动，从而形成反倾向堆砌；此外，在大倾角放顶煤开采过程中，由于煤层厚度较大，煤体放出的空间亦为顶板岩层回转提供了条件，所以，放顶煤开采时也较易形成反倾向堆砌结构，见图 4-2(b)。

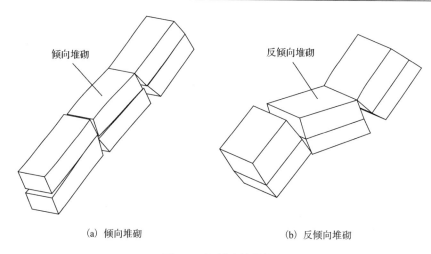

（a）倾向堆砌　　　　　　　　　　　（b）反倾向堆砌

图 4-2　倾斜砌体结构

2. 倾斜砌体结构的分布特点

在大倾角走向长壁综采（放）采场区域内，破坏岩层均以倾斜堆砌形式存在，同时，由于大倾角煤层的倾斜赋存特征，倾斜砌体结构沿工作面倾斜方向具有以下特点：

沿工作面倾斜方向倾斜砌体亦存在不同的形式，倾斜中上部为结构活跃区，该范围内倾向堆砌与反倾向堆砌结构并存，且岩层运移活跃，其中低层位岩层以下滑运移为主，高位岩层易发生回转运动形成反倾向堆砌结构，因此该区域为顶板岩层控制的重要区域；过渡区域处于工作面倾斜方向中部偏下区域，该区域岩层以倾向堆砌结构为主，该范围岩层在倾斜上部岩层挤压作用和上方岩体重力的共同作用下处于基本稳定状态；稳定区岩层处于倾斜下部区域，即靠近运输巷范围内顶板，该范围顶板破坏以低层位断裂与离层为主，在受到倾斜上部岩层下滑挤压作用下，该倾向堆砌结构较稳定；同时，可看出，倾斜砌体结构破断形成的轮廓近似拱形，且砌体结构与未破断岩体间存在复杂的相互作用，见图 4-3[1]。

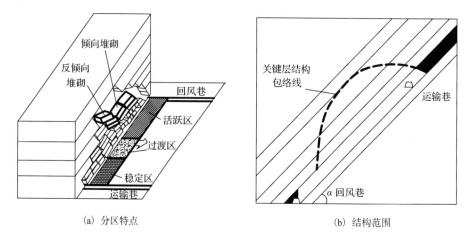

（a）分区特点　　　　　　　　　　　（b）结构范围

图 4-3　倾斜砌体结构分布特征

4.1.2　大倾角煤层长壁采场顶板走向破坏结构特征

沿工作面推进方向上，顶板岩层垮落破坏与缓倾斜煤层特征基本相似，具有周期性破断特征：

从煤壁向采空区依次为结构活跃区、过渡区和稳定区；其中活跃区主要位于工作面附近，且沿工作面长度方向呈不对称分布，即该区域随着工作面倾向向下逐渐向采空区偏离，这主要是由于顶板岩层裂断与分离沿工作面长度方向具有明显的时序性造成的；过渡区域岩层结构指的是裂断与离层特征不明显，且已趋于稳定的岩层，该岩层已对工作面未垮岩层和支护系统影响较小，仅起到对上覆岩层的支撑作用；稳定区岩层为已稳定结构；同时，大倾角煤层采场走向岩层结构特征与缓倾斜煤层相同，存在"砌体梁"结构，但沿工作面倾斜方向"砌体梁"结构形成位置存在不一致性，其中倾斜下部所形成的砌体结构滞后于倾斜中、上部区域。在工作面倾向上部区域，砌体结构形成几率较小，易造成支护系统中"顶板"缺失。同时，在走向剖面方向上，破断岩块(倾斜砌体结构)形成水平堆积，结构间存在相互作用，在破断岩块与未垮落岩块接触区域同样也存在相互作用，见图 4-4。

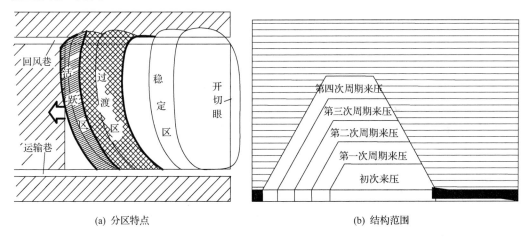

　　　　(a) 分区特点　　　　　　　　　　　　　　(b) 结构范围

图 4-4　倾斜砌体的走向分布特征

4.1.3　大倾角煤层长壁采场覆岩空间结构

1. 覆岩空间"壳体结构"特征

通过数值计算和物理相似材料模拟实验综合分析认为，大倾角煤层采场形成了与一般埋藏条件下煤层不同的围岩结构，煤层开采过程中，采场上方岩层中形成了一个非对称"壳体结构"，见图 4-5，该结构边缘与工作面煤壁边缘相交，在工作面倾斜中上部，壳体距工作面垂直距离达到最大值，即达到壳体顶部，随着沿倾斜向下，壳体高度逐渐降低，在运输巷附近达到最小值；壳体走向剖面为半椭圆状，在工作面前煤壁与开切眼处煤壁达到最小值。

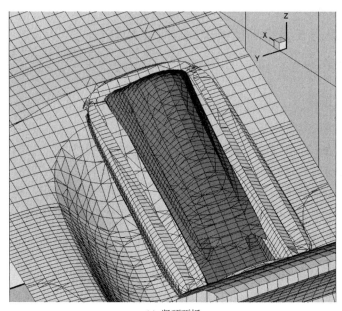

(a) 坚硬顶板

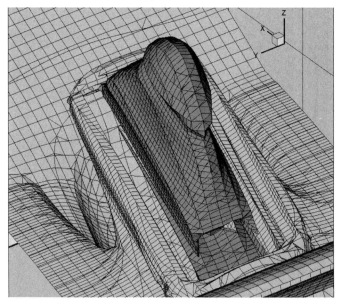

(b) 软弱顶板

图 4-5　采场顶板空间结构特征

　　通过数值模拟分析，该"壳体结构"大小主要取决于工作面上覆岩层岩性特征和开采空间大小等因素：在相同的开采技术条件下，软弱顶板开采时，由于岩体强度较低，塑性破坏延伸至高层位岩层，应力释放范围高，壳体高度则相应增加。坚硬顶板条件下开采时，顶板强度大，顶板上方岩体塑性破坏范围较小，"壳体结构"高度降低；同样，坚硬顶板条件下，壳体高度沿走向变化较小，形成的壳体轮廓较为平滑，而软弱顶板条件下，壳体轮廓较陡直，岩层间轮廓不连续性明显，应力突变区域增加。开采空间大小是顶板"壳体结构"大小的重要影响因素,放顶煤过程中,随着顶煤放出,导致开采空间增大,顶板破坏高度急剧增加,从而导致结构破坏高度向上覆岩层延伸,从而形成尺寸较大的垮落壳体。

非对称壳体是大倾角煤层采场特有的顶板空间结构,不同围岩特征和回采空间对"壳体结构"的形状,尺寸及空间位置有很大影响,研究开采空间"壳体结构"对合理选择岩层控制措施有着重要指导作用。

基于以上对大倾角走向长壁工作面倾向和走向结构进行分析可以看出,其采场顶板岩层的垮落形态为"异形空间",见图 4-6,该空间具有如下特征:

(1)该结构空间轮廓为近似壳体形状,沿工作面走向和倾斜方向展布形状类似,但具体参数不同。空间轮廓可以用切面正交的两个非线性曲面函数表征,在经过特殊约定和简化后,可以用非完整"壳"或"似壳"结构表述,利用板壳理论可以对其变形和破坏形式进行分析。

(2)该空间"壳体"范围穿越顶板岩层,在工作面沿倾斜方向的不同区域内,形成轮廓的岩层不同,可能是伪顶、直接顶、基本顶或其上覆岩层。由于顶板岩层的沉积层理作用,结构具体轮廓为空间梯阶状"残垣"形状(图 4-3)。

(3)"壳体"走向前部边界为工作面前方煤壁,后部边界为工作面采空区垮落矸石与顶板岩层接触线(点)。倾向下部边界为工作面运输巷,上部边界超越工作面回风巷。空间轮廓与工作面底板岩层之间最小间距位于运输巷与工作面煤壁交汇处,最大间距位于以该交汇处与回风巷和工作面煤壁交汇处连线的延长线上(一般超越工作面回风巷)。

(4)"壳体"走向前部支承点(区域)位于工作面前方煤壁内,后部支承点(区域)位于采空区内(垮落矸石与顶板岩层接触处)。倾向下部支承点(区域)位于工作面运输巷向上的煤体内,上部支承点(区域)位于回风巷以外(上)的采空区内(垮落矸石与顶板岩层接触处)。沿工作面倾斜方向,不同区域对空间结构的约束和支承强度不同,一般下部区域最大,中部区域次之,上部区域最小。

2. 覆岩空间"壳体结构"破断和运移

大倾角煤层走向长壁采场覆岩壳体空间岩体结构的破断、运移方式不同于一般埋藏倾角的煤层,其特征如下[2]:

(1)在工作面推进过程中,形成岩体结构的顶板岩层在工作面线的中部或中上部首先出现裂缝(该裂缝既有沿工作面倾斜方向的,也有沿工作面推进方向的),与此同时,在工作面回风巷附近也出现沿工作面走向的裂缝(同时还有大量的裂缝出现在回风巷上部的煤或岩层内),随着工作面的推进,出现在工作面中部的裂缝向工作面上下延伸,工作面回风巷附近的裂缝向工作面前后延伸,当工作面推进长度或顶板沿工作面倾斜方向的悬伸长度超过顶板岩层极限跨距时,形成岩体结构的顶板岩层出现断裂,继而出现垮落,见图 4-6。

(2)大倾角煤层长壁开采覆岩"壳体结构"垮落后,垮落岩体(岩块)间存在着空间力学(运动学)联系:在工作面走向方向上,结构破断和运移方式类似于一般埋藏倾角的煤层,以"三铰拱或类似于三铰拱"的形式存在和运移;在工作面倾斜方向上,结构破断后形成"多铰拱",且该"多铰拱"在工作面沿倾斜的上、中、下部区域,拱脚(下部支撑点)的支承位置和约束条件不同。一般情况下,在工作面倾斜下部区域,拱脚支承位置较低,约束程度较强;在工作面的上部区域,拱脚的支承位置最高,约束程度最弱;在工作面的中部区域,拱脚支承位置和约束程度居中。

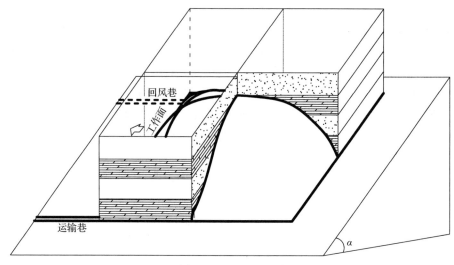

图 4-6　大倾角煤层采场"壳体"结构

4.2　大倾角煤层长壁开采覆岩空间结构稳定性分析

4.2.1　大倾角煤层采场倾斜砌体结构动力学方程

1. 倾斜砌体结构力学模型

通过对大倾角煤层开采实践的研究总结,并运用理论分析+相似材料模拟实验+多元数值仿真技术(FLAC+RFPA 等)相结合手段,分析了大倾角煤层采场覆岩空间结构从形成开采空间—变形破坏—失稳运移机理,建立了大倾角采场简化模型,见图 4-7。

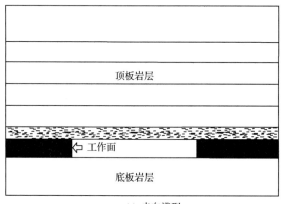

(a) 走向模型

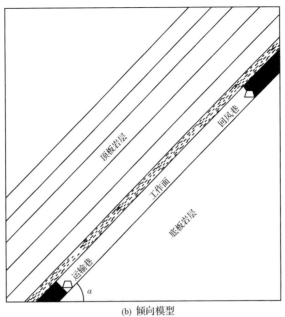

(b) 倾向模型

图 4-7　大倾角煤层采场简化模型

　　根据以上大倾角煤层开采过程中岩体的基本力学结构特征建立大倾角煤层开采支架与围岩相互作用模型(图 4-8)，在工作面倾斜方向上，结构破断后形成倾向堆砌与反倾向堆砌结构，且在工作面沿倾斜的上、中、下部区域，结构形成层位和约束条件不尽相同：一般情况下，在工作面倾斜下部区域，形成结构较低，约束程度较强；在工作面的

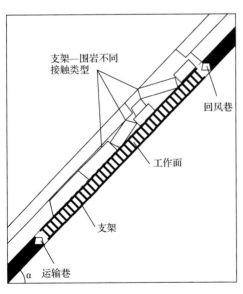

(a) 倾向剖面

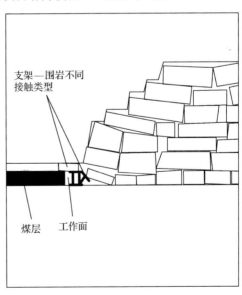

(b) 走向剖面

图 4-8　大倾角煤层开采支架与顶板力学模型

上部区域，结构层位最高，约束程度最弱；在工作面的中部区域，约束程度居中。在工作面走向方向上，结构破断和运移方式类似于一般埋藏倾角的煤层，以"三铰拱或类似于三铰拱"的形式存在并相互作用。

2. 倾斜砌体结构的运动特征

如前所述，在大倾角煤层走向长壁工作面，倾斜砌体结构发生明显运动的区域主要处于活跃区，特别是工作面倾斜中上部，支架上方的倾斜砌体结构的运动过程是一个"非均衡"运动过程，即顶板破断岩块除在垂直岩层层面内运动(缓倾斜煤层工作面顶板破断岩块运动一般形式)外，在平行岩层层面内也产生运动。由于在垂直岩层层面内顶板的破断和运动是非均衡的(破断岩块的下沉—回转—反回转)，因此造成顶板破断岩块在平行岩层层面内的运动随之产生非均衡特征(破断岩块靠近采空区方向沿倾斜的运动速度较大)，显然，这种在两个正交平面内出现的非均衡运动组合形成了破断岩块的空间"非均衡"运动[3]，见图4-9(a)。

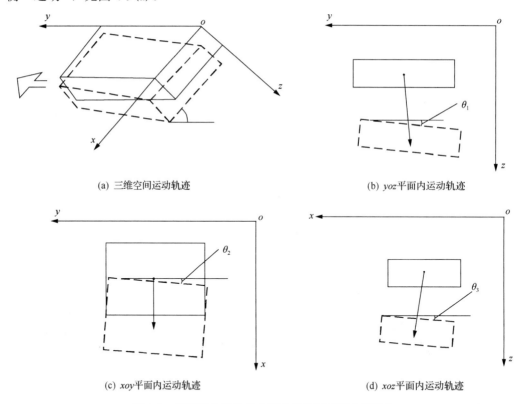

(a) 三维空间运动轨迹　　　　　　　　　　(b) yoz平面内运动轨迹

(c) xoy平面内运动轨迹　　　　　　　　　　(d) xoz平面内运动轨迹

图4-9　倾斜砌体结构的空间非均衡运动形态及轨迹

θ_1，θ_2，θ_3——顶板破断岩块在沿层面yoz、xoy和垂直层面方向xoz运动过程中出现的回转角

倾斜砌体结构特有的运动特征导致了采场支架受到顶板作用有所不同，因此，分析倾斜砌体结构与支架的作用特点是研究覆岩结构变异致灾机理的关键。通过对图4-8和图4-9倾斜砌体结构的运动特征分析，可以将砌体对支架作用分解为六个基本的接触作用类型[4]，见图4-10和图4-11。

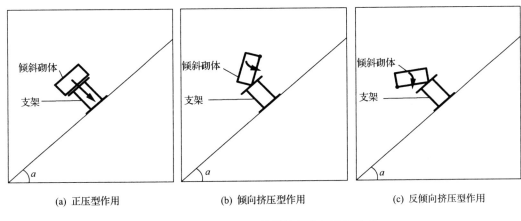

(a) 正压型作用　　　　　　　(b) 倾向挤压型作用　　　　　　(c) 反倾向挤压型作用

图 4-10　倾斜剖面砌体结构与支架接触类型

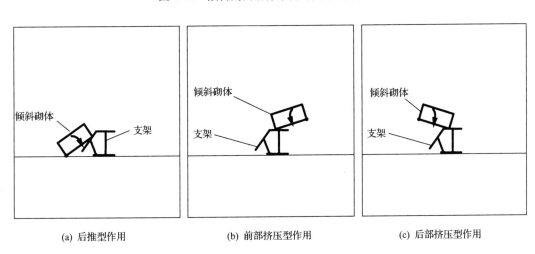

(a) 后推型作用　　　　　　　(b) 前部挤压型作用　　　　　　(c) 后部挤压型作用

图 4-11　走向剖面砌体结构与支架接触类型

　　在倾斜剖面上分为正压作用、倾向(顺向)挤压作用、反倾向(逆向)挤压作用。其中倾斜砌体的正压作用为该结构与采场支架普遍存在的作用类型，该类型倾斜砌体与支架有两种作用方式：第一种，当直接顶并未垮落，仅产生断裂裂隙，与支架顶梁处于完全接触状态；第二种，部分支架单独受到倾斜砌体正压作用，相邻支架空载。倾向挤压作用：该类接触主要出现在工作面倾斜中上部，由于砌体岩块以相邻岩块铰接点为旋转轴发生回转造成部分与支架顶梁接触，形成集中作用。反倾向挤压作用：与倾向挤压作用相反，易形成于工作面倾斜中上部区域，与支架形成不完全接触，并在受到上覆岩层作用时对支架产生作用。

　　在走向剖面上可分为两种作用类型：后推型和走向挤压型作用，后推型作用指支架尾梁受到垮落岩块下沉回转冲击作用；走向挤压型作用，顶板冒落后破断、下沉旋转造成对支架的挤压冲击作用。

3. 倾斜砌体结构动力学方程

从上述分析可以看出，倾斜砌体结构对支架的作用可以看成是空间运动物体之间相互作用的力学过程，是一个十分复杂的系统动力学问题，它不仅涉及对结构本身的运动特征描述，同时也要研究倾斜砌体结构运动与支架间的作用，因此，需将大倾角煤层采场倾斜砌体结构作为研究对象，并建立倾斜砌体结构沿采场倾向剖面与走向剖面的力学模型，见图4-12，对其运动特征进行分析。

倾斜砌体结构倾向和走向剖面力学模型表明：可以将倾斜砌体运动看成是在采场倾向剖面或走向剖面上的平面运动，进而可以将倾斜砌体结构结构运动简化为该结构在剖面上截面自身的平面运动，因此，考虑计算需要，在截面上选质心 C，在倾向剖面建立沿煤层倾角的静坐标系 oxy，并建立动坐标系 $Cx'y'$，并使动坐标轴方向与静坐标轴的方向保持平行，于是我们可将平面运动视为以基点 C 原动点的动坐标系 $Cx'y'$ 的平动（牵连运动），以及绕基点 C 的转动（相对运动）的合成运动[5,6]。

因此，可以将倾斜砌体结构的运动方程写为

$$\begin{cases} x_{C倾向} = f_1(t) \\ y_{C倾向} = f_2(t) \\ \varphi_{倾向} = f_3(t) \end{cases} \tag{4-1}$$

在倾斜方向上，由于该结构运动过程中仅受到重力作用，所以沿 x、y 轴的平动仅受到重力的作用，对于旋转运动来说，可得

$$\begin{cases} x_{C倾向} = \dfrac{1}{2} g \sin \alpha t^2 \\ y_{C倾向} = \dfrac{1}{2} g \cos \alpha t^2 \\ \varphi_{倾向} = f_{倾向}(t) \end{cases} \tag{4-2}$$

其中，倾斜砌体的转动亦为时间的一个函数，由于初始垮落状态不同，其旋转运动特征也不同，所以将在下面针对其特征形态进行分类分析来描述其旋转运动特征。

同理可得走向剖面运动方程为

$$\begin{cases} x_{C走向} = 0 \\ y_{C走向} = \dfrac{1}{2} g \alpha t^2 \\ \varphi_{走向} = f_{走向}(t) \end{cases} \tag{4-3}$$

为了分析砌体结构发生运动后对支架的作用大小，运用质点系（刚体）动能定理对研究对象的运动特征量和力系特征量进行描述[7]，因此，假设倾斜砌体结构所受约束均为理想约束，且刚体由不可变质点组成，即其内力功之和为零，结构在运动过程中仅受到

重力的作用，则有

$$\mathrm{d}T = \sum \delta W^{(F)} \tag{4-4}$$

式中，$\mathrm{d}T$ 为起始位置至结束位置动能改变量；$\sum \delta W^{(F)}$ 为外力元功之和。

由于倾斜砌体结构在初始悬露位置为静止状态，即初始动能为零，所以，设运动至支架位置时的动能改变量 $\mathrm{d}T$，根据前面假设，倾斜砌体结构的运动状态为平面运动，由此可得结构的动能等于随质心平动的动能与绕质心转动的动能之和，即

$$\begin{aligned}
&\frac{1}{2}mv_C^2 + \frac{1}{2}J_C\omega^2 = mg \cdot h_{悬露} \\
&\frac{1}{2}mv_C^2 + \frac{1}{2\times 12}m(a^2+b^2)\omega^2 = mg \cdot h_{悬露} \\
&\frac{1}{2}v_C^2 + \frac{1}{24}(a^2+b^2)\omega^2 = g \cdot h_{悬露}
\end{aligned} \tag{4-5}$$

式中，m 为刚体的质量；J_C 为刚体绕质心转动的转动惯量；v_C 为刚体质心平动的速度；ω 为刚体绕质心转动的角速度；g 为重力加速度；a 为刚体沿 x 方向的长度；b 为刚体沿 y 方向厚度。

根据倾斜砌体结构对支架作用类型(图 4-10 和图 4-11)，砌体结构对支架的作用不仅取决于砌体结构的悬露高度 $h_{悬露}$ (距离支架的高度)，也受到结构尺寸影响，即岩块的厚度 b 和长度 a，一般情况下，在大倾角走向长壁工作面附近顶板岩层破坏高度有限，难以形成较大的悬露高度，即有 $a > h_{悬露}$。下面针对不同作用特征分别进行阐述。

1) 正压型作用

该作用类型主要以砌体结构平动对支架发生作用，根据能量守恒定律有

$$\frac{1}{2}v_{C1}^2 = \frac{gh_{悬露}}{\cos\alpha}$$

据图 4-10(a)与图 4-12(a)可得结构在与支架发生碰撞时的法向速度分量(沿 y 轴方向)和切向速度分量(沿 x 轴方向)为：$v_{Cx01} = \sqrt{\dfrac{2gh_{悬露}}{\cos\alpha}} \cdot \sin\alpha$，$v_{Cy01} = \sqrt{2gh_{悬露}\cos\alpha}$，碰撞后速度 $v_{Cx01} = v_{Cy01} = 0$。

根据碰撞冲量作用下刚体的动力学方程(式(4-6))，解得碰撞正压型作用下法向和切向冲量见式(4-7)：

$$\begin{cases}
mv_{Cx} - mv_{Cx0} = \sum_{i=1}^{n} I_{ix} \\[2mm]
mv_{Cy} - mv_{Cy0} = \sum_{i=1}^{n} I_{iy} \\[2mm]
J_C\omega - J_C\omega_0 = \sum_{i=1}^{n} m_z(I_i)
\end{cases} \tag{4-6}$$

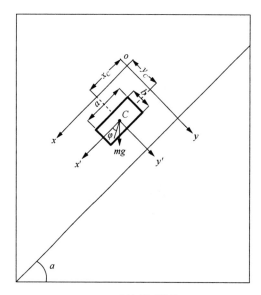 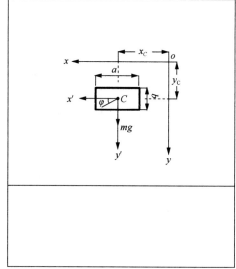

(a) 倾向剖面模型　　　　　　　　　　　　　　　(b) 走向剖面模型

图 4-12　倾斜砌体结构倾向剖面与走向剖面动力学模型

式中，$\sum\limits_{i=1}^{n} I_{ix}$ 为切向冲量；$\sum\limits_{i=1}^{n} I_{iy}$ 为法向冲量；J_C 为刚体(结构)质心 C 的转动惯量；ω, ω_0 为碰撞前后角速度。

$$I_{ix1} = mv_{Cx1} - mv_{Cx01} = m\sqrt{\frac{2gh_{悬露}}{\cos\alpha}} \cdot \sin\alpha$$
$$I_{iy1} = mv_{Cy1} - mv_{Cy01} = m\sqrt{2gh_{悬露}\cos\alpha} \tag{4-7}$$

由于结构与支架作用为非完全塑性的，砌体结构在与支架碰撞接触后部分能量用于结构发生塑性变形，可以用恢复因数 e 来描述，根据不同岩层结构岩块强度的不同，确定恢复系数为 0.4~0.6，则有恢复阶段碰撞冲量：

$$I' = I \cdot e \tag{4-8}$$

因此，碰撞后的法向冲量：

$$\begin{aligned} I'_{iy1} &= I_{iy1} \cdot e \\ &= (0.4 \sim 0.6)m\sqrt{2gh_{悬露}\cos\alpha} \end{aligned} \tag{4-9}$$

设作用于支架的冲量(法向冲量) I' 的作用时间 0.001s，则根据式(4-10)有

$$I' = \int_0^{\Delta t} F\mathrm{d}t \tag{4-10}$$

$$F_{压1} = \frac{I'}{\Delta t} = (400 \sim 600)m\sqrt{2gh_{悬露}\cos\alpha}$$

$$F_{切1} = (400 \sim 600)m\sqrt{\frac{2gh_{悬露}}{\cos\alpha}} \cdot \sin\alpha$$

(4-11)

式中，$F_{压1}$ 为结构瞬间 Δt 对支架正压力的近似均值。

对于结构对支架的切向反作用可以通过瞬间静滑动摩擦定律来描述：

$$\begin{aligned} F'_{切1} &= \mu \cdot N \\ &= \mu \cdot F_{压1} \\ &= (400 \sim 600)\mu m\sqrt{2gh_{悬露}\cos\alpha} \end{aligned}$$

(4-12)

式中，$F_{切1}$ 为结构瞬间支架切向作用力；μ 为顶板岩层与支架间的静摩擦系数[8]；N 为法向约束反力。

2) 倾向挤压型作用

该类型作用可看成为倾斜砌体结构绕上方铰接点的回转运动，即仅发生旋转而未发生平动，为定轴转动刚体，于是根据式(4-4)和式(4-5)有

$$\frac{1}{2}J_{Z2}\omega_{Z2}^2 = mg \cdot h_2$$

(4-13)

式中，J_{Z2} 为刚体绕铰接点为轴的转动惯量，$J_{Z2} = J_C + md^2$（$d = \frac{1}{2}\sqrt{a^2+b^2}$，即质心 C 至铰接点的距离）；ω_{Z2} 为绕铰接点旋转的角速度；h_2 为刚体质心竖直高度的变化值：

$$\begin{aligned} h_2 = &\left[\sqrt{a^2+b^2-2h_{悬露}^2\cos^2\alpha}\left(\sqrt{\frac{a+h_{悬露}}{8a}} + \sqrt{\frac{a-h_{悬露}}{8a}} \right) + h_{悬露}\cos\alpha\left(\sqrt{\frac{a+h_{悬露}}{2a}} - \sqrt{\frac{a-h_{悬露}}{2a}} \right) \right] \\ &\cdot \sqrt{1 - \frac{\sqrt{a^2-h_{悬露}^2}}{a}} \end{aligned}$$

于是可得

$$\omega_{Z2} = \sqrt{\frac{12g \cdot h_2}{7(a^2+b^2)}}$$

(4-14)

据图 4-10(b)可得结构在与支架发生碰撞时的角速度为 ω_{Z2}，碰撞后速度 $\omega_{Z20} = 0$；根据碰撞冲量作用下刚体的动力学方程(式(4-6))，且设支架与结构间的夹角(锐角) θ，则有

$$\theta = \arcsin\frac{h}{a}$$

解得碰撞作用下法向和切向冲量为

$$I_{i2} = J_{Z2}\omega_{Z2}$$

$$I_{iy2} = \frac{m}{6}\sqrt{21(a^2+b^2)gh_2} \cdot \cos\theta \qquad (4\text{-}15)$$

$$I_{ix2} = \frac{m}{6}\sqrt{21(a^2+b^2)gh_2} \cdot \sin\theta$$

由式(4-10)和式(4-12)，同理可得

$$F_{压2} = \frac{(200\sim300)m}{3}\sqrt{21(a^2+b^2)gh_2} \cdot \cos\theta$$

$$F'_{切2} = \frac{(200\sim300)\mu m}{3}\sqrt{21(a^2+b^2)gh_2} \cdot \cos\theta \qquad (4\text{-}16)$$

$$F_{切2} = \frac{(200\sim300)m}{3}\sqrt{21(a^2+b^2)gh_2} \cdot \sin\theta$$

3) 反倾向挤压型作用

分析可知，反倾向回转挤压与正倾向作用所产生的对支架的作用相同，所以据图4-10(c)可得结构在与支架发生碰撞时的角速度为 ω_{Z3}，碰撞后速度 $\omega_{Z30}=0$；同理可解得碰撞作用下法向和切向冲量为

$$I_{i3} = J_{Z3}\omega_{Z3}$$

$$I_{iy3} = \frac{m}{6}\sqrt{21(a^2+b^2)gh_3} \cdot \cos\theta \qquad (4\text{-}17)$$

$$I_{ix3} = \frac{m}{6}\sqrt{21(a^2+b^2)gh_3} \cdot \sin\theta$$

式中，h_3 为刚体质心竖直高度的变化值，计算公式为

$$h_3 = \left[\sqrt{a^2+b^2-2h_{悬露}\sin^2\alpha}\left(\sqrt{\frac{a+h_{悬露}}{8a}}+\sqrt{\frac{a-h_{悬露}}{8a}}\right)+h_{悬露}\sin\alpha\left(\sqrt{\frac{a+h_{悬露}}{2a}}-\sqrt{\frac{a-h_{悬露}}{2a}}\right)\right]$$

$$\cdot\sqrt{1-\frac{\sqrt{a^2-h^2_{悬露}}}{a}}$$

由式(4-10)和式(4-12)，同理可得

$$F_{压3} = \frac{(200\sim300)m}{3}\sqrt{21(a^2+b^2)gh_3} \cdot \cos\theta$$

$$F'_{切3} = \frac{(200\sim300)\mu m}{3}\sqrt{21(a^2+b^2)gh_3} \cdot \cos\theta \qquad (4\text{-}18)$$

$$F_{切3} = \frac{(200\sim300)m}{3}\sqrt{21(a^2+b^2)gh_3} \cdot \sin\theta$$

4)后推型作用

该类型作用指的是垮落砌体以后方为支点的旋转冲击作用,假设旋转运动经历的竖直高度为 h_4 ,据图 4-11(a)可得结构在与支架发生碰撞时的角速度为 ω_{Z4} ,碰撞后速度 $\omega_{Z40}=0$,与水平面夹角为 δ ,同理可解得碰撞正压型作用下法向和切向冲量为

$$I_{i4} = J_{Z4}\omega_{Z4}$$

$$I_{iy4} = \frac{m}{6}\sqrt{21(a^2+b^2)gh_4} \cdot \cos\delta \tag{4-19}$$

$$I_{ix4} = \frac{m}{6}\sqrt{21(a^2+b^2)gh_4} \cdot \sin\delta$$

同理可得

$$F_{压4} = \frac{(200\sim300)m}{3}\sqrt{21(a^2+b^2)gh_4} \cdot \cos\delta$$

$$F'_{切4} = \frac{(200\sim300)\mu m}{3}\sqrt{21(a^2+b^2)gh_4} \cdot \cos\delta \tag{4-20}$$

$$F_{切4} = \frac{(200\sim300)m}{3}\sqrt{21(a^2+b^2)gh_4} \cdot \sin\delta$$

5)前部挤压型作用

该类型作用与倾向挤压型作用类型相似,仅支架与水平面夹角变为 0° ,砌体结构与支架间的夹角,因此,有碰撞作用下法向和切向瞬时力为

$$F_{压5} = \frac{(200\sim300)m}{3}\sqrt{21(a^2+b^2)gh_5} \cdot \cos\theta$$

$$F'_{切5} = \frac{(200\sim300)\mu m}{3}\sqrt{21(a^2+b^2)gh_5} \cdot \cos\theta \tag{4-21}$$

$$F_{切5} = \frac{(200\sim300)m}{3}\sqrt{21(a^2+b^2)gh_5} \cdot \sin\theta$$

其中

$$h_5 = \left[\sqrt{a^2+b^2-2h_{悬露}}\left(\sqrt{\frac{a+h_{悬露}}{8a}}+\sqrt{\frac{a-h_{悬露}}{8a}}\right)+h_{悬露}\left(\sqrt{\frac{a+h_{悬露}}{2a}}-\sqrt{\frac{a-h_{悬露}}{2a}}\right)\right]$$
$$\cdot\sqrt{1-\frac{\sqrt{a^2-h^2_{悬露}}}{a}}$$

6)后部挤压型作用

该类型作用与前部挤压型作用类型结构质心所经历的竖直高度相同,因此,有碰撞作用下法向和切向瞬时力为

$$F_{\text{压}6} = \frac{(200 \sim 300)m}{3}\sqrt{21(a^2+b^2)gh_6} \cdot \cos\theta$$

$$F'_{\text{切}6} = \frac{(200 \sim 300)\mu m}{3}\sqrt{21(a^2+b^2)gh_6} \cdot \cos\theta \qquad (4\text{-}22)$$

$$F_{\text{切}6} = \frac{(200 \sim 300)m}{3}\sqrt{21(a^2+b^2)gh_6} \cdot \sin\theta$$

其中 $$h_6 = h_5$$

4. 倾斜砌体结构运动与"顶板—支架—底板"系统失稳

在大倾角综采工作面，支架工作状态下受上部岩层结构作用导致系统失稳的主要类型有：支架压死或压垮、支架倾倒和支架下滑等，三类失稳类型的临界状态平衡方程[9]如下：

$$\begin{cases} P_{\max} = R \\ f_{\max} = f \\ M_{\max} = M \end{cases} \qquad (4\text{-}23)$$

式中，$P_{\max}$ 为支架最大阻力；R 为顶板结构对支架的垂直作用力；$f_{\max}$ 为支架最大下滑阻力；f 为支架下滑作用力；$M_{\max}$ 为支架最大抗倾倒力矩；M 为支架倾倒力矩。

因此，可根据临界状态平衡方程(4-23)来判定倾斜砌体结构在六种运动状态下是否能导致支架失稳，为推导方便，略去工作面输送机、采煤机及邻架对支架下滑的影响。砌体结构运动对支架的作用可以分解为正压和侧推两种形式，即上述所求得的垂直支架顶梁作用力 $F_{\text{压}}$ 和平行顶梁的作用力 $F_{\text{切}}$。因此有

$$\begin{cases} P_{\max} = F_{\text{压}} \\ (F_{\text{压}} + G_{\text{架}}\cos\alpha)\mu + F'_{\text{切}} = G_{\text{架}}\sin\alpha + F_{\text{切}} \\ (G_{\text{架}}\cos\alpha + F_{\text{压}})b_{\text{架}} + F'_{\text{切}}h_{\text{架}} = G_{\text{架}}\sin\alpha \cdot b_{\text{架}} + 2F_{\text{切}}h_{\text{架}} \end{cases} \qquad (4\text{-}24)$$

式中，$G_{\text{架}}$ 为支架的重量；$b_{\text{架}}$ 为支架宽度；$h_{\text{架}}$ 为支架高度；μ 为支架与顶底板的摩擦系数，一般取 0.222~0.819。

倾斜砌体结构是工作面开采空间顶板的主要存在形式，该结构给工作面支护系统施加沿倾斜方向的作用力，且在局部区域内作用力的瞬间方向和强度不同，增加支架(支护系统)的失稳可能性；倾斜砌体结构的非均衡移动与充填给中、上部区域内的破断顶板留下了较大的运动空间，有可能在工作面中、上部形成"空洞"，使工作面支护系统与顶板处于非接触状态，造成系统元素"顶板"缺失，不能构成"顶板—支架—底板"系统，也为上方悬露顶板运动提供了空间，易对支架造成冲击作用等。以上分析表明倾斜砌体结构的非均衡运动极易造成支架超载、压死或产生倾倒。下面就倾斜砌体结构在不同的运动状态下导致支架失稳的条件进行分析。

1) 挤压型失稳

该类型失稳在以上分析的六种类型运动状态作用下，除了后推型作用外均有可能发生。即当 $P_{max} < F_压$ 时，支架发生超载、压垮或压死现象，在煤层倾角 α、悬露高度 $h_悬$、砌体结构尺寸(a、b)相同条件下，通过对比分析，正压型 $F_{压1}$ 作用造成支架发生挤压失稳的可能性最大，前部挤压型失稳 $F_{压5}$ 与后部挤压型 $F_{压6}$ 失稳次之，倾向 $F_{压2}$ 与反倾向挤压型 $F_{压3}$ 最小，因此，在判断顶板结构运动是否造成支架发生挤压型失稳时，应选择正压型作用。由于砌体结构尺寸不同，所作用支架数量不同，于是有支架发生挤压型失稳的判定条件：

$$\sum_{i=1}^{n} P_{max} < F_{压1} = e\gamma abl\sqrt{2gh_悬\cos\alpha}$$

即

$$\frac{e\rho abl\sqrt{2gh_悬\cos\alpha}}{\sum_{i=1}^{n} P_{max}} > 1 \tag{4-25}$$

式中，ρ 为顶板岩层的密度；l 为倾斜砌体岩块的走向长度。

2) 下滑型失稳

下滑型失稳的判定条件为：$f_{max} < f$，通过对式(4-24)分析，支架在下滑力作用下发生下滑不仅取决于支架本身重量所产生的下滑阻力和下滑作用力，同时也受到倾斜砌体结构作用于支架的正压力和其作用反力所产生下滑阻力的合力作用。根据失稳判定条件有

$$\mu F_压 + \mu G_架\cos\alpha + F'_切 < G_架\sin\alpha + F_切$$

即

$$\frac{2F'_切 + \mu G_架\cos\alpha}{G_架\sin\alpha + F_切} < 1$$

通过对比分析，由于受到重力沿岩层方向分力和冲击压力分力共同作用，倾向挤压型作用类型易导致支架发生下滑失稳，其他倾斜砌体结构的作用类型导致失稳的可能性较小，即

$$\frac{2e\mu m\cos\theta\sqrt{21(a^2+b^2)gh_2} + \mu G_架\cos\alpha}{6G_架\sin\alpha + em\sin\theta\sqrt{21(a^2+b^2)gh_2}} < 1 \tag{4-26}$$

3) 倾倒失稳

当砌体结构运动对支架作用后所产生的力矩大于支架保持稳定的力矩时，支架发生倾倒失稳，其失稳判定条件为：$M_{\max} < M$，于是有

$$\frac{(G_架 \cos\alpha + F_压)b_架 + F'_切 h_架}{G_架 \sin\alpha \cdot b_架 + 2F_切 h_架} < 1$$

通过对比分析，倾向挤压型作用类型易导致支架发生倾倒失稳，即

$$\frac{(6G_架 \cos\alpha + em\sqrt{21(a^2+b^2)gh_2} \cdot \cos\theta)b_架 + e\mu m\sqrt{21(a^2+b^2)gh_2} \cdot \cos\theta h_架}{6G_架 \sin\alpha \cdot b_架 + 2em\sqrt{21(a^2+b^2)gh_2} \cdot \sin\theta h_架} < 1$$

$$(4\text{-}27)$$

4.2.2　大倾角煤层长壁采场覆岩空间"壳体结构"稳定性分析

1. "壳体结构"力学模型

从大量的研究中可以得出，大倾角煤层走向长壁工作面采场空间形成了类似"壳体"的结构，该结构普遍存在于大倾角煤层采场中，为了研究该结构在开采过程中的稳定特征及其失稳机理，建立了大倾角煤层开采空间结构力学模型，见图4-13。空间结构可以分解为走向和倾斜方向剖面，而且空间"壳体结构"是以锥壳和球壳两种"壳体结构"组成，称之为组合壳结构；倾斜剖面模型中倾斜下部和倾斜上部壳肩分别为锥壳结构，壳顶为椭球壳结构，倾斜下部壳基处于工作面下部区域，倾斜上部壳基处于回风巷上部区域；走向"壳体结构"同样也是由锥壳和椭球壳组成，壳基分别处于工作面前方煤壁和采空区垮落矸石或切眼煤壁处。

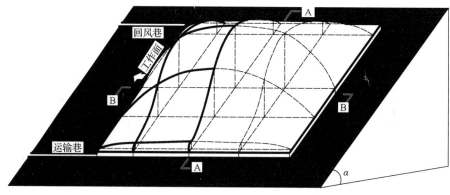

(a) 空间结构

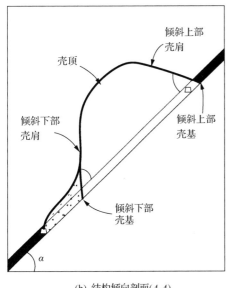

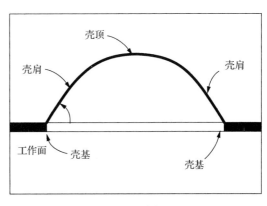

(b) 结构倾向剖面(A-A)　　　　　　　　　　(c) 结构走向剖面(B-B)

图 4-13　大倾角煤层长壁开采顶板破断的"壳体结构"力学模型

2. "壳体结构"稳定性分析

大倾角煤层采场覆岩存在"壳体结构",该结构可以近似的看作受到上覆岩层载荷作用下等厚度的薄壳结构[10,11],由于在本书的研究中的主要是对该结构受力进行分析,而不考虑结构的弯曲,即无矩壳,所以,针对这种薄壳结构,见图 4-14,有如下假定:

(1)壳体厚度与中面曲率半径之比远小于1;

(2)挠度与壳体厚度相比为小量;

(3)通过壳体而与中面正交的平截面,在壳体承受弯曲后,仍保持平面,并且与变形后的中面正交。

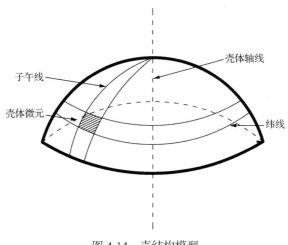

图 4-14　壳结构模型

先取大倾角煤层采场"壳体结构"中的微元 $ABCD$，设其薄膜力为环向力 N_θ 和子午线方向力 N_ϕ，施加的外力可用 y 和 z 方向上的分量 p_y 和 p_z 表示，r_1 和 r_2 分别为微元的主曲率半径，见图 4-15。

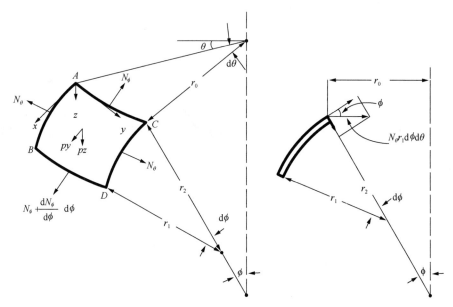

图 4-15　"壳体结构"微元及受力分析

根据微元受力分析可知，作用在微元上的分布荷载在 z 方向上的分量为：

$$p_z r_0 r_1 \mathrm{d}\theta \mathrm{d}\phi$$

作用在微元上边的力为 $N_\phi\, r_0\, \mathrm{d}\theta$，忽略高阶项，作用在下边的力也是 $N_\phi\, r_1\, \mathrm{d}\theta$，于是作用在上、下边上的力在 z 方向的分量均为 $N_\phi\, r_0\, \mathrm{d}\theta\, \sin(\mathrm{d}\phi/2)$，近似等于 $N_\phi\, r_0\, \mathrm{d}\theta\, (\mathrm{d}\phi/2)$，因此，两边上的力在 z 方向便产生如下合力：

$$N_\phi r_0 \mathrm{d}\theta \mathrm{d}\phi$$

因为微元两侧边的面积为 $r_1\, \mathrm{d}\phi$，作用在该面积上的力为 $N_\theta\, r_1\, \mathrm{d}\phi$。这两个力在纬线平面径向的合力为 $N_\theta\, r_1\, \mathrm{d}\phi\, \mathrm{d}\theta$，它在 z 方向产生如下分量：

$$N_\theta r_1 \mathrm{d}\phi \mathrm{d}\theta \sin\phi$$

于是则有 $\sum F_z = 0$，则有

$$N_\phi r_0 + N_\theta r_1 \sin\phi + p_z r_0 r_1 = 0$$

变换后可得基本加载方程之一：

$$\frac{N_\phi}{r_1} + \frac{N_\theta}{r_2} = -p_z \tag{4-28}$$

在子午线方向，即 y 方向，力的平衡可以表示为

$$\frac{\mathrm{d}}{\mathrm{d}\phi}(N_\phi r_0)\mathrm{d}\phi\mathrm{d}\theta - N_\theta r_1\mathrm{d}\theta\mathrm{d}\phi\cos\phi + p_y r_1\mathrm{d}\phi r_0\mathrm{d}\theta = 0$$

其中，第一项为 AC 和 BD 边上的法向力之和，第三项为荷载分量，第二项为作用在 AB 和 CD 面的径向合力在 y 方向的分量。将上述方程同除以 $\mathrm{d}\theta\mathrm{d}\phi$，$y$ 方向力的平衡方程变为

$$\frac{\mathrm{d}}{\mathrm{d}\phi}(N_\phi r_0) - N_\theta r_1\cos\phi = -p_y r_1 r_0 \tag{4-29}$$

若假设 F 为外载荷的合力，则有如下平衡式：

$$2\pi r_0 N_\phi \sin\phi = -F$$

则有

$$N_\phi = -\frac{F}{2\pi r_0 \sin\phi} \tag{4-30}$$

因此，可得大倾角薄壳结构应力基本方程为式(4-28)和式(4-29)。

大倾角煤层开采过程中，根据其形成的类似"壳体结构"特征，可以认为是"截头锥"壳与椭球壳的"组合壳体结构"，见图 4-16，同时，由于岩层强度不一，上方坚硬岩层悬露而未破断，其下方岩层随工作面垮落产生周期性破坏，则形成一个或多个"截头锥"壳结构，即叠加"截头锥"壳结构，该类型结构的受力可认为是多个"截头锥"壳结构叠加的结果。

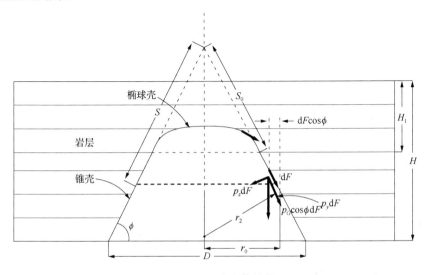

图 4-16　组合壳体结构

(1)对于"截头锥"壳，见图 4-17，有 ϕ（岩层垮落角）为常数（$r_1 = \infty$）而且不能再作为子午线上点的一个坐标，所以引入坐标 S 以代替 ϕ，S 通常以从顶点到中面上所考察的那一点沿着母线方向的距离来度量，于是，子午线上线元长为 $\mathrm{d}S = r_1 \mathrm{d}\phi$，因此有 $\dfrac{\mathrm{d}}{\mathrm{d}\phi} = r_1 \dfrac{\mathrm{d}}{\mathrm{d}S}$，$r_0 = S\cos\phi$，$r_2 = S\cot\phi$，$N_\phi = N_S$，将其代入式(4-28)和式(4-29)得

$$\frac{\mathrm{d}}{\mathrm{d}S}(N_S S) - N_\theta = -p_y S \tag{4-31}$$

$$N_\theta = -p_Z S \cot\phi = -\frac{p_Z r_0}{\sin\phi} \tag{4-32}$$

上述两式相加可消去 N_θ，积分后可得子午线方向的力：

$$N_s = -\frac{1}{S}\int (p_y + p_z\cot\phi)S\mathrm{d}S \tag{4-33}$$

于是有锥壳薄膜力为

$$N_s = -\frac{F}{2\pi r_0 \sin\phi} \tag{4-34}$$

$$N_\theta = -\frac{p_Z r_0}{\sin\phi} \tag{4-35}$$

在大倾角煤层采场中，我们主要考虑由重力作用引起的作用力（p_G），对于"截头锥"结构其重力分量如下：

$$\begin{cases} p_x = 0 \\ p_y = p_G \sin\phi\cos\phi \\ p_z = p_G \cos^2\phi \end{cases} \tag{4-36}$$

其曲率半径有如下关系：

$$r_2 = S\cot\phi, \quad r_0 = S\cos\phi \tag{4-37}$$

由方程式(4-35)、式(4-36)、式(4-37)可得

$$N_\theta = -p_G S \frac{\cos^2\phi}{\sin\phi} \tag{4-38}$$

同理，由式(4-35)~式(4-37)可得

$$N_s = -\frac{1}{S}\int(p_G\sin\phi\cos\phi + p_s\cos^2\phi\cot\phi)SdS + \frac{c}{S} = -\frac{p_G S}{2}\cot\phi + \frac{c}{S} \tag{4-39}$$

由 $S = S_0$ 处 $N_s = 0$，得 $c = \frac{1}{2}p_G S_0^2\cot\phi$

因此有

$$N_s = -\frac{p_G}{2S}(S^2 - S_0^2)\cot\phi \tag{4-40}$$

设 t 为薄膜厚度，于是"截头锥"壳薄膜应力为

$$\sigma_{\theta\text{锥}} = -p_G S\frac{\cos^2\phi}{t\sin\phi} \tag{4-41}$$

$$\sigma_{s\text{锥}} = -\frac{p_G}{2St}(S^2 - S_0^2)\cot\phi \tag{4-42}$$

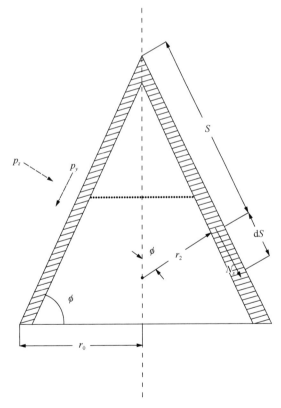

图 4-17　"截头锥"壳受力分析

(2)对于椭球壳，由椭圆方程 $bx^2 + a^2 y^2 = a^2 b^2$，可得

$$y = \pm \frac{b\sqrt{a^2 - x^2}}{a}$$

$$y' = \frac{bx}{a\sqrt{a^2 - x^2}} = \frac{b^2 x}{a^2 y} \tag{4-43}$$

$$y'' = \frac{b^4}{a^2 y^3}$$

由图 4-18 可知

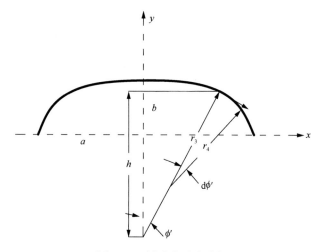

图 4-18　椭球壳受力分析

$$\tan\phi' = y' = \frac{x}{h} \tag{4-44}$$

$$r_3 = \sqrt{h^2 + x^2}$$

由式 (4-43) 和式 (4-44) 可得 $h = \dfrac{a\sqrt{a^2 - x^2}}{b}$

代入式 (4-44) 第二式，可得 r_4，将方程 (4-43) 代入曲率表达式 $\dfrac{\left[1 + (y')^2\right]^{3/2}}{y''}$ 可得

$$r_3 = \frac{\left(a^4 y^2 + b^4 x^2\right)^{3/2}}{a^4 b^4} \tag{4-45}$$

$$r_4 = \frac{\left(a^4 y^2 + b^4 x^2\right)^{3/2}}{b^2}$$

荷载合力为 $F = \pi p r_4^2 \sin^2\phi'$，则用主曲率表示方程式 (4-28) 可得薄膜力，则有

$$\sigma_{\phi椭球} = \frac{p'r_4}{2t'}$$

$$\sigma_{\theta椭球} = \frac{p'}{t'}\left(r_4 - \frac{r_4^2}{2r_3}\right)$$

(4-46)

大倾角煤层采场顶部"椭球壳"重力(p_G')分量为

$$\begin{cases} p_x' = 0 \\ p_y' = p_G' \sin\phi' \\ p_z' = p_G' \cos\phi' \end{cases}$$

(4-47)

则有椭球壳薄膜力为

$$\sigma_{\phi椭球} = \frac{p_G' \cos\phi' r_4}{2t'}$$

$$\sigma_{\theta椭球} = \frac{p_G' \cos\phi'}{t'}\left(r_4 - \frac{r_4^2}{2r_3}\right)$$

(4-48)

在拱顶(即壳顶部)$r_3 = r_4 = \dfrac{a^2}{b}$

方程式(4-46)可简化为 $\sigma_{\phi椭球} = \sigma_{\theta椭球} = \dfrac{p_G' \cos\phi' a^2}{2bt'}$

3. 覆岩空间"壳体结构"失稳模式

从工作面开切眼开始,当顶板下位岩层(伪顶或直接顶)产生变形、垮落后,垮落矸石沿底板向下滑(滚),使工作面已成空间(采空区)非均匀充填,随着工作面推进,采空区的非均匀充填程度将不断加剧,导致工作面倾斜方向的不同区域内沿工作面走向形成"壳体结构"在层位、结构支承点的约束条件、岩层变形程度以及破坏形成的运动空间大小有所不同,一般情况下,呈现出沿倾斜方向约束强度"下强上弱"、运动空间"下小上大"、结构层位"下低上高"等"异化"特征,该特征随工作面初次来压而完全显现,并被工作面每一次周期来压所重复。大倾角煤层覆岩结构失稳实质是岩体局部区域发生剪切或拉伸破坏所造成的,是典型的局部化问题。"壳体结构"失稳的基本方式为岩块间的剪切滑落和接触处的挤压破坏,但这两种失稳方式不但出现在沿工作面走向上,而且也出现在沿工作面倾斜方向上,在工作面倾斜方向上顶板"壳体结构"形成的岩块间的剪切滑落和接触处的挤压破坏两种失稳方式亦有可能同时出现在构成结构的不同岩块之间。

总之,采场壳体局部破坏(壳肩、壳基或壳顶部位)是导致整体结构失稳的主要诱导因素,因此,探索大倾角煤层覆岩结构失稳致灾机理的关键在于对结构关键部位(壳肩、壳基或壳顶)失稳的研究。一般情况下,结构系统的稳定性常用结构材料的极限强度及安全系数作为衡量标准。当采场关键部位围岩的应力小于围岩强度时,围岩处于自行稳定

状态，当应力大于围岩强度，围岩则发生破坏(处于不稳定状态或失稳状态)。即围岩破坏失稳条件为

$$\sigma_{\max} > [\sigma] \tag{4-49}$$

式中，$\sigma_{\max}$ 为采场围岩中最大应力；$[\sigma]$ 为岩体所处应力状态时的强度。

研究表明"壳体结构"发生失稳破坏模式主要有以下几种形式。

1)壳顶以拉伸破坏为主的失稳模式

(1)拉破坏失稳。上覆壳顶悬露岩层受到壳体薄膜应力 $\left|\sigma_{\phi椭球}\right|$ 的挤压作用，若岩层强度较大，在挤压作用下未发生破坏，则有岩层受到拉破坏最大应力值

$$\sigma_{T岩层} = \frac{2C\cos\varphi}{1-\sin\varphi} + \left|\sigma_{\phi椭球}\right|\frac{1+\sin\varphi}{1-\sin\varphi} = \frac{2C\cos\varphi}{1-\sin\varphi} + \left|\frac{\gamma t'\cos\phi' a^2}{2bt'}\right|\frac{1+\sin\varphi}{1-\sin\varphi}$$

即当悬露岩层受到的近似最大正应力 $\sigma_{\max 岩层} = \frac{qL^2}{2h^2} > \left|\sigma_{T岩层}\right|$ 时，壳顶发生拉破坏；

当壳顶处于水平状态时(采场走向剖面)，壳体受拉失稳条件为

$$\sigma_{\max 岩层} = \frac{qL^2}{2h^2} > \sigma_{T岩层} = \frac{2C\cos\varphi}{1-\sin\varphi} + \frac{\gamma a^2}{2b}\left(\frac{1+\sin\varphi}{1-\sin\varphi}\right) \tag{4-50}$$

当壳顶为倾斜状态时(采场倾斜方向剖面)，见图 4-19，可近似认为壳顶受到载荷为均布载荷，则有，壳体受拉失稳条件为

$$\sigma_{\max 岩层} = \frac{q\cos\alpha L^2}{2h^2} > \sigma_{T岩层} = \frac{2C\cos\varphi}{1-\sin\varphi} + \frac{\gamma a^2\cos\alpha}{2b}\left(\frac{1+\sin\varphi}{1-\sin\varphi}\right) \tag{4-51}$$

式中，C 为岩体黏聚力；φ 为摩擦角；q 为单位长度岩层所受的载荷[12,13]；L 为岩层悬露长度；h 为壳顶上方单层岩层厚度；t' 为壳体上覆岩层总厚度；γ 为拱上覆岩层平均容重；α 为煤层倾角。

(2)挤压破坏失稳。壳体薄膜应力值大于岩层的抗压强度 $\sigma_{p岩层}$(压碎强度)时，壳顶结构失稳，因此，壳顶岩层失稳条件为 $\left|\sigma_{\phi椭球}\right| > \sigma_{p岩层}$：

当壳顶处于水平状态时(采场走向剖面)，壳体受挤压破坏失稳条件为

$$\sigma_{\phi椭球} = \frac{\gamma a^2}{2b} > \sigma_{p岩层} \tag{4-52}$$

当壳顶为倾斜状态时(采场倾斜方向剖面)，壳体挤压破坏失稳条件为

$$\left|\sigma_{\phi椭球}\right| = \frac{\gamma a^2\cos\alpha}{2b} > \sigma_{p岩层} \tag{4-53}$$

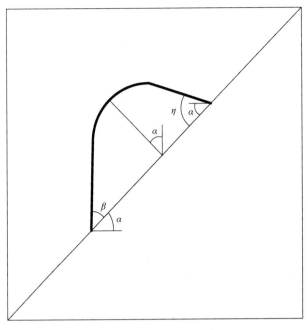

图 4-19　"壳体结构"倾斜剖面

通过对大倾角煤层采场壳顶失稳分析认为：壳顶失稳主要以拉破坏为主，在水平力 $|\sigma_{\phi椭球}|$ 作用下，可近似认为壳顶岩体处于伪三轴应力状态下，此时，该处岩层的挤压破坏极限为 $\sigma_{T岩层}$，同时该类型的破坏处于采场上方，属高位失稳。

2）壳肩以压剪破坏为主的失稳模式

对于该类型的破坏模式主要发生在由多层岩层叠垒的锥壳结构壳肩区域，所以，岩层破坏则以其中软弱层岩层压剪破坏为为主，该类型壳结构的失稳条件为

在采场走向剖面上，壳肩岩层受挤压破坏失稳条件为：

$$\left|\sigma_{S锥}\right| = \left|-\frac{\gamma t}{2St}(S^2 - S_0^2)\cot\phi\right| > \sigma_{p岩层} \tag{4-54}$$

在采场倾斜方向剖面上，见图 4-13，倾斜上部壳肩岩层受挤压破坏失稳条件为

$$\left|\sigma_{S锥}\right| = \left|-\frac{\gamma}{2S}(S^2 - S_0^2)\cot(\eta - \alpha)\right| > \sigma_{p岩层} \tag{4-55}$$

同理，倾斜下部壳肩失稳条件为

$$\left|\sigma_{S锥}\right| = \left|-\frac{\gamma}{2S}(S^2 - S_0^2)\cot(\alpha + \beta)\right| > \sigma_{p岩层} \tag{4-56}$$

式中，t 为壳体上覆岩层总厚度；γ 为拱上覆岩层平均容重；α 为煤层倾角；η 为倾斜上部岩层垮落角；β 为倾斜下部岩层垮落角；S_0 为垮落形成的截头锥壳结构截头部分壳

肩长度；S 为截头处距离壳肩岩层处的长度(岩层距顶部球壳壳基的长度)。

由此可见，处于采场壳肩位置的岩层，发生失稳的可能性较小，特别是倾斜方向下部壳肩，锥壳结构形成层位较低，且锥壳角度(岩层垮落角)较大，结构的一般性失稳不易发生，周期来压显现不明显或强度较小；而在倾斜上部区域，锥壳肩角度较小，$|\sigma_{S锥}|$ 值较大，壳肩失稳的可能性较倾斜下部区域大，由于该处岩体结构形成层位最高、可供运动(移)空间最大、"支架—围岩"系统构成元素缺失或成为"伪系统"的概率最大，且岩块与工作面回风巷顶板之间易形成接触不良的"残垣"结构，极易发生强度损失导致的塌落型结构失稳，除来压强度较大外，还带有明显的冲击特征，导致工作面局部区域产生支架损坏、"支架—围岩"系统功能失效等动力灾变。

3) 壳基以压剪、拉伸破坏共同作用的复合失稳模式

在采场走向剖面上，壳基处于采空区后方和煤壁前方区域，对于工作面前方壳基来说，其失稳有两种形式：第一种为壳基岩层受挤压破碎失稳，主要表现为顶板下沉，煤壁片帮等，在该状态下壳基失稳条件为

$$|\sigma_{S锥}| = \left| -\frac{\gamma}{2S}(S^2 - S_0^2)\cot\phi \right| > \sigma_{p岩层} \tag{4-57}$$

第二种为壳基岩层受到上方壳体集中载荷作用发生剪切破坏，主要表现为切顶等破坏形式，此时壳基失稳条件为

$$\tau_{\max 岩层} = |\sigma_{S锥}| > \tau_{S岩层} \tag{4-58}$$

在采场倾斜方向剖面上，见图 4-19，倾斜上部壳基岩层受挤压破坏失稳条件为

$$|\sigma_{S锥}| = \left| -\frac{\gamma}{2S}(S^2 - S_0^2)\cot(\eta-\alpha) \right| > \sigma_{p岩层} \tag{4-59}$$

同理，倾斜下部壳基失稳条件为

$$|\sigma_{S锥}| = \left| -\frac{\gamma}{2S}(S^2 - S_0^2)\cot(\alpha+\beta) \right| > \sigma_{p岩层} \tag{4-60}$$

对于壳基失稳来说，其不同的区域具有不同的特征，从失稳难易程度分析，在工作面走向剖面上，该范围壳基失稳呈现周期性变化，增大了采面上覆岩层失稳可能性；在倾斜方向上，上部壳基作用于回风巷层位岩体，该区域垮落岩层与壳体岩层之间存在空间，所以，该范围壳基失稳可能性较大；倾斜下部壳基由于处于充填岩块和下部煤壁上，受采空区岩块不断的滚滑充填作用，该壳基一直处于较为稳定状态，失稳可能性最小，但若发生破坏失稳，对倾斜上方破断岩体以及上覆岩层的影响将远大于其他区域。

大倾角煤层长壁开采"壳体结构"在工作面推进过程出现失稳，其形成岩体结构的物理力学性质亦发生变化(有时可能出现跳跃式改变)，导致其约束位置和程度变化，影响支护系统稳定性，其中岩体结构高位失稳会导致工作面产生冲击性来压，低位失稳会导致工

作面出现推垮性事故等，高瓦斯大倾角煤层则易形成瓦斯积聚，引发瓦斯动力灾害等。

4. 覆岩垮落高度的确定

在大倾角煤层长采场中，确定覆岩垮落高度不仅对采场壳结构稳定性分析有重要作用，也可确定在岩层垮落过程中对结构稳定性起主要控制的关键岩层的位置，同时覆岩垮落高度同样亦为壳结构失稳判定重要数据。

1)走向垮落高度的确定

工作面的推进过程其实也是覆岩空间动态演化过程，随着工作面推进岩层的跨落高度也在相应增加，而不同强度的岩层对壳结构的形成的高度影响亦不同，因此确定壳高是研究覆岩"壳体结构"失稳的关键所在，同时，壳高的确定与采场周边锥壳壳基的失稳判定也有重要的关系。

从开切眼到充分采动过程，工作面采场空间主要经历了两个状态：初采时，工作面长度和推进度之比大于 1，由于其结构空间小，岩层破坏的可能性小。当工作面初次来压时，结构初次发生破坏，且主要是沿工作面倾斜方向产生破断，破断处于工作面推进长度的中部区域，顶板岩层破坏高度向上增加，新的"壳体结构"形成，此后随着工作面推进，壳肩结构随着周期来压发生周期性失稳，但是壳顶结构并不是以采面顶板周期破断而发生破断的，此时，壳顶结构稳定性取决于岩层本身的强度和其受到的壳体应力综合作用，即壳顶岩层在壳结构水平应力作用下是处于水平围压作用下的岩体，岩层的抗拉强度将增大，其悬露长度大于未受水平应力作用时的岩层。因此，壳体高度可以根据壳顶结构走向拉伸失稳准则来求取：

当壳顶处于水平状态时（采场走向剖面），壳体受拉失稳的临界条件为

$$\frac{qL^2}{2h^2} = \frac{2C\cos\varphi}{1-\sin\varphi} + \frac{\gamma a^2}{2b}\frac{1+\sin\varphi}{1-\sin\varphi} \tag{4-61}$$

a、b、L 存在如下关系：

$$a = b\cot\phi + L/2 \tag{4-62}$$

b 可近似为紧邻壳顶的下部岩层厚度 h'，均布载荷 q[12,13] 为

$$q = \frac{E_{t1}h_1^3(\gamma_1 h_1 + \gamma_2 h_2 + \cdots + \gamma_n h_n)}{E_{t1}h_1^3 + E_{t2}h_2^3 + \cdots + E_{tn}h_n^3} \tag{4-63}$$

式中，h_i 为悬露岩层上方各岩层厚度，γ_i 为容重，$E_{ti}(i=1, 2, \cdots, n)$ 为弹性模量，于是有

$$L = \sqrt{\frac{2bq(1-\sin\varphi)}{4bC\cos\varphi + \gamma a^2(1-\sin\varphi)}} \cdot h \tag{4-64}$$

将上述关系式代入壳体临界条件即可得关于悬露长度 L 的计算式。

根据大倾角煤层走向长壁相似模拟实验以及数值计算结果，采场走向剖面岩层垮落角度一般在 45°~65°，所以，可以结合工作面推进度 D 以及岩层赋存特点，从工作面直接顶进行逐一反算则可确定每层岩层最大悬露长度 L，若 $L>D$，则该岩层未垮落破坏，若 $L<D$，则可根据每层顶板岩层的悬露长度从直接顶向上逐一进行对照，最终确定岩层垮落高度。

2) 倾向垮落高度的确定

倾向垮落高度与走向垮落高度有密切的关系，其中走向最大高度与倾斜方向垮落最大高度相同，但经过理论和实验分析，在采场倾斜方向不同的部位垮落高度不同，根据大倾角煤层走向相似模拟实验以及数值计算结果，一般倾斜中上部垮落层位较高，倾斜下部较低，采场倾斜上部剖面岩层垮落角一般接近水平，倾斜下部岩层垮落角接近竖直方向，因此，可以根据走向剖面最大垮落高度和最大悬露长度来确定倾向不同区域的垮落高度。

4.3　大倾角煤层长壁开采覆岩空间承载结构失稳准则及致灾机理

4.3.1　大倾角煤层长壁采场覆岩承载结构

大倾角煤层采场顶板破断后形成了倾斜砌体结构，该砌体结构以倾向堆砌和反倾向堆砌两种形式存在，且沿工作面走向和倾向均具有不同的分布特征，该结构的非均衡运动是导致"支架—围岩"系统失稳的主导影响因素，同时，该结构的运动形式亦受到上覆岩层结构（"壳体结构"）破坏失稳影响。倾斜砌体结构不仅是支护结构的施载体，也是"壳体"失稳对工作面支护系统作用的传力媒介，两者之间相互作用，相互制约，因此，可以将采场空间上覆的"壳体"和破坏的"倾斜砌体"组合结构称为大倾角煤层开采覆岩空间的承载结构，该结构是大倾角煤层采场特有的结构，其主要特征如下：

1. 承载结构动态演化特征

大倾角煤层开采过程中，采场顶板具有周期来压现象，直接顶的垮落伴随着基本顶周期性的折断，新的倾斜砌体结构不断形成，并以不同的结构状态分布于采场空间内，一般来说，壳体形成的层位高于倾斜砌体，上覆"壳体"随着破断岩块沿平行和垂直岩层方向不断延伸也发生着相应的变化，见图 4-20。

在工作面倾斜方向上，工作面中上部顶板岩层首先破坏、下滑，充填至倾斜下部采空区，此为最早形成的倾斜砌体，随着采出空间的增加，上方岩层继续发生破坏，壳体空间形成，在工作面倾斜方向上就形成了倾斜上、中、下部非均匀的破坏结构，随着开采继续，岩层破坏继续向倾斜中上部延伸，破坏超出回风巷范围；壳体沿倾斜方向剖面亦为非对称结构，表现为倾斜上部壳空间大，倾斜下部壳空间小的特征；若为多区段开采，下区段开采将使得两区段破坏贯通，此时更大范围的倾斜"壳体结构"形成，两区段倾斜砌体亦发生了相互作用，承载结构范围更大。

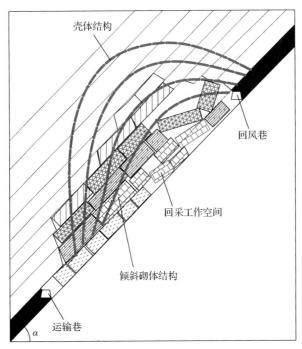

(a) 倾向剖面

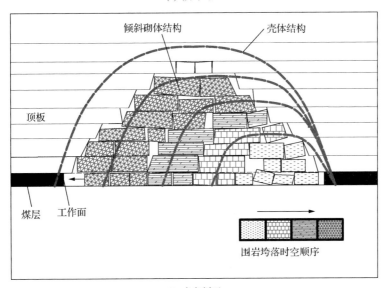

(b) 走向剖面

图 4-20 承载结构的动态演化特征

在工作面走向剖面上，"壳体"伴随周期来压不断破断，破断后的岩块转化为堆砌岩块，未破坏岩层又形成新的"壳体"，结构在走向剖面方向前方壳基随着工作面推进而前移，壳高也随之增大，当达到充分采动后，壳顶结构发生变化，从整体未破坏岩层壳顶转换为部分为未垮岩层、部分为垮落岩层的组合壳顶结构，此时，结构的后方壳基为采空区重新压实区域；当受岩层埋藏较深、岩层较坚硬时，则形成以未垮岩层为主的"壳体结构"。周期来压是承载结构动态演化过程之一，在整个过程中，岩体结构间的相互作用成为影响工作面支护系统稳定性的主要因素。

2. 承载结构沿倾斜方向上的分区特点

倾斜上部区域主要是以高层位"壳体"和倾斜砌体为主的区域，由于倾斜砌体下滑堆砌作用，使之与上方壳体间有一定的空间，该空间极有可能成为瓦斯聚集区，在工作面推进过程中该空间的尺寸沿工作面推进方向不断增加，为工作面开采留下安全隐患；同时，该区域亦为围岩运移活跃区域，壳体失稳可能性远大于倾斜下部区域，特别是锥壳壳基处；由于倾斜上部区域倾斜砌体岩块相互约束的强度小于倾斜下部，因此，该范围倾斜砌体的稳定性较差，运移规律复杂多变，特别是在受到垮落岩块冲击作用下易发生较大范围的运移；倾斜上部区域也是反倾向堆砌体形成的主要区域，该结构对支护系统的稳定性影响较大；直接顶破坏滚滑易导致倾斜上部支架上方悬空、支架空载现象。

倾斜中部区域亦为岩体运移活跃区域，但相对于倾斜上部区域其结构层位较低，该范围的支架易受到以直接顶为主的垮落、滚滑岩块的冲击作用，同时，易发生高位岩层以直接顶为传力媒介作用于支架，并导致支架压死等现象；同时，该范围处于壳顶与倾斜下部壳肩区域下方，因而，受壳顶岩体破坏影响较大，由于倾斜下部壳肩与水平面夹角较大，接近 90°，所以，倾斜下部壳肩破坏可能性较小；反倾斜堆砌体也是该区域易形成的主要结构形式，但其破坏后主要处于支架后方的采空区区域，通过运移冲击作用于垮落岩层。

倾斜下部区域则主要处于倾斜下部壳基区域，该范围岩层运移空间小，加之上部岩块下滑充填，使得该范围内岩层破坏层位最低，且岩层较稳定；但由于倾角影响，工作面中上部倾斜砌体沿岩层倾斜方向的分力集中作用于倾斜下部，壳顶和倾斜下部壳肩的作用亦集中于倾斜下部区域，一旦壳基发生破坏，则对整个工作面冲击作用较大。

3. "壳体"与"倾斜砌体"相互作用

"壳体"对倾斜砌体的挤压、施载作用：壳体为采场的未破坏岩体，随着工作面开采空间的增大，覆岩垮落呈周期性变化，"壳体结构"也发生周期性破坏，大范围的垮落对工作面范围和采空区倾斜砌体具有冲击作用，因为采场壳体是一个三维倾斜组合壳结构，所以，该作用不仅体现在工作面走向方向，而且在倾斜方向也具有该特征；同时，壳体对倾斜砌体发生冲击作用也具有分区域特征，如壳体顶部对高位砌体冲击，工作面上方壳肩对直接顶、基本顶的低位冲击，沿倾斜上方壳肩对倾斜上方砌体的冲击作用等；不同区域的冲击作用亦体现出不同的特征，高位冲击由于岩层层位较高、倾斜砌体厚度大，对冲击作用缓冲量大，因此，该类型冲击对工作面支架作用不明显，壳肩破坏对下方倾斜砌体的作用将直接作用于基本顶和直接顶，其对支架作用明显，且煤壁附近矿压显现剧烈；在工作面倾向下部壳肩部位，由于倾斜上方砌体岩块下滑挤压，该范围壳肩与砌体岩块相互作约束并保持稳定。

倾斜砌体对壳体的挤压、约束作用(图 4-21)：倾斜砌体与"壳体结构"一样，在采场也呈三维状态分布，一般来说，破坏的砌体结构处于壳体下方，因此，对壳体具有约束作用，不同区域砌体对壳体的约束程度不同。其中，倾斜砌体对高位壳顶约束程度小，沿工作面走向存在一定空间；在工作面倾斜上方区域，由于垮落岩层下滑充填形成了空间，因此，倾斜砌体对该范围壳肩的约束程度最小，仅在倾斜上方壳基处存在约束，但该范围约束程度小；在工作面走向方向上，倾斜砌体对壳肩的约束作用明显，在该范围内，砌体本身存在对壳体的铰接约束作用，随工作面推进壳体发生周期性破坏时，砌体对破坏壳体的冲击作用有所缓冲，降低了破坏冲击对工作面附近顶板岩层的作用，但对于该范围岩层破断提供了作用力，从而在工作面范围内形成了周期性的基本顶破断现象；

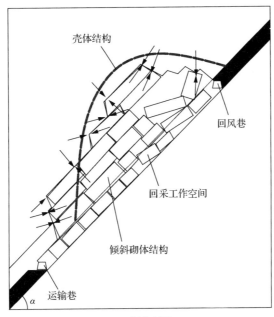

(a) 倾向剖面

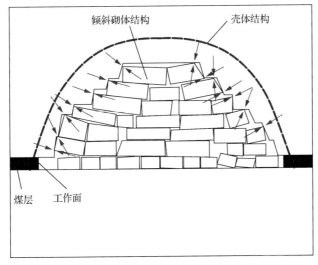

(b) 走向剖面

图 4-21　"壳体结构"与倾斜砌体结构的相互作用

采空区倾斜砌体对壳体具有同样的约束作用，但其动态演化对工作面影响较小。

工作面上方壳体与倾斜砌体为铰接接触，上覆岩层垮落后的下移运动受到倾斜砌体的约束，倾斜砌体的回转程度是影响上覆岩层对下方采场支护体作用大小的关键，从另一个角度来说，上覆岩层与倾斜砌体的铰接接触作用降低了覆岩壳结构破坏对工作面的冲击作用，因此，走向剖面锥壳壳基的稳定性是研究上覆岩层的破断对工作面支架作用的关键。

4.3.2 大倾角煤层长壁采场覆岩承载结构失稳准则及致灾机理

1. 承载结构失稳准则

1) 承载结构失稳类型

一般来说，工作面推进过程中承载结构失稳，即周期性垮落，其垮落强度、范围大小主要取决于承载结构中"壳体结构"失稳类型，因为，"壳体结构"的失稳是影响采场支护体受力特性的主动因素，而倾斜砌体结构是上覆结构破坏的传力媒介，最终对工作面支架作用还取决于倾斜砌体结构与支架的接触形态，因此，按倾斜砌体与支架的接触类型可将承载结构失稳类型划分为下压型失稳、推垮型失稳及复合型失稳等。

下压型失稳是采场普遍存在的失稳形式，主要是指承载结构失稳形成的载荷垂直作用在支架上方，包括如下几种形式：

(1) 一般性周期来压对支架的作用所导致的失稳(主要表现为来压过程支架载荷普遍增加，即壳基处岩层发生弹性弯曲变形但未发生破断时，造成顶板下沉对支架的作用，未来压时载荷普遍较低)，一般来说，上述失稳主要为上覆岩体的低层位失稳或高位岩体小范围破坏运移导致；

(2) 结构失稳冲击性作用(上覆结构大范围失稳的冲击载荷造成工作面支架部分或全部压垮、压死等)，主要为高位岩层大范围运移破坏，造成工作面局部载荷过大或切顶现象等。

推垮型失稳则主要出现在工作面倾斜中部和上部区域，主要是指承载结构失稳形成的载荷倾斜作用于支架上方或后方，包括如下几种形式：

(1) 沿倾向堆砌体作用于支架上方并沿倾向向下侧推(主要表现为支架间相互挤压)，主要是由于上方倾斜砌体结构间相互作用失效，造成结构系统中个别砌体出现变异而对支架产生侧向作用；

(2) 反倾向堆砌体沿反倾向方向对支架作用(造成个别支架压死、附近支架空载等现象)，主要是由于支架上方有较大的运移空间，倾斜砌体形成反倾向回转对支架作用；

(3) 沿走向方向，倾斜砌体结构对支架的走向推挤作用，导致支架沿走向发生倾倒失稳等。

复合型失稳则是指大多数情况下，采场顶板岩块的空间运动具有下压、侧向旋转、下滑三种特征，此时，支架在受到下压力作用的同时也受到下滑侧推力作用，造成支架压死、倾倒或下滑等失稳。

2) 承载结构失稳准则

如前所述，大倾角采场"壳体结构"失稳是导致工作面围岩及支护体失稳的主导因素，因而，可将"壳体结构"的失稳作为判定承载结构的失稳准则。"壳体"失稳是一个十分复杂的时间、空间问题：走向"壳体"的失稳可能导致倾斜上部"壳体"的失稳，壳肩的失稳亦可能导致壳顶的失稳，壳基的失稳则可以导致壳肩和壳顶的连续失稳。从壳体失稳的影响范围来说，壳基失稳的影响范围最大，壳肩失稳次之；从对工作面影响程度来说，壳基失稳作用强度大于壳肩失稳。因此，可利用失稳系数 ζ 大小来描述失稳的可能性大小，同时，当 $\zeta<1$ 时，也可判定该类型结构发生失稳，反之则保持稳定，失稳系数可确定如下：

$$\zeta = \left| \frac{\sigma_{\max}}{[\sigma]} \right| \tag{4-65}$$

(1) 壳基失稳包括压、剪破坏，则有壳基失稳系数：

$$\zeta_{壳基} = \max\left(\zeta_{压}, \ \zeta_{剪} \right) = \max\left(\left| \frac{\sigma_{\max}}{\sigma_{p岩层}} \right|, \left| \frac{\tau_{\max}}{\tau_{S岩层}} \right| \right) \tag{4-66}$$

通过对走向和倾斜方向剖面"壳体结构"进行分析可得，壳基失稳系数为

$$\zeta_{壳基} = \max\left(\left| \frac{\gamma(S_{走向}^2 - S_{0走向}^2)\cot\phi}{2S_{走向}\sigma_{p走向}} \right|, \left| \frac{\gamma(S_{走向}^2 - S_{0走向}^2)\cot\phi}{2S_{走向}\tau_{S走向}} \right|, \right.$$
$$\left. \left| \frac{\gamma(S_{倾向}^2 - S_{0倾向}^2)\cot(\eta-\alpha)}{2S_{倾向}\sigma_{p倾向}} \right|, \left| \frac{\gamma(S_{倾向}^2 - S_{0倾向}^2)\cot(\alpha+\beta)}{2S_{倾向}\tau_{S倾向}} \right| \right) \tag{4-67}$$

(2) 壳肩失稳包括压、剪两种破坏模式，壳肩失稳系数如下：

$$\zeta_{壳肩} = \max\left(\zeta_{压走向}, \zeta_{压倾向上部}, \ \zeta_{压倾向下部} \right) \tag{4-68}$$

(3) 壳顶失稳包括拉伸失稳和压缩失稳，其失稳系数为

$$\zeta_{壳顶} = \max\left(\zeta_{拉走向}, \ \zeta_{压走向}, \ \zeta_{拉倾向}, \ \zeta_{压倾向} \right)$$
$$= \max\left(\left| \frac{bqL^2(1-\sin\varphi)}{h^2(4bC\cos\varphi + \gamma a^2(1+\sin\varphi))} \right|, \left| \frac{\gamma a^2}{2b\sigma_{岩层走向}} \right|, \left| \frac{bqL^2(1-\sin\varphi)}{h^2(4bC\cos\varphi + \gamma a^2\cos\alpha(1+\sin\varphi))} \right|, \right.$$
$$\left. \left| \frac{\gamma a^2\cos\alpha}{2b\sigma_{岩层倾向}} \right| \right)$$

$$\tag{4-69}$$

3) 倾斜砌体结构与 "壳体结构" 间的作用

在倾斜方向剖面中, 由于采出空间较小, 在工作面范围内, 该结构破坏失稳的可能性较小, 仅在采空区垮落高度较大区域出现失稳, 对支架影响小, 因此, 分析走向方向上 "壳体结构" (壳基) 失稳与倾斜砌体结构的作用是研究 "支架—围岩" 稳定性的关键, 对于叠加截头锥壳结构来说, 由于其上方壳体破坏均作用于采空区倾斜砌体结构上, 对支架影响小, 因此, 仅需分析紧邻支架上方的壳体稳定性即可。根据砌体梁结构模型[12], 在与壳体壳肩接触的倾斜砌体结构岩块对壳体有约束作用, 该作用可以近似视为第 i 层岩块的水平推力 T_i, 则有如下关系:

$$T_i = \frac{L_{i0}Q_{i0}}{2(h_{i0} - s_{i0})} \tag{4-70}$$

式中, L_{i0} 为与壳体接触的破断岩块长度; h_{i0} 为岩块层厚; Q_{i0} 为岩块载荷; s_{i0} 为岩块下沉量。

该水平推力在壳体失稳后发生下沉过程中起到的约束作用可以看作岩块间的摩擦作用, 一般情况岩块间摩擦系数 μ' 为 0.8~1, 工作面上方 "壳体" 岩层下沉高度 s_i, 其中, 垮落范围岩层数量为 i 层。因此, 假设 "壳体结构" 破坏所形成的岩块为刚体, 则可根据能量守恒定律求得壳体失稳运移过程中每一层岩层向下方破坏壳体岩块传递的能量, 于是有第 i 层岩层向下方岩层传递的能量:

$$E_i = V_i - W_f \tag{4-71}$$

式中, E_i 为壳体岩块传递至下方结构的能量; V_i 为壳体岩块的下沉过程所产生的总势能; W_f 为岩块摩擦所损耗的能量, 包括水平力 T_i 产生摩擦损耗能量 W_{f1} 及其他的作用(如沿倾斜方向的滑动等)导致的损耗能量 W_{f2} ($W_{f2} < W_{f1}$)。

于是有

$$E_i = m_i g s_i - \left[\frac{L_i Q_i \mu' s_i}{2(h_i - s_i)} - W_{f2} \right] \tag{4-72}$$

则有 n 层岩层组成的 "壳体结构" 破坏过程产生的能量传递至第一层岩层时的总能量为

$$\sum_{i=0}^{n} E_i = \sum_{i=0}^{n} \left\{ m_i g s_i - \left[\frac{L_i Q_i \mu' s_i}{2(h_i - s_i)} - W_{f2} \right] \right\} \tag{4-73}$$

则根据式 (4-8) 有

$$I = Ft = \sqrt{2 m_1 \sum_{i=0}^{n} E_i} \cdot e \tag{4-74}$$

可求得作用于支架上的宏观作用力:

$$F = \frac{e}{t} \cdot \sqrt{2m_1 \sum_{i=0}^{n} \left\{ m_i g s_i - \left[\frac{L_i Q_i \mu' s_i}{2(h_i - s_i)} - W_{f2} \right] \right\}} \tag{4-75}$$

式中，m_1 为邻近支架顶板岩层的质量；t 为对支架的作用时间。

由于受上覆岩层强度物理等力学特征、裂隙分布特征及工作面生产技术条件等因素影响，导致能量释放过程的时间 t 不同，从而形成了不同的顶板来压类型，即一般性周期来压和破坏性来压(切顶等)。

如前所述，对于破坏性来压，可以分为下压型失稳、推垮型失稳以及复合型失稳，于是可根据倾斜砌体结构与支架作用原理来进行分析：

下压型失稳类型失稳可以通过上覆岩层失稳所产生的正压力 $F_{压}$(宏观作用力 F 的分量)对支架冲击作用大小来判定，即

$$\sum_{i=1}^{n} P_{\max} < F_{压} = F \cos \alpha \tag{4-76}$$

推垮型失稳则主要是由于倾斜砌体结构受外载荷 F 对支架发生的作用，其可以通过外载荷大小和倾斜砌体作用模式来判定，根据倾斜砌体结构与支架五种类型的倾斜接触形态，则可将砌体结构作用与支架作用分为顺向推垮、逆向推垮和走向推垮三种作用类型。发生推垮型失稳的条件，即部分支架在上方结构倾斜推挤作用下，发生下滑倾倒，可表示为

$$\begin{cases} M_{\max} < M \\ f_{\max} < f \end{cases}$$

其中，发生顺向推垮的条件为

$$\begin{cases} \dfrac{(G_{架} \cos \alpha + F_{压}) b_{架} + F'_{切} h_{架}}{G_{架} \sin \alpha \cdot b_{架} + 2F'_{切} h_{架}} < 1 \\ \dfrac{2F'_{切} + \mu G_{架} \cos \alpha}{G_{架} \sin \alpha + F_{切}} < 1 \end{cases} \tag{4-77}$$

而在发生逆向推垮时，支架仅发生逆向倾倒，底座将嵌入底板，不易发生向上滑动现象，其条件为

$$\frac{G_{架}(h_{架} \sin \alpha + b_{架} \cos \alpha) + F_{压} b_{架} + F'_{切} h_{架}}{2F_{切} h_{架}} < 1 \tag{4-78}$$

走向推垮分为结构对支架的后部挤推和前部挤推两种类型，由于前后设备布置原因，该类型失稳亦不易发生滑动现象，其发生失稳条件为

$$\frac{(G_{架} + F_{压} + F'_{切}) w_{架}}{2F_{切} h_{架}} < 1 \tag{4-79}$$

式中，w 为支架底座长度。

一般来说，支架受到顶板结构作用后所产生的运动不仅包括垂直和水平的挤压作用，同时也存在复杂的扭转作用（如尾梁受到垮落结构作用等），使得支架发生复合型失稳，该类型失稳可用如下条件进行描述：

$$\begin{cases} P_{\max} < R \\ M_{\max} < M \\ f_{\max} < f \end{cases} \tag{4-80}$$

2. 承载结构失稳致灾机理

1）低位倾斜砌体结构的失稳致灾

倾向堆砌结构是工作面开采空间垮落顶板的主要存在形式，该结构向工作面支护系统施加沿倾斜方向的作用力，且由于结构与支架的接触形式不同导致在局部区域内的作用力的瞬间方向和强度不同，使支架发生（支护系统）挤压、倾倒和下滑运动。

反倾向堆砌结构形成后，也会对支架系统产生作用，首先反倾向堆砌结构本身对支架有反倾向推挤作用，同时，受到上覆结构破坏失稳的冲击作用（周期来压等）后，该结构会对支架产生反倾向冲击，使支架超载、压死或产生反倾向倾倒。

工作面倾斜砌体结构的非均衡运动与充填给中、上部区域内的破断顶板留下了较大的运动空间，有可能在工作面中、上部形成"空洞"，使工作面支护系统与顶板处于非接触状态，造成系统元素"顶板"缺失，不能构成"顶板（R）—支架（S）—底板（F）"系统；同时，亦为上方结构大范围运移提供了空间，造成顶板局部破坏（冲击或回转）等动力现象，对支架造成非均衡施载，使支护系统受到威胁。

2）"壳体结构"的失稳致灾

"壳体结构"失稳致灾取决于倾斜砌体结构分布特点和结构形式，采场空间不同部位"壳体结构"失稳具有不同的特征：

倾斜上部壳基与壳肩由于岩体结构形成层位较高、可供运动（移）空间最大、"R-S-F"系统构成元素缺失或成为"伪系统"的概率最大，且岩块与工作面回风巷顶板之间易形成接触不良的"残垣"结构，极易发生强度损失导致的塌落型结构失稳，除来压强度较大外，还带有明显的冲击特征，在倾斜砌体结构非均匀分布的区域极易造成支架失稳、损坏、"R-S-F"系统元素功能失效等动力灾变。在工作面倾斜方向的上部区域，顶板和部分底板岩层变形破坏产生的倾斜砌体结构向工作面中、下部滑、滚后形成的异形空间（上隅角包含在该空间内）为气体积聚提供了条件，对于大倾角高瓦斯煤层，此空间会积聚远大于普通倾角煤层的工作面瓦斯或其他气体，此外，随着工作面的推进和上覆岩层的周期性垮落，可能会沿工作面回风巷采空区处形成数十个或数百个相似的异形空间，并可能与相邻区段的采空区连通，成为巨大的瓦斯积聚空间或瓦斯补给源，除给工作面通风系统带来巨大压力外，也在一个相当大的区域内给瓦斯动力灾害（有时会伴随着工作面推进或巷道煤层自燃）的演化与生产创造了条件，给矿井的安全生产留下了巨大隐患。同时，倾斜上部"壳体结构"的大范围失稳将对工作面瓦斯聚集空间形成高压气流，对工作面形成冲击作用。

工作面倾斜中部区域处于"壳体结构"倾斜下方壳肩和壳顶交汇区域,"壳体结构"形成层位高于下部区域,低于上部区域,构成岩体结构的岩块数量多、跃层区间多,容易发生不同类型结构失稳(倾斜下部壳肩失稳、壳顶失稳等),除周期来压明显外,其他强度不等的来压活动比较活跃,该区域结构失稳则可能导致工作面出现支架挤、咬、滑、倒等灾变。

工作面倾斜下部区域,为壳基和砌体结构充填区域,该范围处于较为稳定的区域,结构变形破坏可能性小,但一旦出现沿倾斜下部壳基区域破坏(工作面运输巷破坏或下端头支护失效),则会引发倾斜上方大范围岩体结构破坏,以及该范围内的直接顶和基本顶下位岩层内未充分裂断的大尺度岩块剪切滑落,导致工作面部分区域或整个工作面出现推垮性灾变。

如前所述,壳顶区域的破坏有两种形式,由于重力沿岩层倾斜方向分力从倾向上增加了岩层强度,同时也降低了垂直岩层倾向向下的分力,加之倾斜方向壳顶结构长度较小,所以,在倾斜方向,壳顶破坏的可能性则较小。

沿走向剖面,工作面前方壳基处于压力升高区域,即工作面支承压力区,该区域在沿工作面方向上具有不一致性:由于倾斜剖面上垮落高度和岩层结构不同,壳基距煤壁的距离也不尽相同,且随着壳体的周期性破坏,高应力的位置和大小亦发生周期性的变化,同时,壳基处的高应力是工作面煤壁片帮和回采巷道变形破坏的主要原因,特别是在工作面倾向中上部区域和回风巷超前支护段。当工作面倾向上方锥壳壳肩范围受倾斜砌体结构约束作用较小时,壳基的破坏将导致上方结构发生台阶式下沉,工作面将受到冲击性破坏。

走向破坏是引起壳顶破坏的主导因素,随着工作面推进,壳顶长度不断增加,当达到悬露岩层最大承受能力时,壳顶发生破坏,但破坏对工作面范围内影响较小,此为第一种破坏形式;第二中形式为壳基、壳肩破坏引起壳顶破坏,即壳顶破坏处于椭球壳壳基处,而并非为走向壳顶中间区域,形成关于椭球壳中心的非对称破坏,该类型破坏易形成于充分采动后。壳顶前方壳基处于未垮落岩层中,后方壳基处于采空区垮落岩层中,对于任意一种破坏形式来说,该范围的悬露空间都易成为有害气体(瓦斯等)的聚集空间,且随着工作面推进,该空间逐渐增加,成为安全隐患。

在工作面推进过程中,壳肩与壳基不同步破坏将形成叠加锥壳结构,上方未破坏锥壳结构随着开采悬露长度增大而逐渐增加,锥壳结构发生瞬间破坏所产生的冲击作用将对下方锥壳(基本顶范围内)稳定性造成影响,进而造成采面顶板灾害。

总之,大倾角煤层长壁开采中"壳体结构"失稳会导致采场围岩灾变。倾斜砌体结构与壳体相互作用、随时空变化的失稳更易导致采场围岩灾变,进而诱发水、火、气等灾害。

参 考 文 献

[1]　伍永平, 解盘石, 王红伟, 等. 大倾角煤层开采覆岩空间倾斜砌体结构[J]. 煤炭学报, 2010, 35(8): 1252-1256.

[2]　解盘石, 伍永平, 王红伟, 等. 大倾角煤层长壁开采覆岩空间活动规律研究[J]. 煤炭科学技术, 2012, 40(9): 1-5.

[3]　中国煤炭工业协会. 2008 年度工作报告[R]. 北京, 2008.

[4]　解盘石, 伍永平, 王红伟, 等. 大倾角煤层长壁采场倾斜砌体结构与支架稳定性分析[J].煤炭学报, 2012, 37(8): 1275-1280.

[5]　王永岩. 理论力学[M]. 北京: 科学出版社, 2007.

[6]　黄昭度. 分析力学[M]. 北京: 清华大学出版社, 1985.

[7]　贾书惠. 刚体动力学[M]. 北京: 高等教育出版社, 1987.

[8]　Singh T N, Gehi L D. State behaviour during mining of steeply dipping thick seams—A case study[C]. Proceedings of the International Symposium on Thick Seam Mining, 1993: 311-315.

[9]　伍永平, 贠东风. 大倾角综采支架稳定性控制[J]. 矿山压力与顶板管理, 1999, (3-4): 82-85.

[10]　薛大为. 板壳理论[M]. 北京: 北京工业学院出版社, 1988.

[11]　刘鸿文. 板壳理论[M]. 杭州: 浙江大学出版社, 1987.

[12]　Wu Y, Xie P, Ren S, et al. Three-dimensional strata movement around coal face of steeply dipping seam Group[J]. Journal of Coal Science & Engineering, 2008, 14(3): 352-355.

[13]　钱明高. 采场矿山压力与控制[M]. 北京: 煤炭工业出版社, 1983.

第5章 大倾角煤层采场应力拱壳及"关键域"岩体结构理论

5.1 大倾角煤层采场覆岩应力迁移特征

5.1.1 工程地质和开采条件

神华宁夏煤业集团有限责任公司枣泉煤矿 120210 工作面对应地面位置处于枣泉煤矿工业广场东北方向，工作面高程为+1114~+972m，隶属于 12 采区，主采 2 号煤层，工作面走向长 2093~2135m（平均 2114m），倾斜长 178~188m（平均 183.7m），地表大部分为第四系流动沙丘覆盖。2 号煤层厚度 6.8~9.8m，平均 8.15m，煤层结构单一，煤层倾角 30°~39°，平均 34.5°，煤层硬度 f=1.6~2.0，平均抗压强度为 17.91MPa。直接顶为泥岩、炭质泥岩、砂质泥岩和砂岩，平均厚度 6.35m，平均抗压强度为 24.2MPa；基本顶为中粒砂岩、细粒砂岩，平均厚度 35.4m，平均抗压强度在 55.0MPa；底板为炭质泥岩、粉砂岩，平均厚度 22.0m，平均抗压强度 42.55MPa。煤、岩层物理力学性质如表 5-1 所示。120210 工作面受两个含水层影响，预计工作面正常涌水量在 80m³/h 左右，最大涌水量 120 m³/h 左右。瓦斯绝对涌出量为 2.604m³/min。煤尘具有爆炸性，爆炸指数为 34.66%，属于一类，容易自燃煤层，最短自然发火期鉴定为 35 天，无地温热害现象，无冲积地压。采用走向长壁综采放顶煤方法进行开采，全部垮落法处理采空区。工作面基本支护为 ZF8600/18/35 四柱支撑掩护式正四连杆大插板低位放顶煤液压支架，工作面割煤高度为 3.0m，放煤高度为 5.15m，采放比为 1：1.72，日推进 3.2m。

表 5-1 岩层物理力学性质

岩性	层厚/m	埋深/m	抗拉强度/MPa	抗压强度/MPa	容重/(kN/m³)	弹性模量/MPa	泊松比	黏结力/MPa	内摩擦角/(°)
粗粒砂岩	82.5	291.4	8.4	55.1	24.85	8300	0.24	13.2	44
1 号煤层	3.8	295.2	0.41	7.84	13.92	1000	0.43	1.3	17.6
粉砂岩	2.3	297.5	4.3	41.1	25.31	8400	0.23	2.3	41
细砂岩	8.5	306.0	5.4	51.0	26.50	8600	0.23	3.0	44.9
粉砂岩	4.6	310.6	4.1	42.7	25.31	7400	0.24	2.8	41
中粒砂岩	5.6	316.2	8.1	90.1	26.60	9890	0.23	2.6	36
炭质泥岩	3.7	319.9	0.8	15.5	24.00	1400	0.32	1.25	31
2 号煤层	8.15	328.0	0.25	17.91	13.25	1000	0.30	1.2	14.8

5.1.2 数值计算模型建立

以枣泉煤矿 120210 大倾角工作面开采为工程背景，建立力学模型(图 5-1)，考虑计算时模型边界效应的影响，将采场空间建立在模型边界效应影响范围以外，以达到更接近实际的计算结果。在模型底部施加垂直位移约束，在模型前、后、左、右面施加水平位移约束。模型上表面距地表 400m，故在上部施加覆岩等效载荷 10MPa。

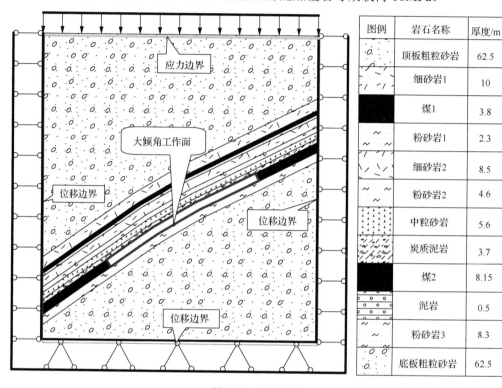

图 5-1　力学模型

图例	岩石名称	厚度/m
	顶板粗粒砂岩	62.5
	细砂岩1	10
	煤1	3.8
	粉砂岩1	2.3
	细砂岩2	8.5
	粉砂岩2	4.6
	中粒砂岩	5.6
	炭质泥岩	3.7
	煤2	8.15
	泥岩	0.5
	粉砂岩3	8.3
	底板粗粒砂岩	62.5

根据力学模型，采用有限差分计算软件 FLAC^{3D} 建立三维数值计算模型(图 5-2)，采用 Generate 命令生成模型基本单元，模型宽 280m(X 方向)、厚 252m(Y 方向)、高 300m(Z 方向)，工作面长度 180m，沿 Y 轴正方向推进，采用 Mohr-Coulomb 本构模型、大应变变形模式，采用 brick、uwedge 单元模拟煤岩层和工作面，模型生成的单元数 446982、节点数 466240。进行开挖模拟前，进行模型初始平衡计算，使得岩层处于原岩应力状态，结果显示工作面所处位置垂直方向原岩应力大约为 13~16MPa，如图 5-3 所示。受煤岩体自身重力作用，沿煤层走向垂直应力从上向下依次增大，应力等值线几乎水平且恒定不变，由于材料的非均匀性，不同岩层中存在一定应力梯度。沿煤层倾向应力等值线出现锯齿状，并楔入上位岩层中，使得同一水平的应力值发生变化。

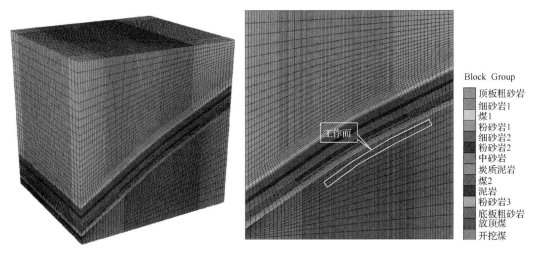

图 5-2　数值计算模型图

（左：立体图，右：正视图）

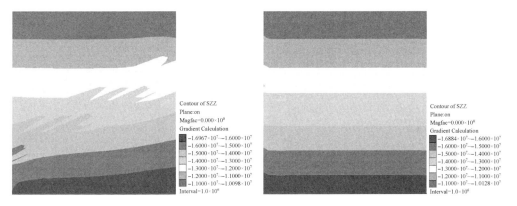

图 5-3　原岩应力云图

（左：倾向，右：走向）

5.1.3　不同采高条件下采场应力形成及演化特征

1. 沿走向采场围岩垂直应力分布特征

图 5-4 为工作面推进 4.8m、28.8m、52.8m、144m 时，工作面倾斜中部区域位置（$x=160m$）放煤前后采场围岩垂直应力沿走向分布特征。可以看出，工作面推进 4.8m 后，采场围岩垂直应力重新分布，沿工作面走向采场顶板应力向煤壁传递，在顶板中形成对称拱形应力分布，在采场前后方煤壁中形成应力集中区，放顶煤后顶底板应力释放区、煤壁应力集中区范围明显大于放顶煤前，但应力释放区和应力集中区垂直应力值大小未发生变化，应力集中区最大集中应力 18MPa，应力释放区最小垂直应力 9MPa。

推进距离	沿工作面走向	
	开采高度(割煤3.0m)	开采高度(割煤3.0m，放煤5.15m)
4.8m		
28.8m		
52.8m		

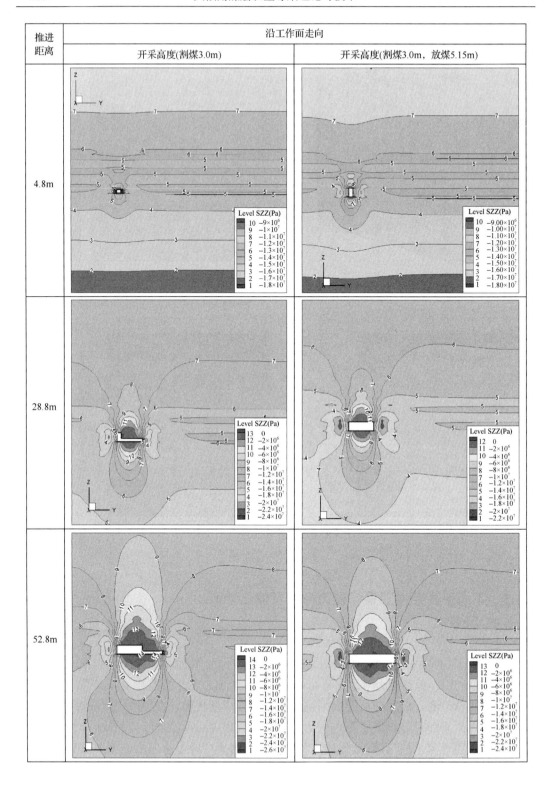

推进距离	沿工作面走向	
	开采高度(割煤3.0m)	开采高度(割煤3.0m，放煤5.15m)
144m	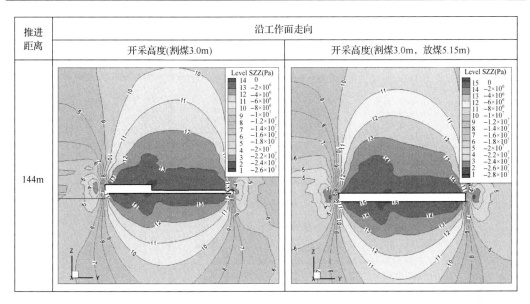	

图 5-4　不同推进距离放煤前后围岩垂直应力沿工作面走向分布特征

工作面推进 28.8m 后，采场顶底板应力释放区和前后方煤壁中应力集中区范围明显增大，应力值大小发生明显变化。放顶煤前，在顶煤和直接顶中出现零应力区，工作面煤壁应力集中区最大垂直应力增大为 24MPa，工作面前方应力集中区较后方应力集中区距煤壁的距离近；放顶煤后，应力释放区、应力集中区范围增加，工作面前方应力集中区较放煤前明显向深部煤体转移，且最大集中应力减小为 22MPa，说明放顶煤后，顶板应力释放，顶板应力向采场前后方煤体深部传递，顶板应力拱跨度增大。

工作面推进 52.8m 后，采场顶底板应力释放区和前后方煤岩体应力集中区范围进一步增大，应力值大小发生明显变化。放顶煤前，应力集中区最大垂直应力增大为 26MPa，工作面前方应力集中区较后方应力集中区距煤壁的距离近，放顶煤后，顶板应力释放区范围增大，前后方应力集中区域范围也明显增大，工作面前方应力集中区较放煤前明显向深部煤体转移，且最大集中应力减小为 24MPa。

工作面推进 144m 后，应力释放区、应力集中区范围进一步增大，主要表现为应力释放区应力等值线高度趋于稳定，并向前推移，应力值变化较小。放顶煤前，零应力区高度趋于稳定，最大垂直集中应力增大为 26MPa，工作面前方应力集中区较后方应力集中区距煤壁的距离近，放顶煤后，应力释放区、应力集中区域范围增加，工作面前方应力集中区较放煤前明显向深部煤体转移，且最大集中应力增大为 28MPa。

图 5-5 为工作面推进 144m 时，沿工作面上($x=200m$)、中($x=160m$)、下($x=100m$)三个区域采场围岩垂直应力沿走向分布特征。可以看出，工作面推进 144m 后，工作面沿走向应力释放区高度趋于稳定，沿工作面倾向不同区域围岩垂直应力沿走向分布特征不同。在工作面下部区域，顶板应力释放区范围小于底板应力释放区范围，底板零应力区大于顶板零应力区；在工作面中上部区域顶板应力释放区范围大于底板应力释放区范围。说明在工作面中上部区域，顶板岩层易发生破坏，下部区域底板易发生滑移破坏，中部区域前后方煤岩体应力集中区范围最大，最大集中应力 28MPa，工作面下部区域应

力集中区范围较大，工作面上部区域应力集中区范围最小，最大集中应力 26MPa。

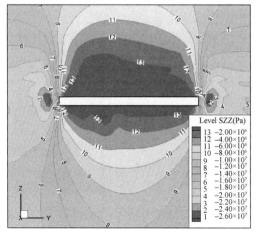

(a) 工作面上部区域

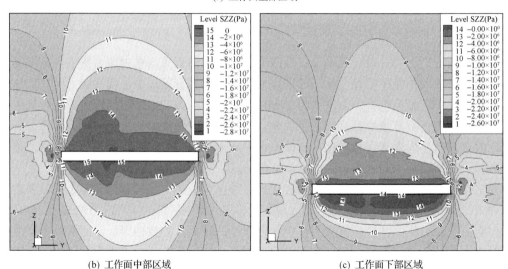

(b) 工作面中部区域　　　　　　　　　(c) 工作面下部区域

图 5-5　工作面推进 144m 时不同区域垂直应力走向分布特征

2. 沿倾向采场围岩垂直应力分布特征

工作面推进 4.8m、28.8m、52.8m、144m 时，沿工作面走向在采场中部(y=56.4m、68.4m、80.4m、126m)煤层倾向作剖面，得出放顶煤前后(不同开采高度)采场围岩垂直应力沿倾向分布特征，如图 5-6 所示。

工作面推进 4.8m 后，在顶底板岩层中形成应力释放区，应力释放区最小垂直应力 9MPa，在回风巷道上帮煤壁和运输巷道下帮煤壁中形成应力集中区，最大集中应力 18MPa，围岩应力分布等值线沿倾向呈对称特征。

推进距离	沿工作面倾向	
	开采高度(割煤3.0m)	开采高度(割煤3.0m，放煤5.15m)
4.8m	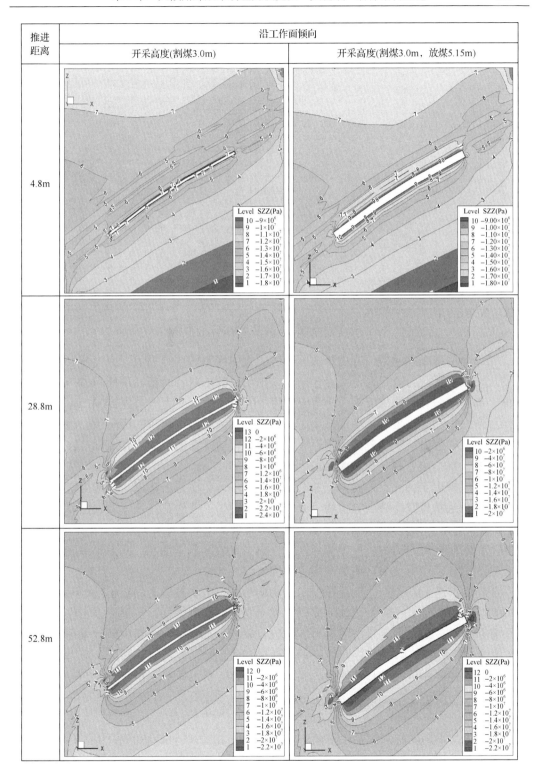	
28.8m		
52.8m		

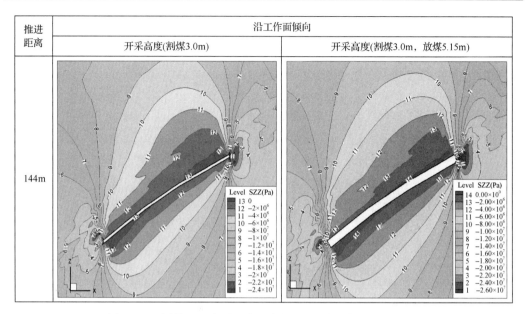

图 5-6　不同推进距离时围岩垂直应力沿工作面倾向分布特征

　　工作面推进 28.8m 后，应力释放区、应力集中区范围明显增大，应力值大小发生明显变化，且垂直应力分布等值线沿倾向表现出明显的非对称特征，顶板应力释放区向工作面上部区域偏移。放顶煤前，煤壁应力集中区最大垂直应力增大到 24MPa，且采场上部煤壁应力集中区较采场下部煤壁应力集中区范围大，距离煤壁的距离远；放顶煤后，应力释放区、应力集中区范围增大，应力集中区较放煤前明显向煤体深部转移，且应力集中区最大集中应力减小为 20MPa。

　　工作面推进 52.8m 后，应力释放区、应力集中区范围进一步增大，应力值大小发生明显变化，且垂直应力分布等值线沿倾向表现出明显的非对称特征。放顶煤前，应力集中区最大垂直集中应力为 22MPa，且采场上部应力集中区较采场下部应力集中区范围大，峰值点距离煤壁的距离远；放顶煤后，顶板应力释放区范围增加，应力集中区范围较放煤前明显增加，应力集中区明显向煤体深部转移。

　　工作面推进 144m 后，应力释放区、应力集中区范围明显增大，应力值大小变化较小，且垂直应力非对称分布特征更为明显，顶板应力拱的高度增加，拱顶位于工作面上部区域。放顶煤前，最大垂直集中应力为 24MPa，采场上部煤壁应力集中区较采场下部煤壁应力集中区范围大，峰值点距离煤壁的距离远，放顶煤后，应力释放区、应力集中区范围增加，应力集中区较放煤前明显向煤体深部转移，最大垂直集中应力为 26MPa。

5.1.4　不同倾角条件下采场应力形成及演化特征

　　图 5-7 为不同煤层倾角条件下（25°、30°、35°、40°、45°）工作面开采后（采高 3.5m），围岩垂直应力沿走向、倾向分布特征。

倾角	走向	倾向

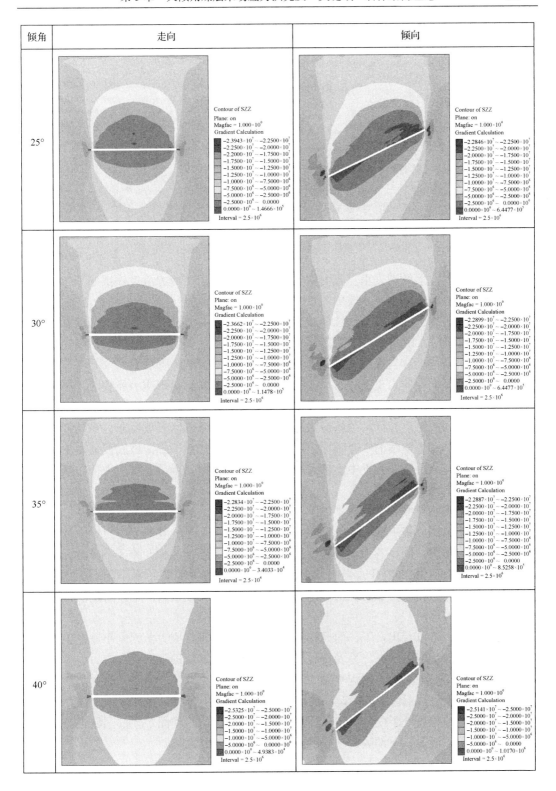

倾角	走向	倾向
25°	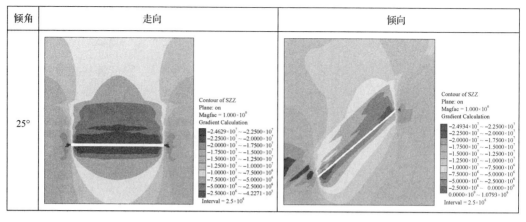	

图 5-7   不同煤层倾角条件下工作面垂直应力分布特征

沿煤层走向，采场围岩垂直应力重新分布，顶底板岩层应力呈对称拱形分布，在前后方煤壁中形成应力集中区。煤层倾角分别为 25°、30°、35°、40°、45°时，应力集中区集中应力峰值分别为 23.9MPa、23.6MPa、22.8MPa、25.3MPa、24.6MPa，可以看出当煤层倾角小于 35°时，随着倾角增大，集中应力峰值减小，但变化幅度较小，顶底板应力释放区范围不断增大。当煤层倾角大于 35°时，集中应力峰值显著增大。

沿工作面倾向，应力重新分布，在顶底板中形成非对称拱形应力释放区，在工作面回采巷道侧煤壁中形成应力集中区，最大集中应力 22~25MPa。受煤层倾角影响，工作面中上部区域顶板垮落充分，顶板应力释放区范围大于下部区域顶板应力释放区范围，顶板应力分布拱形等值线的中心轴向上部区域偏移；工作面下部区域底板易发生滑移破坏，底板应力释放区范围大于中上部区域底板应力释放区范围，底板应力分布拱形等值线的中心轴向下部区域偏移。

工作面运输巷道侧煤壁应力集中区的范围、集中应力峰值分别大于回风巷道侧煤壁应力集中区的范围、集中应力峰值，随着煤层倾角增大，运输巷道侧应力集中区范围和集中应力峰值增大，回风巷道侧应力集中区范围有所减小，当倾角小于 35°时，应力集中区集中应力峰值为 22.8MPa，当倾角大于 35°时，应力集中区集中应力峰值为 25.1MPa。同时，顶底板应力释放区非对称特性越来越明显，表现为顶板岩层中应力拱拱顶不断向工作面上部区域移动。

从图 5-8 中可以看出，工作面开挖后，工作面顶煤垂直应力急剧减小，在工作面上部区域顶煤处于正应力状态，易受拉破坏；工作面中部区域顶煤的垂直应力为零或比零略低；工作面下部区域的顶煤则处于负应力即压应力状态，不同倾角的应力值在 −5~−11MPa。说明沿工作面倾向，不同区域顶煤受力状态不同，上部区域顶煤处于受拉状态，下部区域顶煤处于受压状态。随着煤层倾角增大，工作面中上部区域顶煤受垂直应力大小变小不明显、下部区域顶煤所受压应力大小不断减小。

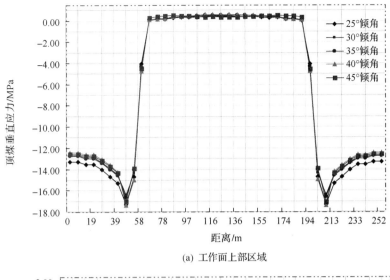

(a) 工作面上部区域

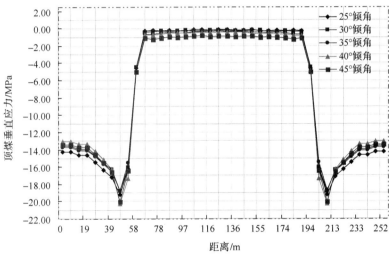

(b) 工作面中部区域

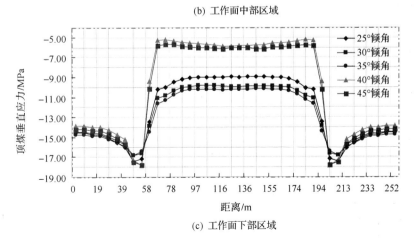

(c) 工作面下部区域

图 5-8　不同煤层倾角工作面不同区域顶煤垂直应力走向分布特征

从图 5-9 可以看出，工作面开挖后，顶板垂直应力值急剧减小，工作面回采巷道侧围岩垂直应力急剧增加，形成支承压力区，随着煤层倾角增加，回风巷道侧支承压力峰值点向煤壁靠近，运输巷道侧支承压力峰值点距煤壁的距离增加，但支承压力值减小。

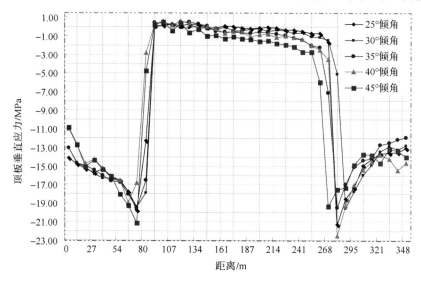

图 5-9　不同煤层倾角顶板垂直应力倾向分布特征

5.1.5　采场围岩应力场形成特征

受煤层开采扰动影响，煤岩体在原岩应力作用下的相对平衡状态破坏，开采空间围岩应力重新分布，在采动应力与原岩应力叠加作用下，围岩发生变形，当采动应力继续增加，超过煤岩体的承受能力，煤岩体内的原始裂隙发生扩张并相互贯通，形成采动裂隙，宏观表现为煤岩体的破断。在这一过程中，采动应力场是控制采场围岩裂隙场演化和覆岩垮落的本质，煤岩体的变形与裂隙的产生是采动作用的结果。大倾角煤层成煤过程中受地层运动影响严重，地应力复杂，同时，大倾角煤层开采受煤层倾角、采高等因素的影响，采动应力场分布具有以下特征(图 5-10)：

(1)在工作面推进过程中，采场空间四周煤壁中一定范围形成应力集中，不同位置应力集中区范围、集中应力峰值大小不同。运输巷道侧煤壁应力集中区的范围要大于回风巷道侧煤壁应力集中区的范围，运输巷道侧煤壁集中应力峰值小于回风巷道侧煤壁集中应力峰值，且随着工作面的推进，应力集中区范围不断变化，当工作面推进距离达到某一特定值后，应力集中区范围趋于稳定。

(2)在工作面推进过程中，工作面及采空区上部一定层位的岩体基本保持高应力状态，且随着工作面的不断推进向上向前发展，在位于工作面后一定距离，处于高应力状态的岩层高度基本保持不变，而在高应力状态岩层下的岩层始终处于低应力状态。

(3)在采场四周煤岩体和采场上方一定层位的岩层中存在高应力，证明在采场围岩中有动态应力拱的存在，该应力拱主要承担并传递上覆岩体的荷载和压力。沿工作面走向，动态应力拱呈对称特性；沿工作面倾斜方向，动态应力拱呈非对称特性，顶板应力拱外形轮廓沿煤层倾斜方向向上部偏移，使得应力拱最高点处于工作面中上部区域，工作面上部区域顶板应力释放区范围较大，下部区域顶板应力释放区范围较小；工作面下部区域底板应力释放区范围较大，上部区域底板应力释放区范围较小。

(4)不同采高条件下，随着采高增大，围岩应力释放区、应力集中区范围明显向煤体深部转移，工作面前后方煤壁应力集中区最大集中应力值减小，回风巷道侧煤壁应力集中区范围减小、集中应力峰值增大，运输巷道侧煤壁应力集中区范围增大、集中应力峰值增大。

(5)不同煤层倾角条件下，随着倾角增大，运输巷道侧煤壁应力集中区范围和集中应力峰值增大，且向煤壁靠近；回风巷道侧煤壁应力集中区范围有所减小，且距煤壁的距离增加。当倾角大于 35°时，应力集中区最大集中应力值明显增加(发生突变)，顶底板应力释放区非对称特性越来越明显，表现为顶板岩层中应力拱的拱顶不断向工作面上部区域移动。

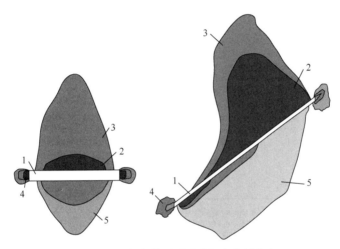

图 5-10　大倾角煤层开采采场应力场分布

(左：走向，右：倾向)

1—回采工作面；2—低(零)应力区域；3—应力释放明显区域；4—应力集中区域；5—轻微扰动区域

5.2　采场围岩支承压力分布特征

通过枣泉煤矿 120210 大倾角综放工作面平面(走向、倾向)相似模拟实验，在开采煤层底板布置 CL-YB-114 型压力传感器，监测工作面沿煤层走向推进过程中压力传感器数据变化，分析采场前方煤岩体支承压力分布特征，监测沿工作面倾向下行割煤过程中压力传感器数据变化，分析回采巷道侧向煤岩体支承压力分布特征，通过三维可加载相似模拟实验，在工作面底板布置应力传感器测线，结合工作面推进过程覆岩运移破坏，揭示采场四周不同区域煤壁支承压力分布及演化特征。

5.2.1　采场前后方煤岩体支承压力

1. 走向相似材料模型

大倾角煤层开采覆岩沿走向运移垮落相似模拟实验采用 3m 平面应力实验架，实验架尺寸：长×宽×高=3.0m×0.2m×1.2m。模型设计满足以下相似条件：几何相似常数 100，容重相似常数 1.6，应力相似常数 160，载荷相似常数 $1.6×10^6$，时间相似常数 10。

根据枣泉煤矿的地质资料以及实验室岩石力学实验测得的主要岩层物理力学参数，依据模型与原型各种参数之间的相似关系，不同岩性的岩层选取不同的相似材料配比，相似材料配比如表 5-2 所示。实验模型如图 5-11 所示。

表 5-2　相似材料配比

序号	岩性	岩层厚度/m	模型厚度/cm	累计厚度/cm	配比(河沙、石膏、大白粉)
1	粗粒砂岩	82.5	82	120	837
2	1 号煤层	3.8	4	38	21:1:2:21
3	粉砂岩	2.3	2	34	737
4	细砂岩	8.5	9	32	846
5	粉砂岩	4.6	5	23	737
6	中粒砂岩	5.6	6	18	746
7	炭质泥岩	3.7	4	12	828
8	2 号煤层	8.15	8	8	21:1:2:21

图 5-11　走向实验模型

2. 实验结果

随着工作面推进，采场围岩应力重新分布，沿煤层走向，在采场前后方煤壁形成支承压力分布区。在回采过程中，采空区后方煤岩体支承压力峰值较大，工作面前方煤岩体支承压力峰值较小，且后方支承压力峰值点距煤壁距离大于工作面前方煤壁支承压力峰值距煤壁距离，随着工作面向前推进，支承压力峰值持续增大（图 5-12）。

工作面来压时，前方煤壁支承压力峰值分别为：18.26MPa、20.13MPa、20.48MPa、21.87MPa、22.72MPa、24.39MPa、23.71MPa、31.26MPa，距煤壁的距离分别为 3.1m、4.9m、5.3m、7.5m、1.9m、2.7m、3.5m、6.1m，平均 4.38m，应力集中系数平均 2.29，采空区后方煤岩体支承压力峰值分别为：21.2MPa、25.54MPa、27.43MPa、27.16MPa、30.19MPa、32.19MPa、33.61MPa、34.61MPa，距煤壁距离变化较小，保持在 10m 左右，应力集中系数平均 2.90（表 5-3）。

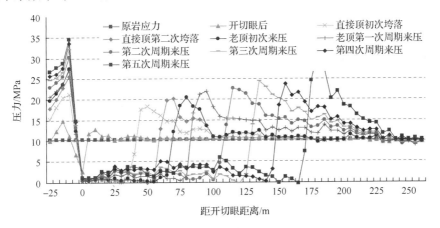

图 5-12　支承压力分布

表 5-3　支承压力分布特征参数

矿山压力显现现象	推进距离/m	工作面前方			工作面后方		
		峰值距煤壁距离/m	峰值/MPa	应力集中系数	峰值距煤壁距离/m	峰值/MPa	应力集中系数
直接顶初次垮落	38.4	3.1	18.26	1.83	10	21.2	2.12
直接顶第二次垮落	57.6	4.9	20.13	2.01	10	25.54	2.55
基本顶初次来压	67.2	5.3	20.48	2.05	10	27.43	2.74
基本顶第一次周期来压	80.0	7.5	21.87	2.19	10	27.16	2.72
基本顶第二次周期来压	105.6	1.9	22.72	2.27	10	30.19	3.01
基本顶第三次周期来压	124.8	2.7	24.39	2.44	10	32.19	3.22
基本顶第四次周期来压	144.0	3.5	23.71	2.37	10	33.61	3.36
基本顶第五次周期来压	166.4	6.1	31.26	3.13	10	34.61	3.46

5.2.2　回采巷道两侧煤岩体支承压力

1. 倾向实验模型及测试方案

大倾角煤层开采覆岩倾向运移垮落相似模拟实验采用可变角度平面应力实验架，实验架尺寸：长×宽×高=2.15m×0.2m×1.8m。模型设计满足以下相似条件：几何相似常数30，容重相似常数 1.6，应力相似常数 48，载荷相似常数 43200，时间相似常数 $\sqrt{30}$。根据枣泉煤矿地质资料以及主要岩层物理力学参数。采用相似材料按照确定配比制作倾向实验模型(图 5-13)。

图 5-13　倾向实验模型

主要测试手段：根据现场支架结构和功能设计四柱式测力支架(图 5-14、图 5-15)对开采期间工作面液压支架受力进行监测，测力支架与实际支架比例为1:30。在测力支架的四根支柱均安装量程为 75N 的测力传感器，并与 108 路压力计算机数据采集系统连接，以实现准确的实时监测工作面回采期间不同区域支架受力大小。实验前通过对模拟支架工作阻力标定，得出支架应力传感器读数与工作阻力间的定量关系，实验过程中监测的数据通过应力相似比换算得出实际支架工作阻力。采用应力监测系统对工作面前方、采空区后方煤壁支承压力分布及演化特征进行监测，应力监测系统主要由型号 CL-YB-114 的压力传感器和 108 路压力计算机数据采集系统组成，压力传感器长度 0.2m、宽度 0.05m、高度 0.05m，量程为 2kN，压力传感器铺设在 2 号煤层下方 0.05m，共 38 个。实验测试方案如图 5-16 所示。

图 5-14　测力支架模型(1:30)

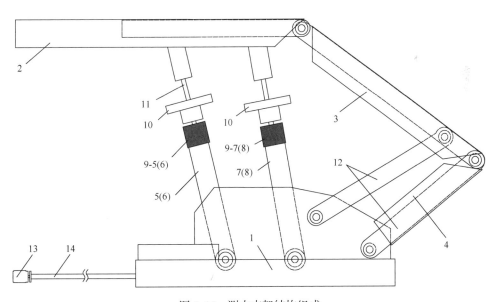

图 5-15　测力支架结构组成

1—底座；2—顶梁；3—掩护梁；4—尾梁；5~8—立柱；9—立柱载荷传感器；10—调整螺母；
11—调整丝杆；12—四连杆机构；13—数据采集系统；14—数据传输线

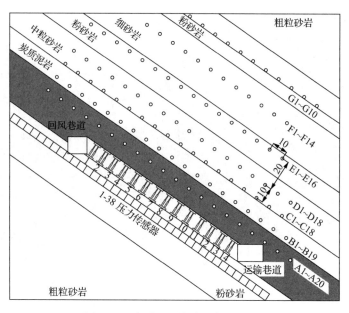

图 5-16　实验监测方案(单位：cm)

2. 实验结果

由图 5-17 可以看出，开挖工作面回风巷道后，回风巷道下方压力急剧减小，压力由原岩应力 7MPa 减小至 1.9MPa。回风巷道上下两侧煤体所承受的压力有所增加，在回风巷道上侧距煤壁 20cm 处达到峰值 13.34MPa，增载系数为 1.07；在回风巷道下侧 15cm 处达到峰值 10.4MPa，增载系数为 1.19。支架安装完成后，工作面底板压力值较原岩应力值明显减小，由底板传感器压力值可以看出，工作面上部区域底板应力值小于中部区域底板应力值，中部区域底板应力值小于下部区域底板应力值，说明工作面下部区域支架与顶底板接触紧密，"顶板—支架—底板"系统有载荷传递，同时在工作面上下煤壁中，压力值进一步增加，形成支承压力区，在工作面上方距煤壁 20cm 处达到峰值 18.43MPa，增载系数 1.48；在工作面下侧距煤壁 15cm 达到峰值 13.24MPa，增载系数 1.51。

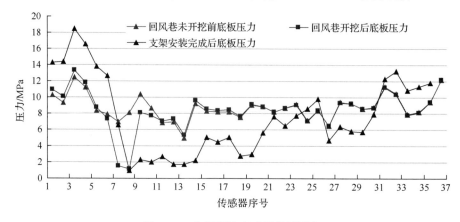

图 5-17　支架安装完成后底板压力

由图 5-18 可以看出，第一次移架完成后底板压力分布特征，在第一次移架过程中，工作面上部煤壁支承压力基本没变化，工作面下部煤壁支承压力值有减小，下部煤壁支承压力峰值减小为 11.86MPa，增载系数 1.35。第二次移架完成后，工作面上下两侧煤壁支承压力值减小，工作面底板压力值增加，说明第二次移架后，工作面"顶板—支架—底板"系统接触良好，顶板应力通过支架部分传递到底板，造成工作面上下煤壁支承压力值减小，工作面上部煤壁支承压力峰值变为 17.47MPa，增载系数 1.40，下部支承压力峰值 11.29MPa，增载系数 1.29。

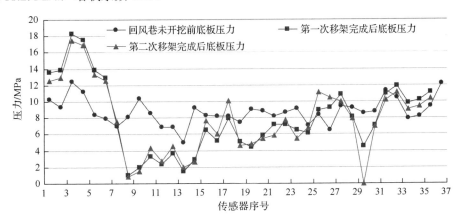

图 5-18　第二次移架完成后底板压力

由图 5-19 可以看出，第三次移架完成后，工作面上下两侧煤壁支承压力值增加，工作面底板压力值减小，工作面上部煤壁支承压力峰值为 18.63MPa，增载系数 1.50，下部煤壁支承压力峰值为 14.26MPa，增载系数 1.63。

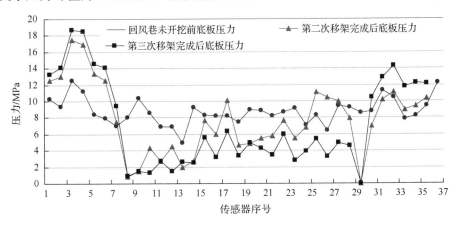

图 5-19　第三次移架完成后底板压力

由图 5-20 可以看出在支架移除前顶板四次垮落时工作面煤壁支承压力分布特征，顶板发生垮落，工作面上下回采巷道侧支承压力值增大，工作面范围内底板压力减小。顶板第一次垮落时，上下回采巷道侧支承压力峰值分别为 19.2MPa，19.92MPa，增载系数分别为 1.54、2.27；顶板第二次垮落后，工作面上下煤壁支承压力峰值分别为 20.8MPa、

14.22MPa，增载系数为 1.67、1.62；顶板第三次垮落后，工作面上下煤壁支承压力峰值为 22MPa、16.06MPa，增载系数为 1.76、1.83；第四次顶板垮落(也是支架移出完毕时)，工作面上下煤壁支承压力峰值为 21.44MPa、19.92MPa，增载系数为 1.72、2.27。

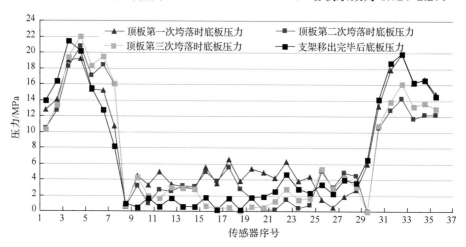

图 5-20　支架移出前顶板垮落时支承压力分布

　　图 5-21 为支架移出后延长工作面的长度后支承压力分布曲线，随着工作面长度的延伸，顶板垮落高度与跨度增加，而工作面上部煤壁支承压力值有所减小，且峰值点距煤壁的距离增大，工作面下部支承压力峰值有所增加，峰值点距煤壁的距离减小。在工作面范围内，由于垮落岩石非均匀充填，工作面上部底板压力<中部底板压力<下部底板压力。

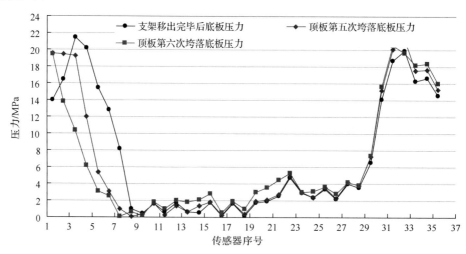

图 5-21　支架移出后顶板垮落时支承压力分布

　　以上分析得出，工作面在移架过程中，上部煤壁支承压力峰值的增载系数分别为1.07、1.48、1.40、1.50，平均为 1.36；下部煤壁支承压力峰值的增载系数分别为 1.19、1.51、1.29、1.63，平均为 1.41；在顶板垮落过程中，上部煤壁支承压力峰值的增载系数分别为 1.54、1.67、1.76、1.72，平均增载系数为 1.67；下部增载系数分别为 2.27、1.62、1.83、2.27，平均增载系数为 2.0。工作面上方煤壁支承压力值小于下方煤壁支承压力值，但上方支承压力峰值距煤壁距离大于下方煤壁支承压力峰值距煤壁的距离。

5.2.3　采场四周煤岩体支承压力

1. 三维可加载相似材料模型

三维可加载模型试验系统主要由试验装置、数字化智能控制均布加载系统、多元监测系统、空间开采系统组成。以枣泉煤矿 120210 大倾角综放工作面为工程背景进行三维相似模拟实验，结合模型尺寸，模型设计满足以下相似条件：几何相似常数 100、容重相似常数 1.6、应力相似常数 160、载荷相似常数 1.6×10^6、时间相似常数 10。

实验模型及测试系统布置方案如图 5-22 所示，采场水平投影面积 1000mm×1000mm，采场内沿煤层走向布置 18 个胶囊，通过注水溶化胶囊中胶结易溶块体并排出模型外，模拟工作面沿煤层走向推进。在工作面底板 5cm 处布置 2 条内置传感器测线，测线 1 位于工作面上部区域，沿走向布置，测线 2 位于工作面下部区域，沿走向布置，测线 3 沿倾向布置，每条测线上布置 20 个应力传感器，间距 5cm。

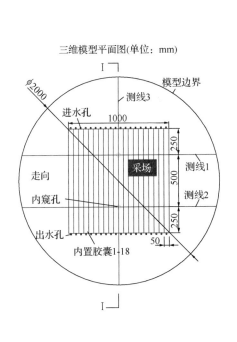
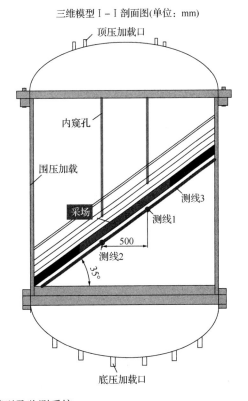

图 5-22　实验模型及监测系统

2. 实验过程

试验过程包括模型制作、开挖、监测(图 5-23),具体过程如下[1]:

试验模型制作:①调整底座角度为 36°(图 5-23(a),将模具固定在底座上(图 5-23(b)),采用相似模拟材料按照相似比例铺装模型底板,并按照试验监测系统布置方案在底板中布置传感器;②铺装煤层,按照试验方案要求在模型中布置 18 条制作好的胶囊(图 5-23(c));③采用相似模拟材料按照相似比例铺装模型顶板,并按照试验方案在顶板中预留出钻孔窥视通道(图 5-23(d));④完成模型铺装后,调平底座,脱掉模型外侧模具(图 5-23(e)),风干 12 个月;⑤无纺布和 NM 超强弹性防水材料对模型表面加固(图 5-23(f));⑥模型加压与测试系统安装。

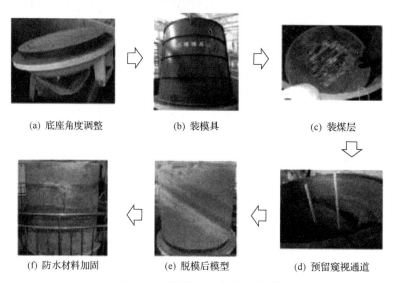

(a) 底座角度调整　　　　　(b) 装模具　　　　　(c) 装煤层

(f) 防水材料加固　　　　　(e) 脱模后模型　　　　　(d) 预留窥视通道

图 5-23　模型制作、开挖与监测

试验开挖:①模型加顶压 0.03MPa 和测压 0.06MPa,加压时,顶压和侧压同时加载,当两者压力升至 0.03MPa,停止加顶压,继续加侧压,直到侧压加至 0.06MPa,停止加压。②模型开挖(图 5-24),通过上端进水口向 1 号胶囊注水,胶囊中胶结易溶块体遇水溶化形成糖盐混合溶液,溶化液体在自重及水压作用下从下端出水口排出,在注水过程中,控制注水速度、进排水量,防止注水过程中胶囊水压过大破裂,当胶囊排出液体由糖盐溶液转变为纯净水时,说明胶囊中胶结易溶块体完全溶化并排出,停止进水管注水,胶囊注水时间在 40~60min,实现工作面下行割煤,依次进行 2~18 号胶囊注水,实现工作面沿走向推进。

试验监测:在试验过程中压力监测系统每 1 分钟采集一次数据,并在试验过程中进行围压加卸载,监测加卸载过程中压力传感器变化。

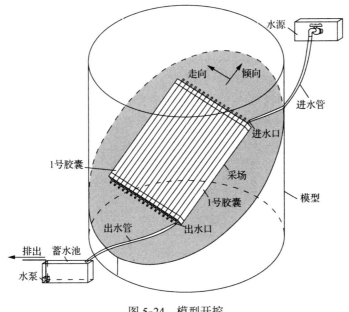

图 5-24　模型开挖

3. 实验结果分析

为得出工作面开采过程中围岩内部应力演化规律，对典型位置传感器应力的变化进行分析(图 5-25)，其中 CH039、CH038、CH037、CH007 位于工作面上部区域，CH021 位于工作面下部区域，CH012 位于工作面中部区域。

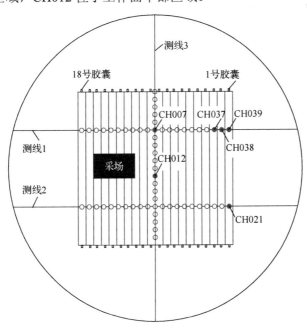

图 5-25　压力传感器的位置

　　图 5-26、图 5-27 为模型实验底板应力变化曲线。首先进行加载直至稳定，30 分钟时向 1 号胶囊注水，胶囊内的盐糖胶结块体开始溶解，40min 时，胶囊出水口出水，胶囊内的盐糖胶结块体被溶解，强度降低，未溶化盐颗粒向工作面下部移动，造成 CH039 传感器应力值急剧减小，最小 0.049MPa，CH021 传感器应力值急剧增加，最大 0.43MPa，上部区域应力值减小幅度小于下部区域应力值增大幅度，随着注水将胶囊上部充填物排出，工作面上部区域顶板开始垮落，CH039 应力值开始增大；工作下部盐糖溶液不断排出，CH021 应力值不断减小，80 分钟时，1 号胶囊模拟开采完成，CH039、CH021 传感器应力值变化幅度区域稳定，工作面上部区域围岩应力大于下部区域围岩应力。

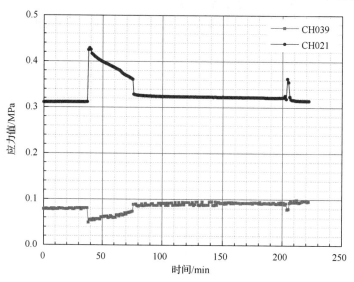

图 5-26　底板应力监测曲线

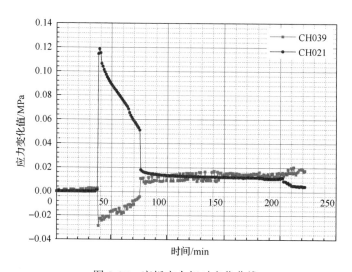

图 5-27　底板应力相对变化曲线

　　图 5-28 显示，1 号胶囊注水过程中 CH037、CH038、CH039 的初始值为 0.071MPa、

0.073MPa、0.068MPa。CH037、CH038 处于工作面前方支承压力影响区内，应力值不断增加，距离位于工作面前方 10cm 处（实际距离 10m），CH037 出现支承压力峰值 0.173MPa，CH039 位于采空区中处于采空区后支承压力的影响区内，其值略大于初始值。

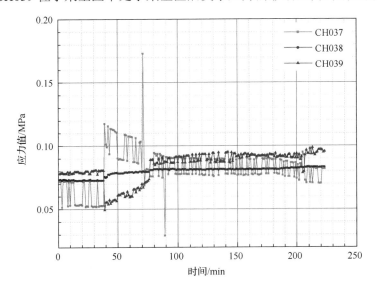

图 5-28　1 号胶囊注水过程中底板应力监测曲线

　　图 5-29 显示，2 号胶囊注水的过程中，CH012 出现应力峰值 0.119MPa（初始值 0.061MPa），应力集中系数为 1.95；4 号胶囊注水的过程中，CH007 出现应力峰值为 0.195MPa（0.119MPa），应力集中系数 1.64。

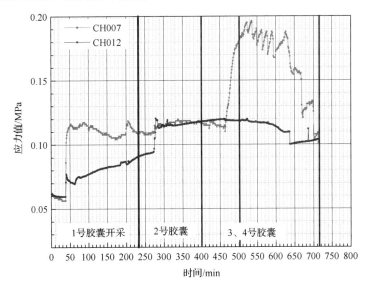

图 5-29　1-4 号胶囊注水过程中底板应力监测曲线

　　以上分析表明，大倾角煤层走向长壁开采过程中在工作面倾斜方向不同区域围岩应力值不同，工作面上部区域围岩应力大于下部区域围岩应力。工作面上部区域的来压强度大于工作面下部区域。在工作面前、后方煤岩体中形成支承压力，支承压力区域随着工作面的推进不断向前迁移。工作面不同区域支承压力分布特征不同，下部区域支承压力峰值的应力集中系数大于上部区域支承压力峰值的应力集中系数，下部区域支承压力峰值距工作面距离小于上部区域峰值距工作面距离。

5.2.4 采场支承压力分布类型及特征

1. 支承压力分布类型

煤层开采后采场覆岩自下而上发生变形、断裂、垮落，导致采场四周煤层(支承体)上的应力重新分布，采场上覆岩层传递至煤层上的垂直压应力即为支承压力。支承压力形成及演化与覆岩破坏、煤岩体的力学性质相对应，上覆岩层运动与支承压力形成及演化存在"反演"和"正演"关系[2-5]。通过系列物理相似模拟实验、数值计算的研究表明，大倾角煤层走向长壁采场周围支承压力分布可分为3种类型(图5-30)。

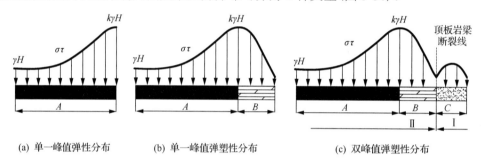

(a) 单一峰值弹性分布   (b) 单一峰值弹塑性分布   (c) 双峰值弹塑性分布

图 5-30 支承压力分布类型

A—弹性区；B—塑性区；C—破坏区；Ⅰ—内应力场；Ⅱ—外应力场

1) 单一峰值弹性分布

支承压力峰值位于煤壁边缘，随着与煤壁距离增加支承压力按负指数曲线规律递减，当与煤壁距离达到一定值后，应力值趋于原岩应力值。整个支承压力分布区域内，煤体处于弹性压缩状态，所受应力值与其弹性压缩变形量成正比。在此种分布类型下，煤壁边缘未破坏，煤体和其上岩层保持较高的接触应力，不易发生层面剪切滑移，采场上覆岩层岩梁间的离层形成范围不会延伸到煤壁前方，岩梁的断裂只能发生在煤壁处。

2) 单一峰值弹塑性分布

该支承压力分布类型由塑性区(A)及弹性区(B)两个部分构成，其支承压力峰值处于弹塑性分布区交界处。弹性区煤体处于弹性变形状态，向煤体深部延伸，应力值逐渐下降至原岩应力值，各部位应力值与该处煤体的压缩变形量成正比。相反应力峰值与煤壁之间的煤层处于塑性破坏状态，应力分布是从煤壁开始逐渐上升的曲线。塑性区煤体与其上覆岩梁之间存在层面接触应力，诱发各岩层间发生层面剪切破坏，导致岩层断裂位置深入煤壁前方。

3) 双峰值弹塑性分布

当煤壁附近的煤岩体受支承压力作用增加达到一定值后，煤体逐渐由弹性变形状态发展到塑性变形状态，其上岩梁在端部断裂时，煤壁支承压力分布发生突变，以岩梁断裂线为界分为"内应力场（Ⅰ）"和"外应力场（Ⅱ）"，内应力场是由已断裂岩梁自重形成的，处于"内应力场"的煤体发生塑性破坏，形成破坏区，但仍具有承载断裂岩梁重量的能力，外应力场是由上覆岩层重量形成。因此，在内外应力场各有一支承压力峰值，且处于内应力场的支承压力峰值较小。支承压力分布由弹性区（A）、塑性区（B）及破坏区（C）三部分组成。

2. 支承压力分布特征

大倾角煤层采场覆岩沿走向运移垮落规律与缓倾斜煤层开采类似，呈对称拱形特征，受煤层倾角影响，沿工作面倾向覆岩垮落后在重力沿煤层水平分力作用下，向下滑移充填，在采空区形成下部区域充填压实区、中部区域完全充填区、上部区域部分充填区。由于采空区非均匀充填，垮落矸石对顶板的约束作用沿工作面倾斜方向不同，在工作面中上部区域，垮落矸石对顶板岩层的约束作用较弱，顶板垮落充分，且顶板岩梁沿工作面走向断裂易发生在煤壁前方，在工作面中下部区域，垮落矸石对顶板的约束作用较强，顶板垮落不充分，顶板岩梁沿工作面走向断裂易发生在煤壁后方，同时导致工作面上部区域顶板岩梁断裂垮落超前于工作面下部区域顶板岩梁断裂垮落，且上部区域岩梁断裂长度大于下部区域岩梁断裂长度，沿工作面倾向覆岩垮落形态呈非对称拱形。大倾角煤层开采覆岩垮落的非对称、非同步性导致采场四周煤岩体支承压力分布具有以下特征[6,7]（图 5-31）：

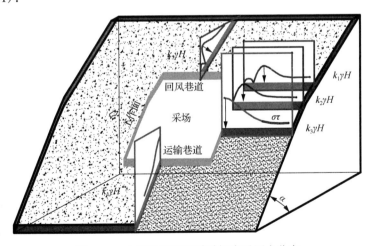

图 5-31 大倾角煤层开采采场支承压力分布

（1）工作面上部区域顶板受充填矸石约束作用弱，垮落比较充分，顶板岩层断裂线处于煤壁前方，该区域煤壁支承压力分布为双峰值弹塑性分布类型；工作面中部区域采空区垮落矸石对顶板岩梁有一定的约束作用，岩梁对煤壁的作用较上部区域小，煤壁塑性破坏区较上部区域煤壁塑性破坏区小，该区域煤壁支承压力分布为单一峰值弹塑性分布类型；工作面下部区域顶板岩梁断裂线处于煤壁后方，该区域煤岩体中支承压力分布为单一峰值弹性分布类型。

（2）采场四周煤壁不同位置的支承压力大小及峰值位置距采空区的距离不同，沿煤层倾向，工作面上部区域支承压力峰值较小，中部区域较大，下部区域最大；工作面上部区域支承压力峰值距工作面距离较远，下部区域较近。沿煤层走向，采场后方煤体支承压力峰值大于前方煤体支承压力峰值，后方支承压力峰值点距煤壁距离大于前方煤体支承压力峰值距煤壁距离，且随着工作面推进，支承压力峰值不断增大。

（3）工作面回风巷道侧煤岩体支承压力峰值小于运输巷道侧煤岩体支承压力峰值，回风巷道侧支承压力峰值距煤壁距离大于运输巷道侧支承压力峰值距煤壁的距离。

（4）工作面四周煤岩体支承压力峰值点连线呈不规则椭圆形态，采场沿倾向上部区域曲率大，下部区域曲率小。

5.3　采场围岩三维应力场形成及演化特征

5.3.1　应力拱壳形成特征

基于大量数值计算和物理相似材料模拟实验的综合研究，揭示了大倾角煤层走向长壁开采采场围岩应力分布呈三维非对称拱壳形态如图 5-32 所示，围岩应力拱壳具有以下主要特征[8~11]：

（1）围岩应力拱壳是地下开采扰动破坏围岩的原岩应力平衡状态，围岩在自我组织能力作用下形成的某一强度准则下强度包络线的空间展布形态，它并不是某一客观实体，而是存在于上覆岩层结构中，控制围岩结构稳定的的应力组合形态，在工作面推进过程中，围岩自我组织能力促使围岩应力拱壳不断演化并趋于相对稳定状态，表现为采场覆岩结构的动态稳定过程。

（2）围岩应力拱壳位于采场覆岩结构和周围稳态煤岩体中，具有几何形态非对称性和应力分布非均匀性。

（3）围岩应力拱壳的壳基作用在采场前后方和回采巷道上下侧煤体支承压力峰值区，壳基应力即为采场周围的支承压力，壳基在工作面所在平面上分布形态呈不规则椭圆形，在工作面倾向上部区域壳基曲线的曲率大，下部区域壳基曲线的曲率小。

（4）围岩应力拱壳存在于尚未断裂的覆岩中，应力拱壳的壳顶位于上覆岩层的弯曲下沉带，其高度一般要大于采动裂隙发育的最大高度。由于受煤层倾角的影响，应力拱壳沿倾斜方向的中轴线向采场的上部区域迁移。

（5）围岩应力拱壳承受其上覆稳定岩层重力载荷作用，应力拱壳的失稳引起"关键层"岩体"大结构"的失稳，拱壳下部为免压卸荷区，从上至下依次形成基本顶弯曲断裂，形成铰接岩块结构、上位直接顶垮落形成的"岩—矸"半拱结构等围岩"小结构"。

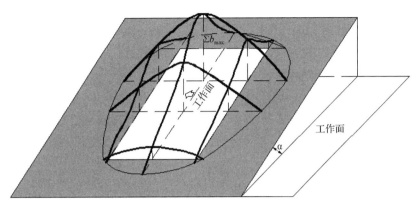

图 5-32　围岩宏观应力拱壳示意图

5.3.2　应力拱壳分析模型

基本假设：

(1)采深大于 400m 的大倾角煤层(35°≤α≤55°)，综采一次采全高，全部垮落法管理顶板，不考虑地质构造、巷道开挖对应力拱壳的影响，沿煤层厚度方向煤岩体力学特性一致。

(2)岩层断裂线和破坏线为直线，冒落带、裂隙带岩体为松散介质。

(3)断裂线和裂隙带高度以外基岩内的围岩为弹塑性体，表土层为松散体，其载荷均匀施加在基岩上。

根据围岩应力拱壳的主要特征和基本假设，建立图 5-33 所示坐标系统和分析模型：

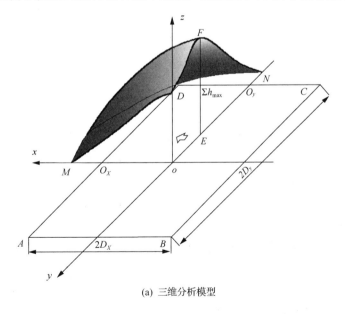

(a) 三维分析模型

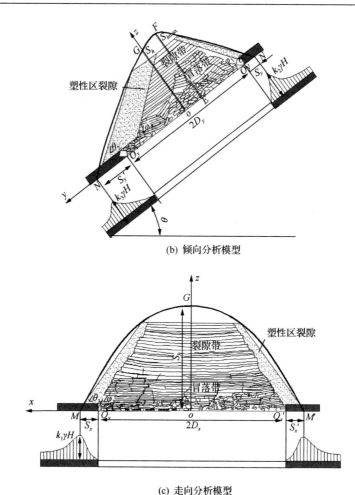

(b) 倾向分析模型

(c) 走向分析模型

图 5-33　围岩宏观应力拱壳分析模型

(1)x 轴正方向为工作面推进方向，y 轴正方向为下山方向，z 轴正方向垂直层面向上，xoy 平面为所采煤层平面，xoz 为走向剖面，yoz 为倾斜剖面。初始坐标为开切眼几何中心，假定当工作面推进 $2\Delta x$ 距离时，坐标系统原点沿 x 轴正方向推进 Δx。$ABCD$ 为采空区，其中工作面长为 $2D_y$(BC 段)，推进长度为 $2D_x$(AB 段)，图中所示为 $x^+y^-z^+$（"＋"表示正方向，"－"表示反方向)象限的采场围岩宏观应力壳形态。

(2)M、M'、N、N' 为支承压力峰值所在位置(壳基位置)，应力拱壳走向和倾向壳基距煤壁距离分别为 S_x、S'_x、S_y、S'_y；应力拱壳最大壳高 $\sum h_{\max}$。

(3)根据三维应力拱壳沿工作面走向和倾向的结构特征，分别沿 xoz、yoz 作剖面建立走向和倾向的分析模型。

(4)上山方向、下山方向和走向方向的覆岩垮落角分别为 φ_1、φ_2、φ_3，上山方向、下山方向和走向方向的围岩破坏角分别为 θ_1、θ_2、θ_3。

5.3.3 应力拱壳形态方程

根据分析模型(图 5-33),宏观三维非对称应力拱壳形态可以表示为

$$f(x, y, z) = 0, (z > 0) \tag{5-1}$$

沿工作面走向,围岩应力拱壳具有对称分布特征(图 5-33(c)),其在 xoz 平面内呈椭圆分布形态,设椭圆方程为

$$\frac{x^2}{a^2} + \frac{z^2}{b^2} = 1, \quad (z > 0) \tag{5-2}$$

应力拱壳走向和倾向壳基距煤壁距离分别为 S_x、$S_x{}'$、S_y、$S_y{}'$,yoz 面内围岩应力拱壳高度 S_h 沿工作面走向、倾向位置的不同而变化,呈现出非线性函数曲线特征,主要受煤层倾角 α、开采高度 M、顶板岩层强度 R^* 等多因素的影响,因此,分别可用以下多因素函数描述:

$$S_x = F_1\left(\alpha, M, R^*, y\right) \tag{5-3}$$

$$S_y = F_2\left(\alpha, M, R^*, x\right) \tag{5-4}$$

$$S_{y'} = F_3\left(\alpha, M, R^*, x\right) \tag{5-5}$$

$$S_h = F_4\left(\alpha, M, R^*, y\right) \tag{5-6}$$

以上 S_x、$S_x{}'$、S_y、$S_y{}'$ 都可以通过对工程实测数据或实验数据进行曲线拟合,得出其拟合方程。因此,大倾角煤层开采宏观三维非对称应力拱壳形态 $f(x, y, z) = 0, (z > 0)$ 可以由以下方程组确定:

(1) 当 $y \in \left[-D_y, D_y\right]$,式(5-2)中 $a = S_x + D_x$,$b = S_h$,宏观三维非对称应力拱壳形态 $f(x, y, z) = 0, (z > 0)$ 可以由以下方程组确定:

$$\begin{cases} \dfrac{x^2}{\left(S_x + D_x\right)^2} + \dfrac{z^2}{S_h{}^2} = 1, \quad (z > 0) \\ S_h = F_4\left(\alpha, M, R^*, y\right) \\ S_x = F_1\left(\alpha, M, R^*, y\right) \end{cases} \tag{5-7}$$

(2) 当 $y \in \left[-D_y - S_y, -D_y \right]$，式 (5-2) 中 $a = S_y^{-1} = F_2^{-1}\left(\alpha, M, R^*, x \right)$，$b = S_h$，宏观三维非对称应力拱壳形态 $f(x, y, z) = 0, (z > 0)$ 可以由以下方程组确定：

$$
\begin{cases}
\dfrac{x^2}{\left(S_y^{-1} \right)^2} + \dfrac{z^2}{S_h^2} = 1, \quad (z > 0) \\[3mm]
S_h = F_4\left(\alpha, M, R^*, y \right) \\[2mm]
S_y^{-1} = F_2^{-1}\left(\alpha, M, R^*, x \right)
\end{cases}
\tag{5-8}
$$

(3) 当 $y \in \left[D_y, D_y + S_{y'} \right]$，式 (5-2) 中 $a = S_{y'}^{-1} = F_3^{-1}\left(\alpha, M, R^*, x \right)$，$b = S_h$，宏观三维非对称应力拱壳形态 $f(x, y, z) = 0, (z > 0)$ 可以由以下方程组确定：

$$
\begin{cases}
\dfrac{x^2}{\left(S_{y'}^{-1} \right)^2} + \dfrac{z^2}{S_h^2} = 1, \quad (z > 0) \\[3mm]
S_h = F_4\left(\alpha, M, R^*, y \right) \\[2mm]
S_{y'}^{-1} = F_3^{-1}\left(\alpha, M, R^*, x \right)
\end{cases}
\tag{5-9}
$$

联立式 (5-7)、式 (5-8)、式 (5-9) 得出宏观三维非对称应力拱壳形态方程：

$$
\begin{cases}
\dfrac{x^2}{\left(S_x + D_x \right)^2} + \dfrac{z^2}{S_h^2} = 1, \quad \left(y \in \left[-D_y, D_y \right],\ z > 0 \right) \\[3mm]
\dfrac{x^2}{\left(S_y^{-1} \right)^2} + \dfrac{z^2}{S_h^2} = 1, \quad \left(y \in \left[-D_y - S_y, -D_y \right],\ z > 0 \right) \\[3mm]
\dfrac{x^2}{\left(S_{y'}^{-1} \right)^2} + \dfrac{z^2}{S_h^2} = 1, \quad \left(y \in \left[D_y, D_y + S_{y'} \right],\ z > 0 \right) \\[3mm]
S_h = F_4\left(\alpha, M, R^*, y \right) \\[2mm]
S_x = F_1\left(\alpha, M, R^*, y \right) \\[2mm]
S_y^{-1} = F_2^{-1}\left(\alpha, M, R^*, x \right) \\[2mm]
S_{y'}^{-1} = F_3^{-1}\left(\alpha, M, R^*, x \right)
\end{cases}
\tag{5-10}
$$

5.3.4　应力拱壳演化特征

从煤矿开采岩层控制本质上看，围岩应力拱壳是大倾角煤层开采过程中围岩抵抗不均匀变形而进行自我调节的一种现象，是围岩应力发生应力集中，传递路线发生偏移，在上覆岩层中形成空间拱壳形态的应力分布区。该区域岩体结构承担自身和其上岩层重力载荷，控制采场覆岩稳定，根据岩体应力迁移特征，提出应力拱壳演化判别系数[12]：

$$k = \frac{\sigma_1 - \sigma_0}{\sigma_0} \tag{5-11}$$

式中，k 为判别系数；σ_0，σ_1 分别为开挖前、开挖后的切向应力。当 $k<0$ 时，表明开挖引起应力降低，开挖后岩体处于卸压区内；当 $k>0$ 时，表明开挖引起应力集中，开挖后岩体处于应力升高区内；当 $k=0$ 时，表明岩体开挖前后应力没有变化，此点位置为应力降低区、应力升高区和原岩应力区的分界点，即为应力拱壳的边界。

采用数值计算软件 FLAC^{3D} 进行模拟研究，建立模型(图 5-34)尺寸为宽 $x\times$厚 $y\times$高 z=286m×500m×300m，工作面倾斜长度 100m，开采高度 3m，工作面沿 y 轴正方向推进，推进长度 300m，模型底部施加固定约束，上部施加覆岩等效载荷，模型前后和左右侧面施加水平移动约束(图 5-35)。计算采用的岩体力学参数如表 5-4 所示。

计算过程分 8 步完成，第一步先求解原岩应力，再利用平衡后的模型进行工作面分步开挖，分别计算出工作面推进距离依次为 20m、40m、60m、80m、100m、140m、180m 时应力分布状态(图 5-36)。

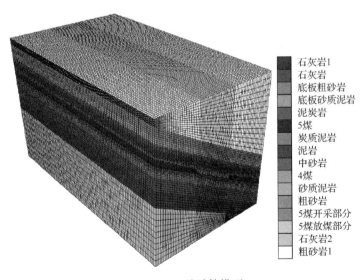

图 5-34　三维计算模型

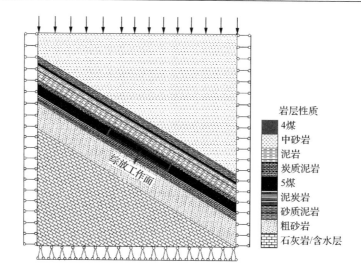

图 5-35　力学模型

表 5-4　煤岩力学参数

序号	岩石名称	容重 /(kg/m³)	弹性模量 /MPa	泊松比	抗拉强度 /MPa	黏结力 /MPa	内摩擦角 /(°)
0	4煤	1350	3600	0.33	1.15	1.66	27.0
1	中砂岩	2630	2280	0.32	1.80	2.11	29.0
2	泥岩	2630	1270	0.35	1.85	1.66	28.5
3	炭质泥岩	2640	2500	0.33	1.65	1.50	27.3
4	5煤	1350	2900	0.36	1.40	3.20	25.0
5	泥炭岩	2350	3539	0.26	1.61	1.75	28.0
6	砂质泥岩	2350	2670	0.32	1.15	1.66	32.0
7	粗砂岩	2690	5780	0.27	2.89	2.90	35.0
8	石灰岩/含水层	3350	4239	0.21	3.41	6.05	37.0

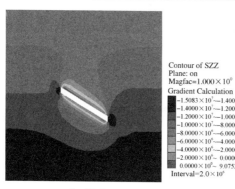

(a) 工作面推进20m

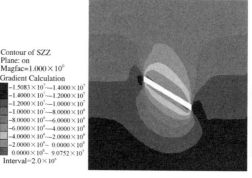

(b) 工作面推进40m

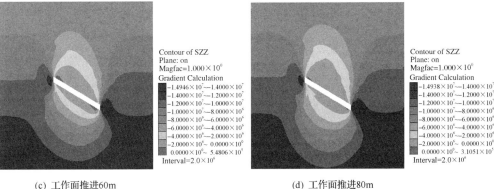

(c) 工作面推进60m　　　　　　　　　　(d) 工作面推进80m

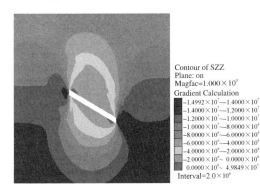
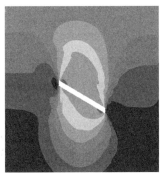
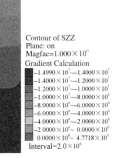

(e) 工作面推进100m　　　　　　　　　　(f) 工作面推进140m

图 5-36　不同推进距离应力分布

根据应力拱壳判别系数，确定沿煤层走向和倾向应力拱壳的边界，再用光滑的曲线连接起来就形成应力拱壳的演化形态（图 5-37）[13,14]。

由图 5-37(a)可以看出，沿煤层走向应力拱壳演化特征：①随着工作面向前推进距离的增大，应力拱逐步向开切眼后方、上位岩层扩展，并向工作面前方推进；②应力拱的拱脚落在工作面前后方煤壁中，且随着工作面的推进，拱脚到临空区的距离不断增加；③应力拱形态随着工作面推进距离的变化而变化，当工作面推进距离较小时，应力拱的横半轴长度小于纵半轴长度，当工作面推进到一定距离后，应力拱的纵半轴高度趋于稳定，横半轴长度大于纵半轴长度，且应力拱顶扁平率逐渐增大。

由图 5-37(b)可以看出，沿煤层倾向应力拱壳演化特征：①随着工作面推进距离的增大，应力拱不断向外部围岩扩展，应力拱的扁平率逐渐减小；②在工作面推进初始阶段，沿煤层倾向，应力拱高度相对较小，非对称分布特征较不明显，应力拱最大高度向回风巷道一侧偏移量较小，随着工作面推进距离的增加，应力拱中心轴向回风巷道一侧的偏移量增大，应力非对称分布特征逐渐趋于明显；③应力拱壳拱脚落在工作面回风巷道、运输巷道煤壁中，且上方拱脚到回风巷道的距离大于下方拱脚到运输巷道的距离，随着工作面推进距离的增加，拱脚距煤壁的距离不断增大，且上方拱脚距离增加幅度大于下方拱脚距离。

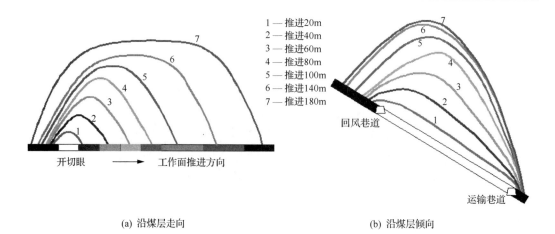

(a) 沿煤层走向　　　　　　　　　　　　　(b) 沿煤层倾向

图 5-37　应力拱壳演化形态

5.4　采场覆岩垮落机制及"关键域"转化特征

5.4.1　大倾角煤层采场覆岩垮落机制

大倾角煤层赋存环境复杂，同时受煤层倾角影响，在上覆岩层和岩层自身重力沿倾斜（切向方向）分量的作用下，大倾角煤层采场覆岩变形破坏机理较缓倾斜煤层开采有显著差异，主要表现在围岩移动变形规律、顶板垮落形态等方面[15~20]。

1. 覆岩走向运移垮落力学过程

1）直接顶垮落

沿煤层走向，工作面开挖后，直接顶可以看作两端固支岩梁，岩梁下部约束缺失，在自重及上覆均布载荷作用力下，发生挠曲，直接顶和基本顶径向位移一致，由于直接顶与基本顶所受约束和作用力不同，切向位移不同，使直接顶与基本顶层面出现水平错动剪切破坏（图 5-38(a)），为基本顶与直接顶之间产生层间离层提供先决条件[21]。水平错动剪切破坏判别准则为

$$\tau = \sigma \tan \varphi + C \tag{5-12}$$

式中，τ 为层面剪应力，MPa；σ 为层面正应力，MPa；φ 为层面内摩擦角，(°)；C 为层面内聚力，MPa。

随着工作面推进，直接顶与基本顶下沉量不一致，导致直接顶与基本顶之间出现离层（图 5-38(b)）。同时，基本顶对直接顶岩梁作用力方式发生变化，载荷以压力平衡拱的方式向直接顶岩梁两端传递，基本顶中出现层间错动裂隙。工作面继续推进，直接顶岩梁跨度增加，岩梁中部下端出现拉伸裂隙、两端出现剪切裂隙，最终裂隙贯通，直接顶发生初次垮落（图 5-38(c)）。

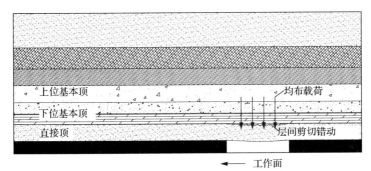

(a) 直接顶层间剪切错动

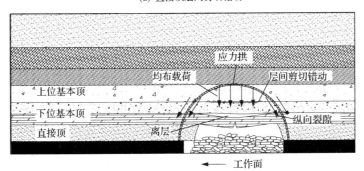

(b) 直接顶离层产生

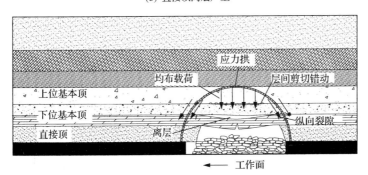

(c) 直接顶初次垮

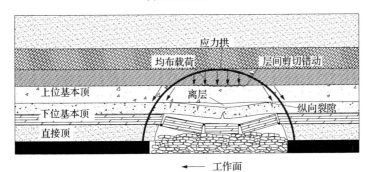

(d) 基本顶初次垮落

图 5-38　覆岩走向运动过程

2) 基本顶初次垮落

直接顶垮落后，基本顶下位岩层中出现离层，并在基本顶上位岩层中形成层间剪切错动破坏，此时，基本顶下位岩层可以看作两端固支悬臂梁，随着工作面推进，下位基本顶岩梁跨度增加，当岩梁两端所受剪切力大于岩梁的抗剪强度时，在岩梁两端出现剪切裂隙，岩梁中部挠曲最大，出现拉伸裂隙，当裂隙扩展贯通后，基本顶发生初次垮落（图 5-38(d)）。

3) 基本顶周期垮落

大倾角煤层开采顶板垮落后矸石沿工作面倾斜方向向下滑移充填，形成下部充填压实区、中部完全充填区、上部部分充填区的非线性分区充填特征，不同区域矸石充填程度不同，充填矸石对顶板约束作用类型和大小不同导致基本顶周期性垮落机制不同。

在工作面下部区域，由于采空区矸石充填压实，对基本顶约束作用强，基本顶岩梁可简化为两端固支梁，通过材料力学理论，得出固支梁内任意点的正应力 σ 为

$$\sigma = \frac{My}{I_z} \tag{5-13}$$

式中，M 为任意点所在断面的弯矩；y 为任意点离断面中性轴的距离；I_z 为对称中性轴的断面矩。

取梁截面为单位宽度，$I_z = \frac{1}{12}h^3$（h 为基本顶岩层的厚度），任意点的正应力 $\sigma = \frac{12My}{h^3}$，该点剪应力 $\tau_{xy} = \frac{3}{2}F_s\left(\frac{h^2 - 4y^2}{h^3}\right)$，$(\tau_{xy})_{max} = \tau_{xy}|_{y=0} = \frac{3F_s}{2h}$。

根据固支梁计算，最大弯矩发生在梁的两端，$M_{max} = -\frac{1}{12}qL^2$，该处最大拉应力 $\sigma_{max} = \frac{qL^2}{2h^2}$，当该处正应力达到岩层的抗拉强度极限 $[\sigma_\tau]$ 时，发生拉裂破坏，因此工作面下部区域基本顶周期性垮落长度为

$$L_{\tau\text{下}} = h\sqrt{\frac{2[\sigma_\tau]}{q}} \tag{5-14}$$

在工作面中部区域，采空区充填矸石对顶板有一定约束作用，可以看作简支梁，由最大弯矩产生的最大拉应力为，$\sigma_{max} = \frac{3qL^2}{4h^2}$，当 $\sigma_{max} = [\sigma_\tau]$ 时，得出中部区域基本顶周期性垮落长度为

$$L_{\tau\text{中}} = 2h\sqrt{\frac{[\sigma_\tau]}{3q}} \tag{5-15}$$

在工作面上部区域，上覆岩层载荷通过岩层空间结构向采场煤壁转移，在采场煤壁

中形成支承压力，上部区域煤壁支承压力峰值距工作面的距离小，造成上部区域靠近工作面煤壁的煤体受较大单向压力，易发生塑性破坏，失去支撑能力，形成塑性区，支承压力区向煤体深部转移，塑性区宽度增大，使工作面前方煤壁易出现片帮，上覆岩层的载荷主要有由弹性区煤体承担。根据大倾角工作面上部区域煤壁前方支撑压力分布和基本顶垮落特征，建立上部区域基本顶周期性断裂力学模型[22~24]（图 5-39），将弹性区煤体视为 Winkler 地基，其上直接顶视为传力介质，基本顶视为单位宽度的弹性地基梁，其上受上覆岩层均布载荷 $q=\gamma H$（H 为基本顶埋藏深度），建立弹性地基梁模型（图 5-40）。

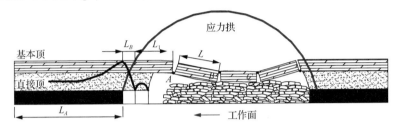

图 5-39　基本顶周期性断裂力学模型

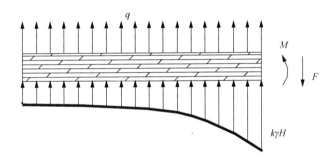

图 5-40　弹性地基梁模型

Winkler 地基梁的一般挠曲微分方程为

$$EI\frac{\mathrm{d}^4\omega}{\mathrm{d}x^4}=q(x)-p(x)=-k\omega+q(x) \tag{5-16}$$

式中，ω 为基础梁的挠度，m；E 为基础梁的弹性模量；I 为基础梁的截面惯性距。

解得弹性地基梁的挠曲方程为

$$\omega=e^{\lambda x}\left(C_1\cos\lambda x+C_2\sin\lambda x\right)+e^{-\lambda x}\left(C_3\cos\lambda x+C_4\sin\lambda x\right)+\frac{q}{k} \tag{5-17}$$

式中，k 为地基系数，kN/m^3；λ 为弹性特征系数，$\lambda=\sqrt[4]{\dfrac{k}{4EI}}$。

在弹性区范围内，基本顶可视为半无限长梁，当 $x\to\infty$ 时，有 $\omega=\dfrac{q}{k}$，得 $C_1=C_2=0$，得出弹性范围内弹性地基梁的挠曲方程为

$$\omega=e^{-\lambda x}\left(C_3\cos\lambda x+C_4\sin\lambda x\right)+\frac{q}{k} \tag{5-18}$$

任意截面的转角、弯矩和剪力:

$$\theta=\frac{\mathrm{d}\omega}{\mathrm{d}x} \tag{5-19}$$

$$M=-EI\frac{\mathrm{d}^2\omega}{\mathrm{d}x^2} \tag{5-20}$$

$$F=-EI\frac{\mathrm{d}^3\omega}{\mathrm{d}x^3} \tag{5-21}$$

在弹塑性交界处, $x=0$, $M|_{x=0}=-EI\frac{\mathrm{d}^2\omega}{\mathrm{d}x^2}=M_0$, $F|_{x=0}=-EI\frac{\mathrm{d}^3\omega}{\mathrm{d}x^3}=Q_0$, 则有

$$C_3=-\frac{Q_0+\lambda M_0}{2EI\lambda^3},\quad C_4=-\frac{M_0}{2EI\lambda^2} \tag{5-22}$$

在弹塑性交界处, 支承压力达到峰值, 则有:

$$p|_{x=0}=k\omega|_{x=0}=kC_3+q=k\gamma H \tag{5-23}$$

由于塑性区支撑能力较弱, 基本顶断裂位置位于弹塑性交界处, 此时煤壁塑性区宽度达到最大, 基本顶弯矩达到最大值:

$$M_{\max}=-M_0=\frac{h^2\left[\sigma_\tau\right]}{6} \tag{5-24}$$

$$F_{\max}=-F_0=EI\frac{\mathrm{d}^3\omega}{\mathrm{d}x^3}|_{x=0}=\frac{2EI\lambda^3(k-1)q}{k}-\lambda M_{\max} \tag{5-25}$$

由基本顶受力分析(图 5-41)得

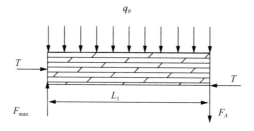

图 5-41　基本顶受力分析

$$\begin{cases} \sum F = F_A + q_0 L_2 - F_{\max} = 0 \\ \sum M = F_A L_2 + T \dfrac{h}{2} + \dfrac{1}{2} q_0 L_2^{\ 2} - M_{\max} = 0 \end{cases} \tag{5-26}$$

由"砌体梁"结构"S-R"稳定理论,可知[25,26]:

$$F_A = \frac{4i - 3\sin\theta_1}{4i - 2\sin\theta_1} P_1 = \frac{4h - 3\omega_1}{4h - 2\omega_1} q_0 L \tag{5-27}$$

$$T = \frac{P_1}{i - \dfrac{1}{2}\sin\theta_1} = \frac{2q_0 L^2}{2h - \omega_1} \tag{5-28}$$

式中,ω_1 为 B 岩块下沉量,m;i 为岩块断裂度,$i = \dfrac{h}{L}$;h 为岩块厚度,m;P_1 为岩块承受载荷,$P_1 = q_0 L$;L 为岩块断裂长度,m;θ_1 为岩块转角,$\theta_1 = \dfrac{\omega_1}{L}$。

将式(5-24)、式(5-25)、式(5-27)、式(5-28)代入式(5-26),得

$$\begin{cases} \sum F = \dfrac{4h - 3\omega_1}{4h - 2\omega_1} q_0 L + q_0 L_2 - F_0 = 0 \\ \sum M = \dfrac{4h - 3\omega_1}{4h - 2\omega_1} q_0 L L_2 + \dfrac{h}{2h - \omega_1} q_0 L^2 + \dfrac{1}{2} q_0 L_2^{\ 2} - \dfrac{h^2 [\sigma_\tau]}{6} = 0 \end{cases} \tag{5-29}$$

令 $m = \dfrac{4h - 3\omega_1}{4h - 2\omega_1}$,$n = \dfrac{h}{2h - \omega_1}$,得

$$L_1 = -mL + \sqrt{m^2 L^2 + \frac{h^2 [\sigma_\tau]}{3q_0} - 2nL^2} \tag{5-30}$$

基本顶周期性断裂条件相同,$L_1 = L$,则工作面上部区域基本顶周期性垮落长度为

$$L_{\tau \pm} = L = \frac{h}{2} \sqrt{\frac{[\sigma_\tau]}{3q}} \tag{5-31}$$

以上分析表明,不同区域工作面基本顶岩梁沿走向周期性垮落长度不同,工作面上部区域基本顶周期性垮落长度最小,工作面下部区域基本顶周期性垮落长度最大,工作面基本顶周期性垮落具有时序性,上部区域最先发生周期性垮落,中部区域紧随其后发生周期性垮落,下部区域最后发生周期性垮落。

2. 覆岩倾向运移垮落力学过程

大倾角煤层开采,工作面一般沿倾斜或伪斜方向布置,当采煤机沿倾斜或伪斜方向下行割煤时,直接顶失去支撑作用,同时,在基本顶岩层施加的轴向力和横向力的作用

下，向采空区发生弯曲变形，当直接顶岩层弯曲下沉量大于基本顶岩层弯曲下沉量时，直接顶与基本顶层面出现水平错动剪切破坏（图 5-42(a)）。

此时，沿工作面倾向，直接顶可以看做下端固支、上端简支的悬臂梁，通过对顶板岩梁变形受力分析，采用瑞利-里兹法，得出顶板岩梁轴线的弹性近似解：

$$\omega = y = a_1 x^2 (l - x) \tag{5-32}$$

由 $\dfrac{\mathrm{d}\omega}{\mathrm{d}x} = 0$，可以得出 $x = \dfrac{2}{3}l$。因此，大倾角煤层开采顶板岩梁的弯曲挠度在 $x = \dfrac{2}{3}l$ 处最大，顶板岩梁易在此处发生离层裂隙，如图 5-42(b) 所示。

随着直接顶岩梁跨度的增加，岩梁的弯曲挠度增大，在岩梁最大弯曲挠度 $\left(x = \dfrac{2}{3}l\right)$ 的岩梁下部位置发生拉伸破坏，最终直接顶岩梁发生断裂，断裂位置向倾斜上部区域偏移，同时垮落矸石向下部区域滑移充填，在该区域对其上直接顶起到一定的支撑作用，直接顶可视为下端固支，下部受约束作用的悬臂梁，同时在下位基本顶中出现离层裂隙，如图 5-42(c) 所示。

工作面继续下行割煤，直接顶悬露长度增加，在接近煤壁处直接顶岩梁内应力最大，当内应力大于其强度时，易发生破坏，导致直接顶周期性垮落，直接顶垮落导致其上基本顶跨距增加，基本顶岩梁在其中部偏上 $\left(x = \dfrac{2}{3}l\right)$ 处最大弯曲挠度增大，该处岩梁下端出现拉伸破坏，同时在基本顶岩梁固支端附近出现剪切破坏，随着剪切、拉伸裂隙发展，最终基本顶发生初次垮落，如图 5-42(d) 所示。

随着工作面向下割煤，下部区域顶板发生周期性垮落，离层、裂隙不断向高位岩层中延伸，重复以上顶板破坏失稳，最终导致顶板垮落形态向工作面上部区域偏移，工作面下部区域充填密实，对顶板约束作用强，下部区域顶板垮落不充分，当垮落高度达到一定程度后，顶板沿工作面倾斜方向运移、落形态稳定。

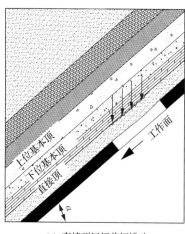　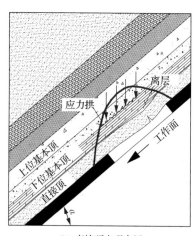

(a) 直接顶层间剪切错动　　　　　　　(b) 直接顶出现离层

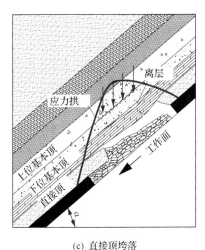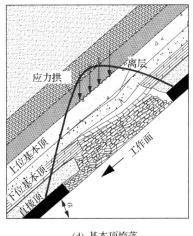

(c) 直接顶垮落　　　　　　　　　　　　(d) 基本顶垮落

图 5-42　覆岩倾向运动过程

5.4.2　覆岩"应力—冒落"双拱特性

大倾角煤层开采,覆岩运移垮落形成冒落拱,沿工作面走向呈现对称拱形特征,沿工作面倾向呈现非对称拱形特征,伴随覆岩垮落,围岩应力重新分布,在覆岩中形成应力集中区和应力释放区,即在采场上方稳定岩层中形成应力拱,沿走向具有对称特性,沿倾斜方向具有非对称特性,因此,大倾角煤层开采覆岩存在"应力—冒落"双拱。具有以下特性:

(1)冒落拱是采场覆岩变形破坏、垮落形成的相对稳定的拱形结构形态,可以实际观测到,其承担着拱形结构外(卸压区外)岩层的重力,反映了开采扰动下岩体结构的运动状态,应力拱是工作面回采后,采场覆岩应力重新分布,形成的具有同一应力值的应力形态,是覆岩抵抗变形能形成的抽象存在。

(2)随着工作面向前推进,冒落拱发生周期性"稳定—失稳"过程,体现为顶板离层、裂隙扩展,岩层破断垮落的动态演化过程。应力拱也具有向周围岩体演化的特征,但其过程是连续的,能不断地向周围转移,但不会发生破坏。"冒落—应力"双拱演化表现为工作面矿山压力显现。

(3)受煤层倾角影响,覆岩垮落后沿工作面倾向滑移,沿倾斜方向对采空区形成分区充填,"应力—冒落"双拱沿倾斜方向呈非对称特性,双拱的中轴线向工作面上部区域转移。沿工作面走向,双拱具有对称特性。空间上体现为覆岩垮落形成非对称"拱壳"形态。

(4)在空间位置上,冒落拱位于覆岩垮落带和裂隙带中发生明显运动的岩层中,应力拱位于裂隙带中未发生明显运动的岩层中,一般情况下,冒落拱位于应力拱内,当采空区上覆岩层处于弹性状态时,冒落拱迹线与应力拱迹线重合。冒落拱是应力拱体现的客观基础,应力拱是促成冒落拱形成的内在机制。

5.4.3　覆岩"关键域"形成层位

大倾角煤层开采采空区充填矸石在工作面倾斜方向上的破碎程度不同,表现出的力学特征(强度、完整性、约束作用)不同,导致工作面覆岩变形、破坏和垮落形态沿工作面倾向发生变化。在工作面倾向下部区域,采空区垮落矸石排列整齐、充填密实,对上覆岩层的支撑与约束作用强,在工作面推进过程,破碎、垮落的岩层高度处于工作面直接顶;在工作面倾向中部区域,采空区垮落矸石排列杂乱、充填较密实,对上覆岩层的支撑与约束作用较强,在工作面推进过程中,破碎、垮落的岩层高度处于工作面基本顶下位岩层;在工作面倾向上部区域,覆岩垮落沿底板滑移,只有部分矸石在原地停留、对采空区充填不充分,对上覆岩层的支撑与约束作用较弱或缺失,在工作面推进过程中,破碎、垮落的岩层高度处于工作面基本顶上位岩层和上覆岩层。工作面顶板岩层的破碎、垮落方式导致沿工作面倾斜方向上岩层垮落形态特征和应力分布形态不同。沿工作面走向,大倾角煤层开采上覆岩层的垮落形态与一般倾角煤层类似,存在一般形式的增压区、减压区和重新压实区,顶板岩层垮落形态为对称拱形。

大倾角煤层开采,沿工作面走向覆岩垮落表现为对称拱形特征,沿工作面倾向覆岩垮落呈非对称拱形特征,覆岩空间垮落形态可简化为"拱壳"形式的"异形空间"(图5-43(a)),其空间轮廓(包络形态)范围穿越顶板不同岩层,"拱壳"区域内对覆岩活动起决定作用的岩层区域,称为覆岩"关键域",沿工作面倾向,"关键域"跨越不同岩层层位。在工作面倾斜下部区域,"关键域"由一般倾角条件下的基本顶岩层向下部的直接顶和伪顶岩层转移,由于下部区域矸石充填密实,充填矸石对该区域"关键域"关键岩块 A 具有刚性约束作用,见图5-43(b);在工作面倾斜中部区域,"关键域"处于基本顶中下位岩层中,该区域矸石充填充分,充填矸石与该区域"关键域"关键岩块 B 接触,具有弹性约束作用,见图5-43(c);在工作面倾斜上部区域,"关键域"向基本顶上位岩层中转移,矸石充填不充分,与该区域"关键域"关键岩块 C 接触缺失,可看作没有约束作用或约束作用很小,见图5-43(d)。沿工作面倾斜方向,工作面不同区域"关键域"关键岩块相互作用,形成倾向"梯阶"结构,见图5-43(e)。

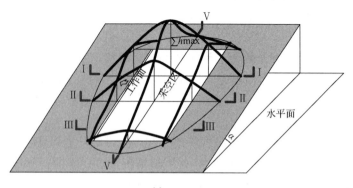

(a)

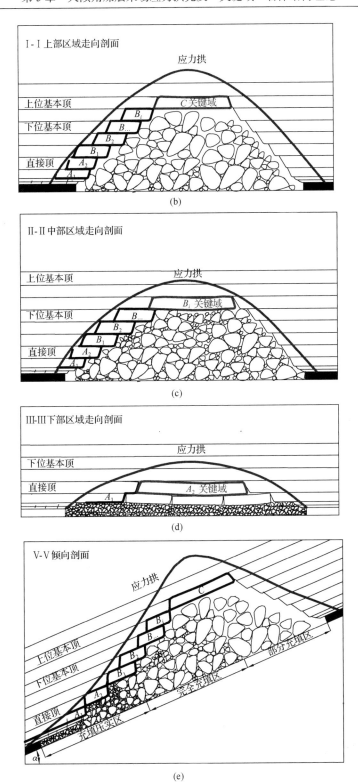

图 5-43　大倾角煤层开采"关键域"形成层位

5.4.4 覆岩"关键域"岩体结构破断运移和平衡机制

受煤层倾角影响，大倾角煤层长壁开采覆岩"关键域"岩体结构在倾向不同区域受的约束作用不同，导致其破断运移和平衡沿工作面倾向具有明显的分区特征[27,28]，其主要特征为：

(1)"关键域"岩体结构是在"应力—冒落"双拱作用下形成的，沿工作面走向、倾向可以看作是由处于不同层位的关键岩块相互作用，关键岩块的破断和运移方式可视作不同状态下的"悬臂梁"破断和运移，主要有岩体结构直接垮落方式、一次回转垮落方式以及二次回转垮落方式三种形式。

(2)在工作面下部区域，关键岩块位于直接顶，采空区矸石充填密实，顶板受充填矸石刚性约束，顶板断裂长度大，直接顶断裂线位于煤壁后方采空区充填矸石上，断裂岩块与未断裂岩层间不易形成铰接关系，直接顶垮落后不发生回转(或回转角较小)，直接落在充填矸石上，为直接垮落方式(图 5-44(a))。由于工作面周期来压是由"关键域"岩体周期性破断回转运动造成的，关键岩块回转运动停止，来压结束。工作面下部区域顶板断裂后直接垮落，未发生回转过程，导致来压持续时间短。

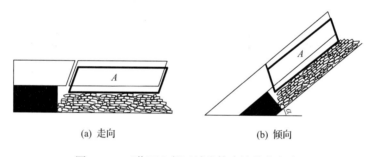

(a) 走向   (b) 倾向

图 5-44　工作面上部区域岩体直接垮落方式

(3)在工作面中部区域，采空区矸石充填充分，但未压实，顶板受充填矸石弹性约束，直接顶断裂线位于煤壁附近，关键层位于基本顶下位岩层中，关键岩块断裂后，悬露端向下移动，另一端与未垮落岩块形成铰接接触，关键岩块以铰接点为基点发生回转，由于该区域矸石充填充分，关键岩块断裂后回转较小角度后停止回转，并形成相对稳定平衡结构，工作面继续推进一定距离后，直接顶(A 岩块)沿走向周期性破断，失去对基本顶(B 岩块)支撑作用，铰接结构(A、B 岩块)失稳，关键岩块(B 岩块)垮落，为一次回转垮落方式(图 5-45(a))，由于关键岩块断裂后经过一次回转过程，导致中部区域来压持续时间较下部区域来压持续时间长。

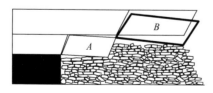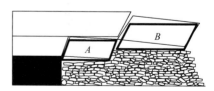

(a) 走向

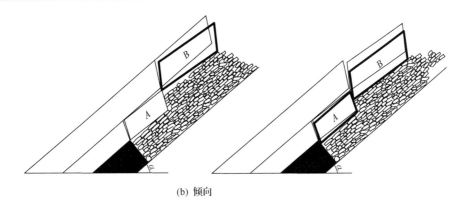

(b) 倾向

图 5-45 工作面中部区域岩体一次回转垮落方式

(4)在工作面上部区域，采空区矸石充填不充分，顶板受充填矸石的约束作用小(或不受约束作用)，顶板垮落高度大，直接顶断裂线位于煤壁前方，顶板断裂长度小，关键层位于基本顶上位岩层或上覆岩层中，关键岩块(C_1)断裂后与未垮落岩块下端形成铰接结构，并围绕下部铰接点发生一次回转(图 5-46(a))，由于充填矸石不充分，回转空间大，关键块回转较大角度后与采空区矸石接触，停止回转，形成相对平衡的岩矸铰接结构，随着工作面推进，关键层基本顶发生周期断裂。断裂岩块(C_2)与关键岩块(C_1)形成砌体梁结构，铰接点向上部转移，关键岩块(C_1)向下运移挤压下部矸石，同时围绕铰接点发生二次回转(图 5-46(b))，随着工作面推进，砌体梁结构向前发展，关键岩块(C_1)最终垮落(图 5-46(c))，即二次回转垮落方式，由于关键岩块断裂后经过二次回转过程，导致上部区域来压持续时间较长。

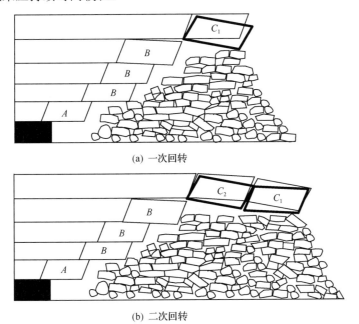

(a) 一次回转

(b) 二次回转

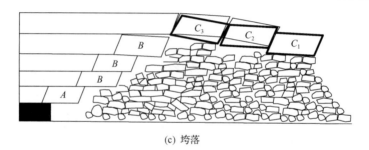

(c) 垮落

图 5-46　工作面上部区域岩体结构沿走向二次回转垮落方式

(5)在工作面倾斜方向上,"关键域"处于不同层位岩体中,不同层位岩体断裂后和相邻岩块发生挤压和铰接作用,形成倾向"梯阶"结构,不同区域岩体结构的约束条件不同,其形成与平衡机制也不同。在工作面倾斜下部区域,关键岩块位于直接顶,直接顶岩层产生垂直裂隙和离层裂隙,受充填矸石的刚性约束,直接顶破断后不发生回转(或回转角较小)而直接垮落(图 5-44(b));在工作面倾斜中部区域,关键岩块位于基本顶上位岩层中,关键岩块经历离层裂隙、断裂回转、垮落过程,由于中部区域矸石充填充分,断裂后一次回转角较大,垮落后岩块作用在充填矸石上,处于平衡状态,其上岩块对其产生挤压作用,由于挤压空间较小,不会发生回转失稳,直接顶垮落在充填矸石上(图 5-45(b));在工作面倾斜上部区域,关键岩块位于上位基本顶中,随着工作面推进,关键块岩层产生垂直裂隙和离层裂隙,受自身重力沿层面分力作用,在岩块中上部发生破断,破断岩块在重力垂直分力作用向下发生回转(断裂回转),破断岩块下端与未垮落岩块铰接处于相对平衡状态,随着工作面继续推进,铰接结构失稳,破断岩块发生垮落(一次垮落回转),当其上岩块发生断裂回转后,对破断岩块产生挤压作用,导致断裂岩块反向回转(二次垮落回转),最终被其上垮落岩块压实,形成相对稳定状态(图 5-47)。

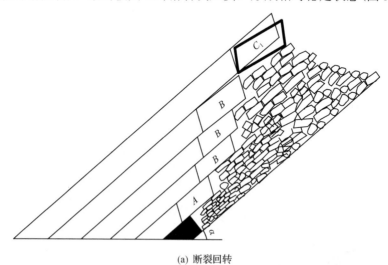

(a) 断裂回转

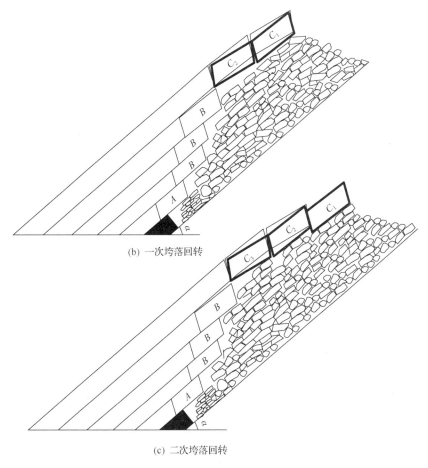

(b) 一次垮落回转

(c) 二次垮落回转

图 5-47　岩体结构沿倾向二次回转垮落方式

5.5　大倾角煤层开采岩体结构稳定性分析

5.5.1　倾向"梯阶"结构形成特征

　　大倾角煤层开采顶板岩层沿工作面倾向可视为下端固支、上端简支的悬臂梁，由于受煤层倾角的影响，在顶板岩梁中上部位置(从下向上 2/3 处)挠曲最大，易发生拉伸破坏，导致顶板岩层初次破断向工作面上部区域偏移，同时随着工作面向下割煤，顶板岩层发生周期性破断，工作面下部区域顶板受充填矸石刚性约束作用，顶板垮落高度处于直接顶板中，工作面中部区域顶板受充填矸石弹性约束作用，顶板垮落高度处于基本顶下位岩层中，工作面上部区域顶板受充填矸石弱约束作用，顶板垮落高度向上延伸到基本顶上位岩层。由于顶板岩层是在沉积作用下形成的层状岩体，且下位岩层垮落在时间上早于上位岩层。各层岩层可以看做是下端固支、上端简支的悬臂梁，当下层岩层悬露长度达到极限长度后发生断裂垮落，其对上层岩层约束位置向岩体深部转移，上层岩层悬露长度增加，达到其极限长度后发生断裂垮落，依次从下向上逐层向上发生顶板岩层断裂垮落，表现为顶板未垮落岩层边界沿煤层倾向呈台阶状，即倾向"梯阶"结构。

该结构沿倾斜方向，可分为三段：第一梯阶、第二梯阶、第三梯阶。第一梯阶位于工作面下部区域直接顶岩层中，受矸石均布支撑作用和顶板非均衡载荷作用，第二梯阶位于工作面中部区域基本顶下位岩层中，受矸石非均布支撑作用和顶板非均衡载荷作用，第三梯阶位于工作面上部区域基本顶上位岩层中，受顶板非均衡载荷作用，不受矸石支撑作用(或受较小支撑作用)。第一梯阶岩层对应处于覆岩"拱壳"的壳基位置，第二梯阶岩层对应处于覆岩"拱壳"的壳肩位置，第三梯阶岩层对应处于覆岩"拱壳"的壳顶位置，各阶结构之间相互作用，联结工作面上、中、下三个区域，对覆岩空间"拱壳"的稳定起控制作用。

5.5.2 倾向"梯阶"结构力学模型

根据第 2 章对大倾角煤层开采覆岩空间运移特征研究可知，大倾角煤层开采顶板岩层垮落具有时序性和非均匀性，工作面上部区域顶板岩层垮落先于下部区域顶板岩层，上部区域顶板垮落矸石向下滑移，充填下部采空区，使得沿工作面倾向，从下向上依次分为：下部充填压实区、中部完全充填区、上部部分充填区。由于各区充填矸石对顶板岩层约束作用不同，造成工作面下部区域顶板垮落高度小，其岩体结构位于直接顶岩层中，工作面中部区域顶板垮落高度位于下位基本顶岩层中，工作面上部岩层顶板垮落高度位于上位基本顶岩层中，形成倾向"梯阶"结构。根据其形成特征作以下基本假设：

(1)采场围岩是在沉积作用下形成具有不同刚度的层状岩体，采场围岩运动主要受刚度大的岩层移动控制，刚度小的岩层附着在刚度大的岩层上，并随之移动。

(2)工作面开挖前后，围岩内应力分布是连续的。

(3)倾向"梯阶"结构是由工作面不同区域关键岩块相互堆叠形成，对采场空间结构稳定起到控制作用。

(4)在倾斜方面上"梯阶"结构是连续的，每阶关键岩块都可以看做是一定长度的岩梁，在垂直层面方向上，结构是不连续的，即倾向"梯阶"结构具有抗压、抗弯能力，不具抗拉和抗剪能力。

(5)工作面沿走向推进具有一定距离，"梯阶"结构沿倾斜方向上的移动可以看成梁的弯曲，岩梁的长度与深度之比大于4，采用材料力学解答能够满足精度要求。

(6)不同"梯阶"关键岩块可看做下端固支、上端简支的悬臂梁，其下部区域关键岩块 A_1、A_2 受矸石支撑约束作用大，可视为刚性约束，中部区域关键岩块 B_1、B_i 受矸石支撑约束作用较大，由于充填矸石未压实，可视为弹性约束，上部区域关键岩块 C 不受垮落矸石的约束作用。

根据倾向"梯阶"结构形成特性和基本假设，建立力学模型如图 5-48 所示。

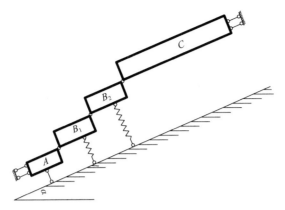

图 5-48　大倾角煤层开采倾向"梯阶"结构力学模型

5.5.3　倾向"梯阶"结构稳定性分析

根据大倾角煤层开采顶板沿倾向运移垮落规律及顶板岩梁受力状态可知，由于工作面下部实体煤的约束和冒落矸石的支撑作用，顶板岩梁下端可视为固支支座，顶板岩梁上端在沿煤层倾斜方向切向力作用下，沿倾斜方向发生位移，可视为简支支座约束，不同"梯阶"岩梁受上覆岩层和充填矸石的作用力不同。根据倾向"梯阶"结构所受载荷和约束条件不同，进行三种受力状态分析：

（1）第一梯阶岩梁受力状态，如图 5-49 所示。其中，q_1 为上覆岩层和岩梁自身沿法线方向载荷，由于"第一梯阶"岩梁处于工作面下部区域，岩梁下端处于支承压力峰值区，此处所受载荷最大，岩梁上端所受载荷最小，上覆岩层载荷可简化为线性载荷；q_0 为充填矸石对岩梁的支撑载荷，由于工作面下部区域矸石充填密实，对岩梁的支撑作用可视为均布载荷；q_2 为上覆岩层和岩梁自身沿切线方向载荷；P 为岩梁上端边界受铰接岩块的切向作用载荷；α 为煤层倾角；L_A 为"第一梯阶"岩梁倾斜长度。

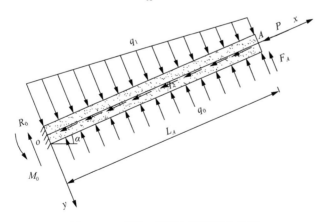

图 5-49　"第一梯阶"岩梁受力分析

岩梁沿法线方向载荷 q_1 可看作均布载荷 q_{11} 和线性载荷 $q(x)=\dfrac{q_{12}(L_A-x)}{L_A}$ 组成，其

中 $q_{11}=\gamma_A h_A \cos\alpha$，$q_{12}=(\gamma H_A k_A - \gamma_A h_A)\cos\alpha$，则有

$$q_1=q_{11}+q(x)=\gamma H_A k_A \cos\alpha - \frac{(\gamma H_A k_A - \gamma_A h_A)\cos\alpha x}{L_A} \tag{5-33}$$

式中，H_A 为第一梯阶岩梁埋深，m；h_A 为第一梯阶岩梁厚度，m；γ 为岩层的容重，kN/m³；γ_A 为直接顶岩层的容重，kN/m³；k_A 为载荷集中系数。

上覆岩层和岩梁自身沿切线方向载荷 q_2 为

$$q_2=\gamma H_A k_A \sin\alpha - \frac{(\gamma H_A k_A - \gamma_A h_A)\sin\alpha x}{L_A} \tag{5-34}$$

(2)第二梯阶岩梁受力状态，如图 5-50 所示。第二梯阶岩梁处于工作面中部区域，受上覆岩层载荷 q_1 简化为线性载荷，其中，$q_{11}=\gamma_B h_B \cos\alpha$，$q_{12}=(\gamma H_B k_B - \gamma_B h_B)\cos\alpha$，则 q_1 分布方程为

$$q_1 = \gamma H_B k_B \cos\alpha - \frac{(\gamma H_B k_B - \gamma_B h_B)\cos\alpha x}{L_B} \tag{5-35}$$

式中，H_B 为第二梯阶岩梁埋深，m；h_B 为第二梯阶岩梁厚度，m；L_B 为"第二梯阶"岩梁倾斜长度，m；γ_B 为岩层的容重，kN/m³；k_B 为载荷集中系数。

工作面中部区域矸石充填充分，对岩梁的约束作用可视为弹性约束，载荷 q_0 为

$$q_0=q_{01}+q(x)=q_{01}+\frac{q_{02}x}{L_B} \tag{5-36}$$

上覆岩层和岩梁自身沿切线方向载荷 q_2 为

$$q_2=\gamma H_B k_B \sin\alpha - \frac{(\gamma H_B k_B - \gamma_B h_B)\sin\alpha x}{L_B} \tag{5-37}$$

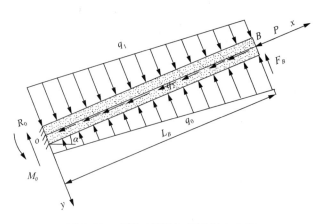

图 5-50　"第二梯阶"岩梁受力分析

(3) 第三梯阶岩梁受力状态，如图 5-51 所示。第三梯阶处于工作面上部区域，上覆岩层载荷可简化为对称拱形分布非均衡载荷，下部矸石充填不充分，对岩梁的支撑作用较小或未对岩梁形成约束，可视作岩梁未受矸石支撑作用。P 为岩梁上端边界受铰接岩块的切向作用载荷。

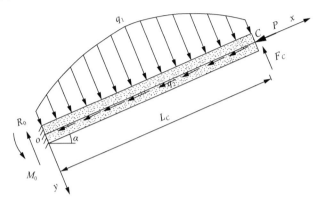

图 5-51　"第三梯阶"岩梁受力分析

岩梁沿法线方向载荷 q_1 由均布载荷 q_{11} 和非线性载荷 $q(x) = \dfrac{4q_{13}x}{L_C}\left(1 - \dfrac{x}{L_C}\right)$ 组成，其中，$q_{11} = \gamma_C h_C \cos\alpha$，$q_{13} = \gamma h \cos\alpha$，则有

$$q_1 = q_{11} + q(x) = \gamma_C h_C \cos\alpha + \frac{4q_{13}x}{L_C}\left(1 - \frac{x}{L_C}\right) \tag{5-38}$$

式中，H_C 为第三梯阶岩梁埋深，m；h_C 为第三梯阶岩梁厚度，m；h 为裂隙发育高度，m；L_B 为"第三梯阶"岩梁倾斜长度，m；γ_C 为岩层的容重，kN/m³

P 为岩梁上端边界受铰接岩块的切向作用载荷，

$$P = \gamma H_C \sin\alpha \tag{5-39}$$

上覆岩层和岩梁自身沿切线方向载荷 q_2 为

$$q_2 = \gamma_C h_C \sin\alpha + \frac{4\gamma h \sin\alpha x}{L_C}\left(1 - \frac{x}{L_C}\right) \tag{5-40}$$

顶板岩梁的挠曲变形特征和应力分布符合叠加原理[29-32]。大倾角煤层开采顶板岩梁受力可以分解为不同载荷作用下的悬臂梁结构进行分析：

(1) 自由端受集中力作用。工作面上端顶板岩梁受区段煤柱作用，顶板岩梁受力可视为悬臂梁在自由端受集中载荷的作用，如图 5-52 所示，根据材料力学理论，可以求出大倾角煤层开采悬臂梁自由端受集中作用力，顶板岩梁的内应力分布形式：

取单元体进行受力分析，得出：

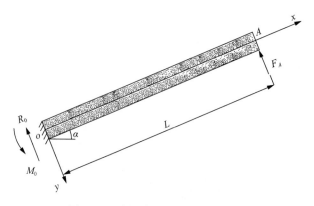

图 5-52　岩梁自由端受集中力作用

$$\sigma_x = \frac{My}{I_z}, \quad \sigma_y = \frac{q(x)}{2bh^3}\left(\frac{h^3}{12} - \frac{h^2}{4}y + \frac{1}{3}y^3\right), \quad \tau = \frac{F_S}{2I_z}\left(\frac{h^2}{4} - y^2\right)$$

$$q(x) = 0, \quad M(x) = F_A(l-x), \quad F_S = F_A$$

$$\begin{cases} \sigma_{1x} = \dfrac{My}{I} = \dfrac{F_A}{I}(L-x)y \\[2mm] \sigma_{1y} = 0 \\[2mm] \tau_{1xy} = -\dfrac{F_A}{2I}\left(\dfrac{h^2}{4} - y^2\right) \end{cases} \tag{5-41}$$

(2)悬臂梁受均匀载荷作用。顶板岩梁受均布载荷 $q(x) = q_{11} - q_{01}$，q_{11} 为顶板岩梁自重垂直岩层层面的法向应力，q_{01} 为充填矸石对顶板岩梁的支撑作用力，如图 5-53 所示。

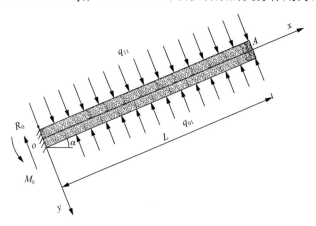

图 5-53　岩梁受均布载荷作用

$$M(x) = -(q_{11} - q_{01})\left(\frac{L^2}{2} - x\right), \quad F_S = (q_{11} - q_{01})(L - x)$$

可求出在均布荷载作用下顶板岩梁应力分布形式：

$$
\begin{cases}
\sigma_{2x} = \dfrac{6(q_{11} - q_{01})(2x - L^2)y}{h^3} \\[2mm]
\sigma_{2y} = \dfrac{q_{11} - q_{01}}{2h^3}\left(4y^3 - 3yh^2 + h^3\right) \\[2mm]
\tau_{2xy} = -\dfrac{3(q_{11} - q_{01})(L - x)}{2h^3}\left(4y^2 - h^2\right)
\end{cases}
\tag{5-42}
$$

（3）悬臂梁受切向荷载作用。顶板岩梁受沿煤层切线方向载荷和上覆岩层作用于顶板岩梁上部边界的切向荷载的共同作用，如图 5-54 所示。

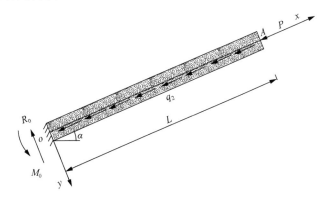

图 5-54　岩梁自由端受切向载荷作用

求出切向载荷作用下顶板岩梁应力分布形式：

$$
\begin{cases}
\sigma_{3x} = P + q_2 \\
\sigma_{3y} = 0 \\
\tau_{3xy} = 0
\end{cases}
\tag{5-43}
$$

（4）悬臂梁受线性载荷作用。悬臂梁上部受向下线性载荷 $q(x) = \dfrac{q_{12}(L - x)}{L}$ 作用，如图 5-55 所示。

$$M(x) = \frac{q_{12}}{L}\left(\frac{Lx^2}{2} - \frac{x^3}{6}\right) - \frac{7q_{12}Lx}{12} + \frac{q_{12}L^2}{4}, \quad F_S = \frac{q_{12}}{L}\left(Lx - \frac{x^2}{2}\right) - \frac{7q_{12}L}{12}$$

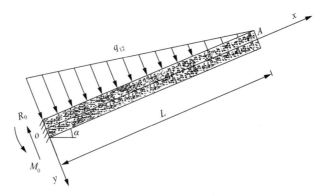

图 5-55　岩梁上部受线性载荷作用

$$\begin{cases} \sigma_{4x} = -\dfrac{2q_{12}\left(2x^3 - 6Lx^2 + 7L^2x + 3L^3\right)y}{Lh^3} \\[4mm] \sigma_{4y} = \dfrac{q_{12}\left(L-x\right)}{2Lh^3}\left(4y^3 - 3h^2y + h^3\right) \\[4mm] \tau_{4xy} = -\dfrac{3q_{12}\left(2Lx - x^2 - 9L^2\right)}{4Lh^3}\left(4y^2 - h^2\right) \end{cases} \tag{5-44}$$

悬臂梁下部受向上线性载荷 $q(x) = \dfrac{q_{02}x}{L}$，当 $x = L$ 时，$q(x) = q_{02}$，如图 5-56 所示。

$$M(x) = \frac{1}{3}q_{02}L^2 - \frac{2}{3}x\left(\frac{x^2}{2L}q_{02} - \frac{1}{2}q_{02}L\right), \quad F_S = \frac{q_{02}x^2}{2L} - \frac{q_{02}L}{2}$$

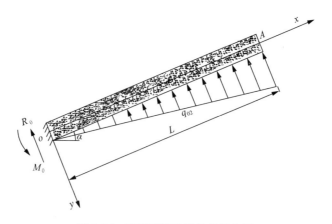

图 5-56　岩梁下部受线性载荷作用

$$
\begin{cases}
\sigma_{5x} = -\dfrac{4q_{02}\left(x^3 - L^2 x - L^3\right)y}{Lh^3} \\[3mm]
\sigma_{5y} = \dfrac{q_{02}x}{2Lh^3}\left(4y^3 - 3h^2 y + h^3\right) \\[3mm]
\tau_{5xy} = -\dfrac{3q_{02}\left(L^2 - x^2\right)}{4Lh^3}\left(4y^2 - h^2\right)
\end{cases}
\tag{5-45}
$$

（5）悬臂梁受非均匀载荷作用。悬臂梁上部受向下"对称拱形"非线性载荷 $q(x) = \dfrac{4q_{13}x}{L}\left(1 - \dfrac{x}{L}\right)$，当 $x = \dfrac{L}{2}$ 时，$q(x) = q_{13}$，如图 5-57 所示。

$$
M(x) = \left[-\frac{4q_{13}}{L}\left(\frac{x^3}{6} - \frac{x^4}{12L}\right) + \frac{1}{3}q_{13}L^2\right],\quad F_S = -\frac{4q_{13}}{L}\left(\frac{x^2}{2} - \frac{x^3}{3L}\right)
$$

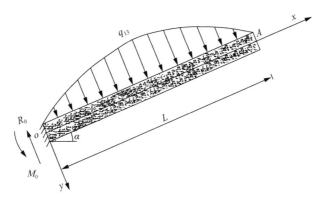

图 5-57　岩梁受非均布载荷作用

$$
\begin{cases}
\sigma_{6x} = -\dfrac{4q_{13}x^3(2L - x)y}{L^2 h^3} + \dfrac{4q_{13}L^2 y}{h^3} \\[3mm]
\sigma_{6y} = \dfrac{2q_{13}x(L - x)}{L^2 h^3}\left(4y^3 - 3h^2 y + h^3\right) \\[3mm]
\tau_{6xy} = -\dfrac{4q_{13}x^2(3L - 2x)}{L^2 h^3}\left(4y^2 - h^2\right)
\end{cases}
\tag{5-46}
$$

工作面下部区域"第一梯阶"岩梁在不同载荷作用下的应力大小：

$$
\begin{cases}
\sigma_{x-f} = \sigma_{2x} + \sigma_{3x} + \sigma_{4x} \\
\sigma_{y-f} = \sigma_{2y} + \sigma_{3y} + \sigma_{4y} \\
\tau_{xy-f} = \tau_{2xy} + \tau_{3xy} + \tau_{4xy}
\end{cases}
\tag{5-47}
$$

将式（5-33）、式（5-34）、式（5-42）~式（5-44）代入式（5-47），可求出第一梯阶岩梁的应力大小：

$$
\begin{cases}
\sigma_{x-f} = \dfrac{y\left[6(\gamma_A h_A \cos\alpha - q_0)(2L_A x - L_A{}^3) - 2(\gamma H_A k_A - \gamma_A h_A)\cos\alpha(2x^3 - 6L_A x^2 + 7L_A{}^2 x + 3L_A{}^3)\right]}{h_A{}^3 L_A} \\[4pt]
\qquad + \gamma H_A k_A \sin\alpha - \dfrac{(\gamma H_A k_A - \gamma_A h_A)\sin\alpha\, x}{L_A} \\[8pt]
\sigma_{y-f} = \dfrac{(4y^3 - 3h_A{}^2 y + h_A{}^3)\left[(\gamma_A h_A \cos\alpha - q_0)L_A + (\gamma H_A k_A - \gamma_A h_A)\cos\alpha(L_A - x)\right]}{2h_A{}^3 L_A} \\[8pt]
\tau_{xy-f} = -\dfrac{3(4y^2 - h_A{}^2)\left[(\gamma_A h_A \cos\alpha - q_0)(2L_A{}^2 - 2L_A x) + (\gamma H_A k_A - \gamma_A h_A)\cos\alpha(2L_A x - x^2 - 9L_A{}^2)\right]}{4h_A{}^3 L_A}
\end{cases}
$$

$$(5\text{-}48)$$

工作面下部区域"第二梯阶"岩梁在不同载荷作用下的应力大小：

$$
\begin{cases}
\sigma_{x-s} = \sigma_{2x} + \sigma_{3x} + \sigma_{4x} + \sigma_{5x} \\
\sigma_{y-s} = \sigma_{2y} + \sigma_{3y} + \sigma_{4y} + \sigma_{5y} \\
\tau_{xy-s} = \tau_{2xy} + \tau_{3xy} + \tau_{4xy} + \tau_{5xy}
\end{cases}
\qquad (5\text{-}49)
$$

将式(5-35)~式(5-37)、式(5-42)~式(5-45)代入式(5-49)，可求出第二梯阶岩梁的应力大小：

$$
\begin{cases}
\sigma_{x-s} = \dfrac{y\left[6(\gamma_B h_B \cos\alpha - q_{01})(2L_B x - L_B{}^3) - 2(\gamma H_B k_B - \gamma_B h_B)\cos\alpha(2x^3 - 6L_B x^2 + 7L_B{}^2 x + 3L_B{}^3)\right]}{h_B{}^3 L_B} \\[4pt]
\qquad - \dfrac{4q_{02}(x^3 - L_B{}^2 x - L_B{}^3)y}{h_B{}^3 L_B} + \gamma H_B k_B \sin\alpha - \dfrac{(\gamma H_B k_B - \gamma_B h_B)\sin\alpha\, x}{L_B} \\[8pt]
\sigma_{y-s} = \dfrac{(4y^3 - 3h_B{}^2 y + h_B{}^3)\left[(\gamma_B h_B \cos\alpha - q_{01})L_B + (\gamma H_B k_B - \gamma_B h_B)\cos\alpha(L_B - x) + q_{02}x\right]}{2h_B{}^3 L_B} \\[8pt]
\tau_{xy-s} = -\dfrac{3(4y^2 - h_B{}^2)\left[(\gamma_B h_B \cos\alpha - q_{01})(2L_B{}^2 - 2L_B x) + (\gamma H_B k_B - \gamma_B h_B)\cos\alpha(2L_B x - x^2 - 9L_B{}^2)\right]}{4h_B{}^3 L_B} \\[8pt]
\qquad - \dfrac{3q_{02}(4y^2 - h_B{}^2)(L_B{}^2 - x^2)}{4h_B{}^3 L_B}
\end{cases}
$$

$$(5\text{-}50)$$

工作面下部区域"第三梯阶"岩梁在不同载荷作用下的应力大小：

$$
\begin{cases}
\sigma_{x-t} = \sigma_{1x} + \sigma_{2x} + \sigma_{3x} + \sigma_{6x} \\
\sigma_{y-t} = \sigma_{1y} + \sigma_{2y} + \sigma_{3y} + \sigma_{6y} \\
\tau_{xy-t} = \tau_{1xy} + \tau_{2xy} + \tau_{3xy} + \tau_{6xy}
\end{cases}
\tag{5-51}
$$

将式(5-38)~式(5-43)、式(5-46)代入式(5-51)，可求出第三梯阶岩梁的应力大小：

$$
\begin{cases}
\sigma_{x-t} = \dfrac{12F_A(L_C - x)y}{h_C^{\,3}} + \dfrac{y\left[6\gamma_C h_C \cos\alpha\left(2L_C^{\,2}x - L_C^{\,4}\right) - 4\gamma h \cos\alpha\left(2L_C - x - L_C^{\,4}\right)\right]}{h_C^{\,3}L_C^{\,2}} \\
\qquad + \gamma H_C \sin\alpha + \gamma_C h_C \sin\alpha + \dfrac{4\gamma h \sin\alpha\left(xL_C - x^2\right)}{L_C^{\,2}} \\
\sigma_{y-t} = \dfrac{\left(4y^3 - 3h_C^{\,2}y + h_C^{\,3}\right)\left[\gamma_C h_C \cos\alpha L_C^{\,2} + 4\gamma h \cos\alpha x\left(L_C - x\right)\right]}{2h_C^{\,3}L_C^{\,2}} \\
\tau_{xy-t} = \dfrac{3F_A\left(4y^2 - h_C^{\,2}\right)}{2h_C^{\,3}} - \dfrac{\left(4y^2 - 3h_C^{\,2}\right)\left[3\gamma_C h_C \cos\alpha\left(L_C^{\,3} - L_C^{\,2}x\right) + 8\gamma h \cos\alpha\left(3L_C x^2 - 2x^3\right)\right]}{2h_C^{\,3}L_C^{\,2}}
\end{cases}
$$

$$
\tag{5-52}
$$

大倾角煤层开采不同区域顶板岩梁受力状态不同，导致顶板岩梁应力分布复杂，与顶板岩梁的厚度、岩层的岩性、煤层埋深、煤层倾角等因素密切相关。因此，大倾角煤层开采倾斜"梯阶"结构岩梁的变形与破断方式较为复杂，根据不同"梯阶"岩梁的受力分析，倾向"梯阶"结构破断方式主要有三种形式：

(1) 大倾角煤层上覆岩层切向应力作用下，顶板岩梁产生整体切向滑落，由于工作面面中下部区域矸石充填支撑作用，第一梯阶、第二梯阶岩梁所受应力(σ_{x-f}、σ_{x-s})比第三梯阶岩梁所受应力(σ_{x-t})小，由式(5-48)和式(5-50)可以看出，随着充填矸石支撑载荷q_0(q_{01}、q_{02})增大，正应力(σ_{x-f}、σ_{x-s})减小，不易发生切向滑落破坏，第三梯阶岩梁易发生切向滑落破坏。

(2) 大倾角煤层上覆岩层在垂直煤层层面法向载荷和充填矸石支撑载荷作用下，顶板岩梁弯曲变形发生拉伸破坏。受其上法向载荷分布的影响，不同区域顶板岩梁拉伸破坏位置不同；随着充填矸石支撑载荷q_0(q_{01}、q_{02})增大，σ_{y-f}、σ_{y-s}减小，发生拉伸破坏可能性减小。

(3) 大倾角煤层顶板岩梁固定端位置，在剪应力作用下发生剪切破坏，随着充填矸石支撑载荷q_0(q_{01}、q_{02})增大，岩梁内剪切应力减小，发生剪切破坏可能性减小。

综上所述，大倾角煤层开采顶板破坏受多因素影响，增加顶板岩梁下部充填矸石的支撑作用力，可以有效防止顶板岩梁的拉伸破坏、剪切破断和剪切滑移破坏。

5.5.4　"关键域"岩体结构失稳机制

1. "关键域"岩体结构破坏准则

岩体变形是由岩体材料变形和岩体结构变形两部分组成，岩体破坏受岩体材料破坏和岩体结构失稳控制[33]。岩体破坏表现为岩体结构重组和结构联结失效，岩体结构重组是指已有岩体结构发生新的变化，在这一过程中，伴随着岩体结构的联结失效，在形成新的岩体结构后又形成新的结构联结。"关键域"岩体破断前为完整结构岩体，完整结构岩体联结主要为结晶联结或黏结联结，"关键域"岩体破断后形成新的碎裂结构岩体，其结构联结为结构体咬合联结。完整结构岩体由于受力超过完整结构岩体的强度时，其结晶联结或黏结联结遭受破坏，随之产生结构改组，变为碎裂结构或散体结构，其结构联结变为新的结构中结构体咬合联结。

关键域岩体结构主要破坏机制为剪破裂和张破裂，其剪破坏物理判据可采用库伦-纳维条件，即

$$\tau = \sigma \tan \varphi + C \tag{5-53}$$

$$[C] = \tau - \sigma \tan \varphi \tag{5-54}$$

式中，τ 为剪应力；σ 为正应力；φ 为内摩擦角；C 为内聚力。$[C]$ 可视为抗剪力与剪应力的差值，当 $[C] > C$ 时，岩块发生剪切破坏；当 $[C] \leqslant C$ 时，岩块不会发生剪切破坏。

"关键域"岩体结构张破坏物理判据采用 Griffith 最大拉应力判据，即

$$\tau_{xy}^2 = 4\sigma_t \left(\sigma_t - \sigma_y \right) \tag{5-55}$$

式中，σ_t 为岩体的抗拉强度。

2. "关键域"岩体结构失稳模式

大倾角煤层开采采场覆岩存在"应力—冒落"双拱，并随着工作面推进，不断演化发展，具体表现为双拱作用下岩体结构的破坏—失稳—稳定的循环过程，大倾角煤层开采"关键域"发生转化，并形成倾向"梯阶"结构，沿工作面倾斜方向不同区域"关键域"形成层位不同，关键岩块相互作用，形成空间"拱壳"结构。

"关键域"关键岩块的破坏失稳，引起覆岩空间"拱壳"结构动力失稳，不同区域不同位置岩体破坏会导致其他区域位置岩体破坏失稳，根据拱壳不同位置破坏时空关系可以分为以下几种：

(1)在工作面上部区域，随着工作面向前推进，沿工作面走向，拱壳壳基位置岩体发生破坏，导致其上拱壳壳肩位置岩体发生破坏，诱导其上拱壳壳顶岩体发生破坏（"梯阶"结构第三梯阶岩块 C），沿工作面倾向，第三梯阶岩块 C 与第二梯阶岩块 B 相互作用，诱导第二梯阶岩块 B 破断，即工作面中部区域壳肩位置岩体破坏，通过走向方向岩体结

构联结作用关系，最终诱发工作面中部区域拱壳壳基位置岩块发生破坏失稳，第二梯阶岩块 B 破断作用，诱发第一梯阶岩块 A 发生破坏，即工作面下部区域拱壳基破坏失稳。

（2）工作面中部区域，随着工作面向前推进，拱壳壳基位置岩块发生破坏，引发其上壳肩位置岩体破坏，即第二梯阶岩块 B 破坏，倾向"梯阶"结构作用，引发第一梯阶岩块 A 发生破坏（工作面下部区域壳基位置岩块破坏失稳）和第三梯阶岩块 C 发生破坏（工作面上部区域壳顶位置岩块发生破坏失稳），第三梯阶岩块破断作用沿走向传递诱发工作面上部区域壳肩位置岩块和壳肩位置岩块发生破坏失稳。

（3）工作面下部区域，随着工作面向前推进，拱壳壳基位置岩块发生破坏（第一梯阶岩块 A 发生破坏），通过倾向"梯阶"结构作用，引发第二梯阶岩块别 B 发生破坏（工作面中部区域壳肩位置岩块破坏失稳）和第三梯阶岩块 C 发生破坏（工作面上部区域壳顶位置岩块发生破坏失稳），第二梯阶岩块破断沿走向作用导致工作面中部区域拱壳壳基位置岩块发生破坏失稳，第三梯阶岩块破断沿走向传递诱发工作面上部区域壳肩位置岩块和壳基位置岩块发生破坏失稳。

从以上空间拱壳结构相互作用形式可以看出，其关键部位可以分为六个区域（图5-58），工作面上部区域壳基位置、壳肩位置、壳顶位置，工作面中部区域壳基位置、壳肩位置，工作面下部区域壳基位置，工作面上、中、下不同区域壳基、壳肩、壳顶位置岩体直接相互作用，不同区域关键位置岩体通过倾向"梯阶"结构相互作用，倾向"梯阶"结构是控制"拱壳"结构整体失稳的关键。

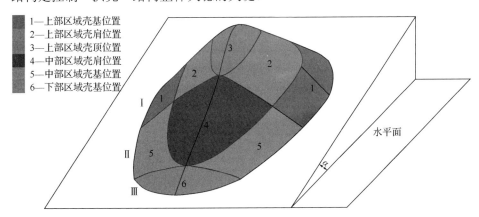

图 5-58　拱壳失稳关键部位

1—上部区域壳基位置
2—上部区域壳肩位置
3—上部区域壳顶位置
4—中部区域壳肩位置
5—中部区域壳基位置
6—下部区域壳基位置

参 考 文 献

[1]　王红伟, 伍永平, 曹沛沛, 等. 大倾角煤层开采大型三维可加载相似模拟试验[J]. 煤炭学报, 2015, 40(7): 1505-1511.

[2]　宋振骐, 宋杨, 刘义学, 等. 关于采场支承压力的显现规律及其应用[J]. 山东矿业学院学报. 1982, (1): 1-25.

[3]　宋振骐, 刘义学, 陈孟伯, 等. 岩梁断裂前后的支承压力显现及其应用的探讨[J]. 山东矿业学院学报. 1984, (1): 27-39.

[4]　高阳, 张庆松, 徐帮树, 等. 海底采煤顶板支承压力分布规律与影响因素研究[J]. 岩土力学. 2010, 31(4): 1309-1313.

[5]　刘长友, 黄炳香, 孟祥军, 等. 超长孤岛综放工作面支承压力分布规律研究[J]. 岩石力学与工程学报. 2007, 26(S1): 2761-2766.

[6]　王树仁, 王金安, 戴涌. 大倾角煤层综放开采顶煤移动规律与破坏机理的离散元分析[J]. 北京科技大学学报, 2005,

27(1): 5-8.

[7]　尹光志, 李小双, 郭文兵. 大倾角煤层工作面采场围岩矿压分布规律光弹性模量拟模型试验及现场实测研究[J]. 岩石力学与工程学报, 2010, 29(S1): 3336-3343.

[8]　Wang H, Wu Y, Xie P. Study on movement of surrounding rock and instability mechanism of rock mass structure in steeply dipping seam mining [C]. The 3rd ISRM international young scholars' symposium on rock mechanics, Xi'an, 2014: 205-210.

[9]　Wu Y, Xie P, Wang H. Theory and practices of fully mechanized longwall mining in steeply dipping coal seam [J]. Mining Engineering, 2013, 65(1): 35-41.

[10]　Wang H, Wu Y, Xie P. Analysis of surrounding rock macro stress arch-shell of longwall face in steeply dipping seam mining [C]. 47th US Rock Mechanics / Geomechanics Symposium, San Francisco, 2013: 1902-1907.

[11]　伍永平, 王红伟, 解盘石. 大倾角煤层长壁开采围岩宏观应力拱壳分析[J]. 煤炭学报, 2012, 37(4): 359-364.

[12]　杜晓丽. 采矿岩石压力拱演化规律及其应用的研究[D]. 徐州: 中国矿业大学, 2011.

[13]　Wu Y P, Wang H W, Xie P S, et al. Stress evolution and instability mechanism of overlying rock in steeply dipping seam mining [C]. 2013 Word Mining Congress(WMC), Montreal, 2013.

[14]　王红伟, 伍永平, 解盘石. 大倾角煤层覆岩应力场形成及演化特征分析[J]. 辽宁工程技术大学学报(自然科学版), 2013, 32(8): 1022-1026.

[15]　史红, 姜福兴. 采场上覆大厚度坚硬岩层破断规律的力学分析[J]. 岩石力学与工程学报, 2004, 23(18): 3066-3069.

[16]　史红. 综采放顶煤采场厚层坚硬顶板稳定性分析及应用[D]. 青岛: 山东科技大学, 2005.

[17]　杨帆, 麻凤海. 急倾斜煤层采动覆岩移动模式及其应用[M]. 北京: 科学出版社, 2007.

[18]　于健浩. 急倾斜煤层充填开采方法及其围岩移动机理研究[D]. 北京: 中国矿业大学(北京), 2013.

[19]　杨培举, 何烨, 郭卫彬. 采场上覆巨厚坚硬岩浆岩致灾机理与防控措施[J]. 煤炭学报, 2013, 38(12): 2106-2112.

[20]　黄汉富. 薄基岩综放采场覆岩结构运动与控制研究[D]. 徐州: 中国矿业大学, 2012.

[21]　苏仲杰. 采动覆岩离层变形机理研究[D]. 阜新: 辽宁工程技术大学, 2001.

[22]　贾双春, 朱建明. 采场围岩结构稳定性及其控制技术[M]. 徐州: 中国矿业大学出版社, 2012.

[23]　史元伟. 采煤工作面围岩控制原理和技术[M]. 徐州: 中国矿业大学出版社, 2003.

[24]　张威. 基础工程[M]. 合肥: 合肥工业大学出版社, 2007.

[25]　钱鸣高, 石平五. 采场矿山压力与控制[M]. 徐州: 中国矿业大学出版社, 2003.

[26]　钱鸣高. 岩层控制的关键层理论[M]. 徐州: 中国矿业大学出版社, 2000.

[27]　郝海金, 吴健, 张勇, 等. 大采高开采上位岩层平衡结构及其对采场矿压显现的影响[J]. 煤炭学报, 2004, 29(2): 137-141.

[28]　许家林, 鞠金峰. 特大采高综采面关键层结构形态及其对矿压显现的影响[J]. 岩石力学与工程学报, 2011, 30(8): 1547-1556.

[29]　李永明. 水体下急倾斜煤层充填开采覆岩稳定性及合理防水煤柱研究[D]. 徐州: 中国矿业大学, 2012.

[30]　徐芝纶. 弹性力学简明教程[M]. 北京: 高等教育出版社, 2002.

[31]　刘鸿文. 材料力学[M]. 北京: 高等教育出版社, 2004.

[32]　冯锐敏. 充填开采覆岩移动变形及矿压显现规律研究[D]. 北京: 中国矿业大学(北京), 2013.

[33]　孙广忠, 孙毅. 岩体力学原理[M]. 北京: 科学出版社, 2011.

第 6 章　大倾角煤层长壁综采关键技术

6.1　概　　述

大倾角煤层走向长壁工作面综合机械化开采的核心是工作面"R-S-F(顶板—支架—底板)"系统的稳定性,其关键技术主要集中于以下几个方面[1~3]:一是保证"R-S-F"系统的完整性,即在保持顶板、底板的完整性的基础上,满足顶板与工作面支架(支护系统)、工作面支架(支护系统)与底板之间的有效接触;二是在不影响工作面正规回采工序的条件下,尽量减小工作面的倾斜角度;三是工作面"三机"能力与尺寸配套的合理方案;四是以防止工作面支架与主要装备滑、倒及工作面"R-S-F"系统缺失为原则设计回采工艺流程和工序;五是特殊围岩条件处理方法与工作面快速安装与搬家技术;六是工作面应具有相对完备的防护与管理保障体系。

6.2　工作面"R-S-F"系统完整性保持技术

大倾角煤层走向长壁开采过程中 R-S-F 系统的完整性和动态稳定性控制的关键因素:其一为顶板、支架与装备、底板三者之间的两两接触状态;其二为工作面沿倾斜上部区域内顶板的悬露与垮落状态(使用放顶煤开采方法时,该因素的作用尤为突出);其三为以工作阻力利用率为特征的支架工作状态以及输送机和采煤机之间配合方式。

6.2.1　区段"大范围"岩层控制技术

大倾角煤层走向长壁开采工作面上部区域"支架—围岩"系统接触状态的不确定性,一定程度上来自于工作面冒落矸石向下滑滚以后,在该区域内(工作面后方采空区)形成无充填或零星充填的"空洞"所致,而导致该"空洞"形成的根本原因是煤层倾角大于 35°。对于第二区段及其以下各区段,由于回风平巷上侧区段煤柱的隔离,该空间持续存在。因此,在大倾角煤层采区设计时,应根据煤层(煤层群)特点,在同一阶段内布置两个以上区段(工作面),区段之间留设保护或隔离煤柱。在单一煤层开采时,先开采同一阶段内的上区段(工作面);在煤层群开采时,先开采上层煤,在同一煤层、同一阶段内先开采上区段(工作面),在第二及以下区段(工作面)回采过程中,在保证巷道满足生产基本要求的前提下,回收部分区段保护或隔离煤柱,在受控状态下减少或消除区段煤柱对顶板的支撑作用(仅起到隔离煤层机采厚度范围内的矸石作用),使本区段顶板岩层的活动范围与已经采过的上区段顶板岩层活动范围相交并参与该区段(工作面)围岩活动,从而扩大本工作面上覆岩层(顶板)活动范围,形成"大工作面"[4]。在本区段(工作面)开采过程中,促使上覆岩层(顶板)大范围活动,上下相邻两个工作面沿倾向采空区顶板垮落贯通,使上区段经过采动后的矸石滑、滚充填到本区段(工作面)中、上部区域的已成空间,从而延长工作面实际长度,防止了大倾角煤层工作面中、上部区域 R-S-F 系统失稳,保证了工作面安全生产。

6.2.2　放顶煤工作面顶煤放出量区域控制技术

合理的放顶煤步距和放煤顺序是提高综合机械化放顶煤工作面顶煤回收率、降低煤炭含矸率、提高煤炭质量的重要因素。大倾角放顶煤工作面顶煤的放出步距、放煤顺序和顶煤放出量除影响工作面产量和煤炭质量外,还决定着工作面单个支架及工作面整体支护系统的稳定性。一般来说,放煤步距是一个定值,为采煤机截深(0.6m)的 1~3 倍,而工作面沿倾斜方向的放煤口设置、放煤顺序以及每个放煤口或某个特定区域内的放出煤量则可以调整与控制。对于大倾角煤层放顶煤工作面而言,可根据煤层厚度和采煤机截深、工作面支架移架步距和顶煤松碎程度与冒放性等因数确定不同的顶煤放出参数,在工作面推进方向上可采用"一采一放、二采一放"的放煤步距,在倾斜(沿工作面线)方向上则宜将工作面按长度分成上部区域(约为工作面总长度的 1/4)、中部区域(约为工作面总长度的 1/2)、下部区域(约为工作面总长度的 1/4),在每一区域内亦可再分为更小的"段"(一般在工作面长度超过 100m,倾角大于 45°时采用),在"段"内按支架单、双数由上至下间隔"一次性"放空(多口放煤),但必须服从"上少、中足、下尽(1:3:2)"的顶煤放出量控制原则,使其在工作面支护系统(支架)稳定的前提下实现顶煤的有效放出,以解决大倾角煤层综放开采"支架稳定性—工作面产量"之间的矛盾,提高工作面产量和顶煤回收率及煤炭质量。

6.2.3　工作面支护系统工作阻力分区域控制技术

大倾角煤层走向长壁工作面开采由于采空区冒落矸石的非均匀充填造成覆岩关键层的"区域转换",导致其岩体结构在空间上出现"变异",使工作面围岩应力分布状态和工作面支架沿倾斜方向受力状态存在差异,在沿工作面倾斜方向上不同区域内支护系统承担的围岩载荷不同,对"支架—围岩"系统稳定性影响也不同。通常,工作面围岩的应力集中程度为下部(靠近工作面下端头附近)较大、中部次之、上部较小,而工作面支架与顶底的接触与工作状态则为下部较好、中部次之、上部较差,作用于工作面支架之上的岩层荷载和对应的支架平均工作阻力则为中部较大、下部次之、上部较小。工作面沿倾斜方向围岩应力集中程度、顶板—支架—底板接触状态和支架工作阻力的差异要求在工作面生产过程中应能对支架工作阻力进行适当的调整与控制。因此,在工作面支架研制时要求其工作阻力应具有独立与联合相结合的控制系统与功能。在工作面推进过程中,沿工作面倾斜方向将工作面从下至上(从工作面下端头至上端头)分为下部区域(从工作面下端头向上约占工作面倾斜长度的 1/4)、中部区域(约占工作面长度的 1/2)和上部区域(从工作面上端头向下约占工作面长度的 1/4),要求工作面支护系统工作阻力由下至上逐步增大。一般条件下,下部区域内支架的工作阻力低于中部区域 20%~30%,而上部区域则高出中部区域 20%~30%。在实际操作中,可以用调整支架的额定工作阻力(安全阀阈值)来实现。

对于放顶煤工作面而言,由于沿工作面倾斜方向不同区域内顶煤的冒放性和放出效果差异较大(主要受工作面冒落顶煤与后方矸石的滑滚与充填作用影响),覆岩及其运动施加于工作面支护系统荷载的区域性差异将更加显著,所以工作面支护系统工作阻力分区域控制技术就显得尤为重要。

6.2.4　坚硬顶板超前预爆破弱化技术

坚硬顶板大面积悬露和突然垮落,既可能造成"支架—围岩"系统的非完整,又可能造成冲击性压力,使工作面局部支架损坏和整体支护系统失稳,是大倾角煤层长壁开采工作面安全事故重大隐患之一。保持大倾角煤层走向长壁综合机械化开采"R-S-F"系统完整性的基础之一是保证工作面顶板随移架及时冒落,避免顶板悬伸长度加大后在工作面中上部区域内形成 R 部分缺失或 R、S "虚"接触形成"伪系统",导致顶板冲击性压力对工作面支护系统造成损害。对于放顶煤工作面来说,坚硬顶板悬伸长度过大和冲击性压力的概率远高于一般综采。坚硬顶板大范围灾害性垮落导致的人员伤亡事故在世界各国屡有发生,广域极坚硬顶板大范围动力灾害控制是公认的世界性难题。

坚硬顶板超前弱化技术目前主要有注水弱化和爆破弱化两大类,从实际使用效果来看,注水弱化对放顶煤开采工作面顶煤弱化效果较好,对坚硬顶板,特别是对岩石坚固性系数超过 8 的岩层效果并不明显。因此,坚硬顶板弱化目前主要采用超前预爆破技术处理。超前预爆破是在工作面超前一定距离,预先在顶板岩体中凿岩爆破造成人工预成裂隙带,人工爆破裂隙与工作面采动应力引起的岩层裂隙相互作用,在拉应力区垂直应力方向的裂隙面将向最大方向扩展,在压缩区与应力方向斜交或接近的裂隙面将分支并扩展。当顶板发生弯曲时,在剪应力的作用下,裂隙面将向岩体深部和采空区方向扩展。岩体中这种人工爆破裂隙的产生、分支和扩展,弱化了岩体的结构和物理力学特性,从而使工作面附近岩体支承应力峰值位置前移,并降低了应力峰值的幅度,实现对坚硬顶板整体性的处理与控制,达到了安全开采的效果。

大倾角煤层综放(采)工作面坚硬顶板超前预爆破是在对煤层顶板结构和物理力学特性进行充分研究的基础上,根据基本顶岩层位置、总厚度,煤层厚度、倾角和采高,天然裂隙的产状要素,工作面倾斜长度,采煤工艺和凿岩爆破施工技术条件等诸多因素,采用专门机具由工作面两巷向顶板内钻进炮孔,确定炮孔方位和装药参数(包括炮孔间距、炮孔水平转角、炮孔上端装药高度、炮孔深度、炮孔倾角、炮孔下端装药高度、炮孔直径、装药量和封孔长度等),使用煤矿许用乳化炸药,超前工作面一定距离装药爆破,利用炸药在岩体内部爆炸能量的作用,弱化岩石的物理与力学性状(质)和强度,使其分层厚度变小和自然悬露面积减小,从而达到控制坚硬顶板大面积悬露和由此导致的灾害性垮落的目标。

基于对广域极坚硬顶板围岩基本物理力学性状和爆破冲击响应程度分析,系统研究广域极坚硬顶板损伤演化和爆破弱化后顶板运动与充填特征以及工作面矿山压力显现特征与超前爆破区域匹配参数,以提高顶板与顶煤运移"耦合性"为目标,采用"非等长多炮孔、非均匀大药量、高层位低震动"的大倾角煤层坚硬顶板超前爆破弱化方法(图 6-1 和表 6-1)[5],对坚硬顶板进行控制性处理,从而降低顶板强度,改善工作面"支架—

围岩"相互作用特征，既消除了顶板大面积悬露和垮落产生的冲击性矿压显现和由此导致的工作面围岩灾变隐患，又满足了综合机械化(放顶煤)开采过程中采煤(顶煤放出)对来压强度的要求。一般条件下，对坚硬顶板进行超前预爆破技术处理后，工作面初次来压与周期来压步距分别减小 70%~80% 和 40%~50%，支架平均动载系数降低 8%~12%。

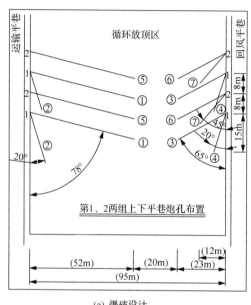

(a) 爆破设计

(b) 现场扩钻

图 6-1　新疆焦煤集团 2130 煤矿坚硬顶板超前预爆破弱化

表 6-1　新疆焦煤集团 2130 煤矿坚硬顶板超前预爆破弱化炮孔与装药量参数

钻孔名称	钻孔角度/(°)		钻孔长度/m	装药长度/m	装药量/kg	封孔长度/m	
	水平转角	仰角				黄土细砂	孔口水泥
第一组：基本顶及端头孔							
运输平巷基本顶切断孔①	78	54	52	34	112.2	16	2
运输平巷端头切断孔②	20	51	25	16	52.8	7	2
回风平巷基本顶切断孔③	65	1	28	16	52.8	10	2
回风平巷端头切断孔④	20	42	22	11	36.3	9	2
第二组：基本顶及辅助孔							
运输平巷基本顶切断孔⑤	78	54	52	34	112.2	16	2
回风平巷基本顶切断孔⑥	65	1	28	16	52.8	10	2
回风平巷辅助切断孔⑦	45	13	30	17	56.1	11	2

6.2.5　松(散)软煤层与软弱底板加固技术

缓倾斜煤层开采时，随着采高的增大煤壁片帮的几率随之增大，大倾角煤层走向长壁工作面开采过程中煤壁片帮概率除随采高增加而上升外，还与煤层或工作面倾角正相关，即随着煤层或工作面倾角的增加，煤壁片帮的几率也加大。在大倾角煤层工作面，煤壁片帮除引起架前漏冒，使"R-S-F"系统构成元素缺失或成为"伪系统"外，还会在工作面形成"飞矸"，造成人员伤亡、设备损坏等安全生产事故。

与此同时，由于煤层或工作面倾角大，松软的工作面底板岩层自身具有向卸荷空间运动的特性，即底板鼓起和滑移。松软底板出现破坏滑移一方面是底板岩层本身性质所致，另一方面则是由于工作面支架下陷造成的，当其完整性受到损伤和破坏时，底板破坏滑移的概率会急剧增大。底板破坏、滑移与煤壁片帮同样可引发"R-S-F"系统构成元素缺失或成为"伪系统"，其与工作面支护系统相互作用的弱化导致"恶性循环"，最终使小隐患演化成大事故。

防止工作面底板破坏、滑移的关键技术：一是在工作面支架和输送机设计时增大与底板接触面积，减小局部区域(如支架前端和输送机加强筋处)对底板的比压，降低对底板造成损伤的几率；防止工作面支架下陷通常以减小支架对底板比压(特别是底座前端的比压)为切入点设计支架底座和调整底座的受力状态，将底座设计为整体式并将其在工作状态时的着力点适当后移。二是在工作面推进过程中，严格工序过程，既要使支架擦顶(最好能带压)前移，还要使支架底座与工作面底板保持良好接触，防止支架倾倒导致的 S 与 F 出现非均匀接触状态，避免支架因侧倾损伤底板，底板特别松软时，则要考虑支架"抬底"前移。三是对特别松软的底板，在工作面沿倾向的重点区域(一般为工作面上排头支架支护区域和中部区域)可用浅部可切断或大柔性锚杆(便于支架前移与推溜)进行局部加固。

防止煤壁片帮的关键技术，一是在支架研制时改造护帮板和伸缩顶梁，增加对煤帮的保护构件，如可伸缩、高强度(增大护帮板伸缩千斤顶缸径)大面积护帮板等，此外，还需调整伸缩结构，使其在伸出后能够尽快与煤壁紧贴；二是适当提高支架的工作阻力，减小无支护下(端面距范围)上方顶板载荷，在顶板坚硬而煤层松散时，提高支架工作阻力对于控制煤壁片帮效果尤为明显；三是在割煤、推溜、移架的工序配合中优先前移支架和打开护帮板，保证对新裸露顶板与煤壁的及时支护；四是对于易片冒且导致事故多发的工作面上端头区域(图 6-2)或工作面有小构造区域，采取物理化学方法进行临时加固。一般情况下，可采取向煤壁内注入"马利散"(聚亚胺胶脂材料)等材料，也可以从工作面回风巷向煤壁内插入 PVC 管，向其注入水泥浆，形成超前管棚对极易出现片帮的上端头区域进行加固(图 6-3)；五是在保证工作面回采率和满足采放比的条件下尽量降低煤壁高度，减少其自身失稳的概率。

图 6-2　相似模拟实验中的工作面上端头冒顶区

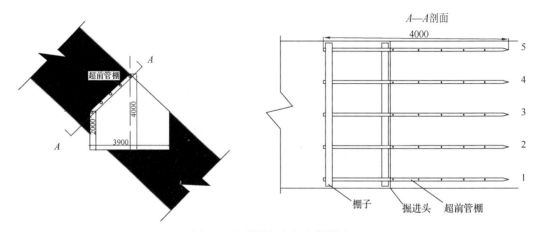

图 6-3　超前管棚加固松散煤壁

除此之外，为预防煤壁片帮，还需要在回采工艺方面做到以下几点：

(1) 追机作业及时护帮和顶板。大倾角工作面为防止设备下滑，一般采用伪仰斜布置，必然会加剧工作面的片帮。割煤时，将前探梁收回，护帮板收起，采煤机割煤后，采用少降快拉擦顶移架，尽快伸出前探梁和护帮板，使新暴露的顶板和煤壁及时支护；以避免工作面顶板暴露时间过长，压力增大，形成片帮。

(2) 严格煤帮管理，严格控制采高。严格在人员安全前提下执行敲、问煤帮制度，禁止空顶作业，人员进入工作面先处理掉片帮、伞檐及危矸；割煤时支架前立柱至煤壁侧不得有行人或作业，作业人员处于前立柱后，要做好自身防护工作；并在工作面煤壁侧每隔 8~10m 设高度不低于 0.8m 的护身挡板，以防止煤矸滚落伤人。采高控制在规定范围内，不得超高，保证支架正常接顶。在顶煤破碎，支架梁端顶煤(顶板)发生漏、冒时，及时用坑木，背板等护顶，使支架前梁与前探梁能有效地支撑顶板，保证绞顶可靠，然后再移架。

(3) 防止过量挑顶切底。提高采煤机司机操作水平,采煤机司机要掌握好挑顶切底量,割煤后煤壁直、底板平、不留伞檐；支架工移架要保质保量。

(4)采取合理的工作面伪斜度，适当加快工作面推进度。调整工作面伪斜来调整支架推进方向与工作面回采方向保持相对一致。一般情况工作面伪斜角度 $\beta \approx (0.2 \sim 0.25)\alpha$，煤层倾角较小时取小值，随工作面倾角增大，系数取较大值。谨防由于伪斜角度 β 值过大导致工作面煤壁较大范围的片帮。同时适当加快工作面推进度，减少煤帮裸露时间。

6.2.6　工作面支护系统与装备防倒、防滑技术

工作面支护系统与装备的倾倒、下滑直接影响着"R-S-F"系统的完整性。预防大倾角煤层走向长壁工作面开采支护系统与装备倾倒、下滑主要从以下方面考虑：

(1)将工作面"三机(支架、采煤机、输送机)"纳入到一个统一的系统中来考虑，设计与制造及使用过程中既要考虑各自的防倒、防滑能力，又要考虑相互之间的作用，并以工作面支架为核心进行"三机"的稳定性校核，提高"三机"小系统的整体防倒、防滑能力。一般条件下，要求工作面支架具有完整的防倒和抗滑装置，如相互独立的顶梁和底座调架与侧推(双向动作)装置、加强型侧护板等；要求工作面输送机本身具有抗下滑性能，同时加强与工作面支架之间的紧密联系(以提高输送机与支架底座之间的推移装置强度为基点)，在不影响推溜工序的前提下，使输送机与支架的连接尽可能呈"准刚性化"；采煤机则要求具有较大的牵引功率、制动能力和对煤壁片帮、支架前漏冒的防护能力，以及与工作面输送机之间的合理配合方式，尽量减小其成为"三机"系统整体倾倒和下滑诱因的几率。

(2)在工作面端头、排头和中部区域，设置数架支架联为一体的防倒、防滑"基点区"，以这些"基点区"为依托，对已经出现的"三机"倾倒和下滑状态随时进行调整，将可能导致"三机"倾倒和下滑的因素消除在初始状态。在"基点区"的设置中，以工作面下出口处的端头支架与排头支架和工作面上出口的排头架组成的"基点区"最为重要。

(3)采用工作面支架"提腿、擦顶前移"和全工作面与局部区域相结合的"自下而上"移架顺序，同时优化"三机"的时空关系并采取工作面调伪斜方法，降低工作面推进过程中出现"三机"倾倒和下滑的概率。

(4)采取"机尾割三角煤斜切进刀"的方式由上向下割煤，随着工作面采煤机由上向下割煤，伸前探梁，打开护帮板；移架采用追机作业，即随着采煤机上行清浮煤，收护帮板，收前探梁，降架擦顶移架，打开护帮板。

(5)严格控制工作面采高，适当加快工作面推进速度。控制采高与控制支架支撑高度相辅相成，超高开采不仅降低支架的横向稳定性，同时亦造成移架和推溜困难。因此，在回采过程中，必须严格按照设计要求，不得超高，并避免架间出现的挤、咬现象，以提高支架的稳定性。

6.2.7　动态扶架与支护系统二次稳定技术

由于大倾角煤层走向长壁综采工作面液压支架处于坡度较大的斜面上，在支架重力的切向分力、顶板冒落岩石重力的切向分力和大块煤矸滑滚的下冲力以及上邻架顶梁的挤靠力作用下易发生倾倒。特别是随着工作面倾角的增大，尤其是大采高、破碎顶板或放顶煤工作面，由于支架重量大以及顶梁上的破碎岩石或松散顶煤随降架极易滑落，造

成支架空顶，顶板作用于支架的力丧失，支架受力平衡状态被打破，支架倾倒越加严重。若侧护板顶力不足或伸缩不畅、扶架操作不当，则会发生"多米诺骨牌"式的倒架。王家山、东峡和长山子煤矿的首采大倾角特厚煤层综放面以及新疆艾维尔沟2130煤矿首采的大倾角大采高综采面都发生过不同程度的倒架。倒架直接造成工作面生产瘫痪，支架受损严重，安全隐患极大。为尽快恢复生产不得不对倾倒支架进行扶正并使其再稳定。

大倾角煤层走向长壁综采工作面液压支架的倾倒是自下而上多架同时发生且来得快，如山倒，几乎是一瞬间的事。而扶架则是自上而下逐架进行且极其缓慢，如抽丝，一般需要十多天甚至数十天，严重时持续一个多月。

扶架时切不可采取原地将全部支架扶起再割煤的静态扶架方式，而要采用扶起一副倾倒支架的同时尽可能使其前移[6-8]，移完8~10副支架并推溜后就割煤的动态扶架方式。静态扶架由于加剧了顶梁上的煤矸滑落，导致抽顶范围扩大，倒架越发严重；而动态扶架能使支架逐渐进入实体煤，顶梁逐渐恢复受力，有利于支架的再稳定，即常态稳定。

动态扶架要严格按照"护—扶—移—稳"的四步法进行。护是扶的前提；移是扶的目的；稳是移的结果，相辅相成。

护具体指对煤帮和端面(支架顶梁前端到煤壁的范围)的加固以及架缝的保护。通常采用打超前锚杆并挂网加固煤帮和端面以防片帮漏顶。挂网防架间漏煤矸。在空顶范围大或漏顶严重处还要补打单体柱和抬棚，在较大架间缝隙处配合单体柱顶半圆木加强护缝，谨防大块煤矸冒落。机道必须设安全隔挡以防坠物滑滚伤人损物。

扶是在护好的前提下将支架扶正。采用两台双速绞车(一台拉架前端，一台拉架尾部)也可配合千斤顶拉锚链将支架拉起。拉架前一定要确保各项准备工作到位，绞车、钢丝绳、滑轮、挂钩、单体支柱等一定要牢靠；钢丝绳附近严禁站人；支架操作工处于待扶支架的上邻架立柱后，远程操控单体支柱工远离待扶支架(一般在其下侧3架立柱后，以便观测与联络)；待扶正支架底座下和前面的积煤矸须清理彻底；运输系统运转正常；采煤机停在待扶支架以上位置，以免扶架期间冒落较大块煤矸堵塞采煤机过煤口或掩埋采煤机；待扶支架与上邻架间隙，特别是尾部间隙应能充分满足扶正或基本扶正要求；泵站压力应达到或接近额定值，液压系统正常(不泄漏或窜漏液)；千斤顶活柱要保护好，以免活柱电镀层被钢丝绳或锚链磨损等。准备工作就绪后，指挥员(由跟班队长担任)发令拉架，支架操作工降立柱与指挥员和单体柱远程操作员默契配合拉架，指挥员根据扶架期间具体情况(如漏顶严重)及时发停止拉架令。除指挥员外，严禁任何人指挥或干扰发令或擅自行动。拉架过程造成架缝扩大漏煤矸严重时，停止拉架并在确保安全前提下再次补打单体柱顶半圆木保护架缝，严格控制漏顶。护好架缝可再次拉架直至拉正或基本拉正。若漏下大块煤矸就要及时处理，以免堵塞运输通道，致使拉架中断。

应当强调，扶架前调大架间距非常困难，常常需要从待扶支架以上10架左右处开始上调支架以获得较大的扶架间隙。支架尾部架缝因支架重心偏后、操作空间狭窄和上拉支架前端使支架尾部下摆加重导致调整更加困难。一般需要1~2个小班，有时需要1个圆班(工作面完成一个大循环作业班)。所以，保持扶正支架的再次稳定以获得较大的扶架间隙至关重要。

扶架同时最好能移支架，否则拉正或基本拉正后应迅速最大限度地增大移架步距，使支架尽早进入实体煤，恢复顶梁与顶板的相互作用力，逐渐达到常态稳定，这是动态扶架的核心和关键。

支架移到位或基本移到位后，要立即稳固支架，避免或尽可能降低支架再次倾倒风险。临时稳架采用下顶上拉方式。下顶用单体支柱，立柱支于待稳支架下邻架的底座上，用木板垫实，柱头顶在待稳支架顶梁的侧护板上，确保支撑牢实，以防崩柱。单体柱的保险绳或链要系牢。上拉采用千斤顶拉锚链替代绞车钢丝绳。锚链最好用新的并用保险绳分段系在支架上，以免锚链弹跳或断链伤人。若用旧锚链要仔细检查锚链链环是否磨损严重，磨损严重禁止使用。事先应备好锚链快速接头、挂钩、千斤顶连接件，充分满足稳架使用。

目前所用支架缺少扶架所需的拉架挂钩和单体柱上下柱窝。现场扶架时被迫挂在别的耳座或护帮板的铰接处或连杆上甚或千斤顶上。连接困难，还常常将耳座拉折。因无柱窝可利用，单体柱两端接触处为点或线接触，可靠性差，崩柱隐患大。建议支架设计制造时要重点考虑扶架专用的支架上的拉架挂钩和单体支柱柱窝等亟待解决的问题。

扶架前要按照上述动态扶架要求编制相应的操作规程和安全措施，加强安全保障，确保扶架安全顺利进行。

特别是对易自然发火煤层要做好预防发火的工作，严密监测工作面一氧化碳浓度及煤体温度，及时评估煤层自然发火的隐患与风险，消除隐患、降低风险，避免因发生煤层自然发火影响扶架。

在扶架期间遇到工作面水害时，要做好探、放、疏、降、导、排水工作，为扶架创造良好的工作环境。

在倒架及扶架期间，支架间漏冒的煤矸易充填或掩埋支架底座上密集的胶管与阀组。此处空间狭窄，清理量及难度均大，应加工小耙子及铲板等专用清理工具。还应增加清理工，加快清理速度，为扶架创造有利条件。

验收员要加强现场验收，重点验收扶架前后支架的倾斜度和偏斜度[8]，以动态定量掌握扶架质量并为扶架考核提供依据。力争支架尽早从临时稳定转向常态稳定。

扶架期间要加强组织管理，确保出勤率。特别是班前会上由技术员讲解扶架效果和扶架中遇到的具体技术问题及解决对策。还需量化考核，及时兑现奖惩，充分调动参与扶架人员的积极性和主动性，确保扶架顺利进行。

6.3　工作面(开切眼)与回采巷道布置及维护技术

6.3.1　工作面调伪斜技术

大倾角煤层走向长壁开采方法确定的主导因素是煤层倾角，尽管目前大倾角煤层走向长壁综合机械化开采实际倾角已经达到了 50°左右，甚至更大，综合机械化放顶煤开采实际倾角也已经达到了 45°左右，但从工作面管理与提升设备使用可靠性的角度出发，仍然希望在工作面开切眼布置时尽可能地减小煤层倾角，工作面"伪斜"布置就是被广泛采用的技术之一。工作面伪斜布置有"伪俯斜"和"伪仰斜"两种方式。由于大倾角煤层走向长壁开采会出现工作面设备下滑和松软煤层煤壁片帮等现象,故一般不采用"伪俯斜"布置而多采用"伪仰斜"布置工作面。

大倾角煤层走向长壁开采工作面"伪仰斜"布置调整技术步骤如下:工作面开切眼一般沿煤层真倾斜布置(可减小煤炭损失量),工作面设备(支架、输送机、采煤机等)安装完毕后按正规循环向前推进,在支架前移、工作面输送机(溜子)推移过程中,以不影响工作面正规作业循环为原则,从工作面下端头(输送机机头)开始向上端头逐渐减小支架前移和每节溜子的推移距离(一般每节溜子推移距离相应递减20~30mm),连续重复数个循环,使工作面输送机头超前机尾8~12m(距离视工作面倾斜长度而定),从而使工作面形成 3°~5°的伪斜角,除在一定程度上提高工作面设备的可靠性外,还能对输送机的下滑进行控制和调整(图6-4)[9]。

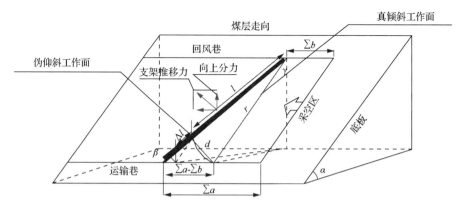

输送机上移量:$\Delta l=(0.72k^2n^2+1.2\Delta akn)/l$

达到上移量所需天数:$n=0.83(\sqrt{\Delta a^2+2\Delta l \cdot l}-\Delta a)/k$
式中,k为每个采煤班移机头次数;Δa为推溜前工作面下端头在煤层走向方向上超前上端头的距离;l为溜子长度;Δl为输送机上移量;0.83为采煤班数与最大推溜步距之积的倒数

图6-4　大倾角煤层走向长壁工作面开采调伪仰斜

6.3.2　切眼穿层布置技术

在倾斜或缓倾斜煤层走向长壁工作面开采时,通常将工作面运输和回风平巷均沿顶板或底板布置在煤层之中,形成真倾斜直线工作面。对于大倾角煤层而言,由于倾角大,回采巷道布置时必须考虑巷道与工作面的过渡与连接状态,要尽可能做到相对平滑(缓)的非直线过渡,则需要采取穿层布置方式。对于厚及特厚的大倾角煤层,穿层在煤层中进行,对于薄及中厚煤层,穿层对象可能包括煤层和部分岩层(工作面巷道采用破顶或破底方式布置)。

非线性工作面布置方式,即"倾斜—圆弧—水平"的特殊布置方式(图6-5)或"顶板—降坡段—底板"布置方式(图6-6)[10],是大倾角煤层长壁综放开采过程中减小工作面倾角、改善工作面支护系统稳定性和简化工作面设备布置方法之一,其核心是回风平巷采用巷道底部宽度1/2破煤层底板三角岩布置方式,减缓了工作面上端头大倾角的影响,并消除了底板三角煤,使端尾支架(上端头支架)水平放置,提高了支护系统的稳定性;特厚煤层运输平巷布置在煤层中沿顶板掘进,为工作面圆弧段布置创造条件。这种工作面圆弧—水平过渡布置方式(一些大倾角煤层工作面也采用"顶板—降坡段—底板"布置方式)可以显著改善工作面支架的整体稳定性,有效地防止工作面开采装备在大倾角状态下的倾倒、下滑,简化工作面下端支护和前、后部刮板运输机与转载机的搭接配合,保障工作面的安全、高效生产,也为下区段工作面回风平巷布置在卸压区、瓦斯释放及三角煤回收创造有利条件。

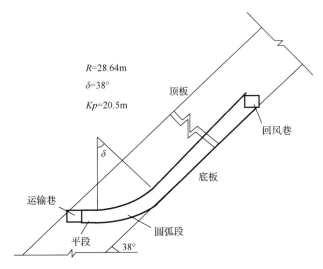

图 6-5　甘肃靖远王家山煤矿综放面 "倾斜—圆弧—水平" 布置方式

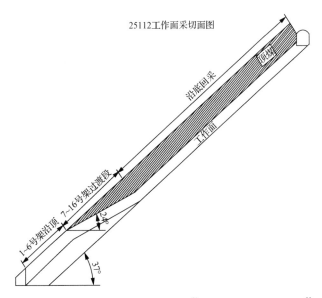

图 6-6　新疆焦煤集团 2130 煤矿开切眼 "顶板—降坡段—底板" 布置

6.3.3　切眼掘进技术

　　大倾角厚煤层综采切眼掘进难度大。一般采用自下而上先掘通小断面排渣巷,再自上而下扩掘。目前,大倾角煤层综采切眼无法采用综掘掘进,而只能采用爆破扩掘。由于煤层倾角大,作业条件差,传统的钻爆法部分断面扩掘施工技术,存在人员操作困难、设备安装困难、煤壁易片冒、下滑的煤矸加速度大、出渣困难、安全堪忧等问题。华蓥山煤业公司南二井煤矿曾进行过大倾角较薄软煤层切眼反井钻机施工导孔试验，因导孔垮塌被迫中止，不得不后退留煤柱用传统的自上而下爆破掘进，劳动强度大，效率低。东峡煤矿综放工作面煤层倾角大，采用钻机自上而下钻出排渣导孔，再采用反井钻机自下而上进行扩孔，然后再自上而下进行扩掘的切眼掘进新工艺试验[11~13]，并采取高预应力锚网索及单体液压支柱抬棚联合支护形式，实现了切眼安全高效贯通。但在软煤层中用反井钻机施工导孔，特别是扩孔时易发生导孔垮塌，有待研究解决。

根据大倾角斜煤层赋存特点，在煤层中施工大直径反井钻孔，采用下行法掘进开切眼，不仅可以很好地解决大倾角松软突出煤层开切眼掘进中的防突问题，而且可以解决大倾角煤层巷道施工煤矸运输问题。

华蓥山煤业公司南二井煤矿当初采用反井钻机钻导孔再扩掘技术掘进切眼，当扩巷（扩宽为 3.3m 的小断面巷道）到 4m 时，钻孔出现堵塞现象，采取措施后处理畅通。当再次下矸时，又发生堵塞，且不能处理。经分析，发生堵塞现象是由于上部煤层比较松软，在溜煤矸时造成钻孔上部煤层局部发生垮落现象，最终导致顶板冒落，大块矸石堵塞钻孔。考虑到顶板垮落高度可能较大，对开切眼掘进不利，不得不放弃原来的切眼而在后退 30m 处采用传统的钻爆法直接从上往下掘小巷施工[13]。

为解决大倾角煤层开切眼施工难度大，冒顶、飞矸伤人事故频繁发生的问题，采用钻机由下向上施工钻孔形成下煤通道，再由上向下刷大至设计断面的大倾角煤层开切眼施工方案，溜煤通道钻孔、扩孔、护孔、防堵、疏通以及开切眼扩刷、支护等技术措施。工业性试验结果表明：采用钻机沿大倾角煤层由下向上施工钻孔方式能够代替人工爆破小断面形成下煤通道，有效杜绝煤层随时冒顶给人员带来的安全威胁，同时避免对开切眼围岩的二次破坏，围岩变形量明显减小，确保大倾角煤层开切眼的施工安全，保证安全生产。

反井钻机钻扩开切眼方案技术难点在于三个方面，一是钻机由下向上钻扩开切眼定点贯穿上部回风巷，方向定位难度较大；二是钻孔直径较小，后期扩刷开切眼容易发生煤岩堵塞；三是钻机施工形成的下煤通道周围为煤体，容易发生垮孔。

下煤通道堵塞疏通技术包括两个部分，一是利用钢丝绳配绳卡疏通技术。开切眼扩刷前，在套管中安设 1 根 $\phi15.5mm \times 300m$ 的钢丝绳。钢丝绳下段 150m 每隔 10m 固定 1 个绳卡，盘圈存放在运输巷内，上端连接到风巷绞车上，若发生下煤套管堵塞事故，利用绞车缓慢拖动钢丝绳来疏通下煤通道。二是利用钻机疏通技术。钻杆回撤完毕后，不回撤钻机，并加以稳固，保证倾角和方向与钻孔一致，若发生堵塞难以疏通时，利用钻杆钻进方式疏通下煤通道。

反井钻机沿大倾角煤层由下向上施工钻孔并扩孔代替人工爆破小断面形成下煤通道，是解决大倾角煤层人员上下行走困难、冒顶、飞矸伤人等问题的有效技术手段。该方案与原采用的人工二次爆破成巷工艺相比较，避免了对开切眼围岩的二次破坏，围岩变形量明显减小，确保开切眼施工安全，保证了矿井安全生产。采用铁皮套管安装于钻孔内，可以防止垮孔和下煤通道堵塞。钻机沿煤层由下向上施工钻孔形成下煤通道，再由上向下扩刷成巷技术具有较强的实用性，方法简单，施工工期缩短；同时开切眼施工成本及安全威胁较以往的人工爆破工艺有了大幅度降低，具有良好的推广应用前景[14,15]。

6.3.4　非规则(异型)断面巷道维护技术

回采巷道布置是大倾角煤层走向长壁综采的重要技术之一,大倾角煤层走向长壁综采回采巷道最终掘成的断面多为斜顶梯形,下帮低(矮)上帮高。两巷布置不论是沿煤层顶板还是沿煤层底板,其两帮高度总存在较大的差异。在 35°~55° 范围内,其差异为 $\Delta h = b \tan \alpha$,式中 Δh 为巷道两帮高度差, b 为巷道跨度(宽度), α 为煤层倾角(图 6-7 和图 6-8)。

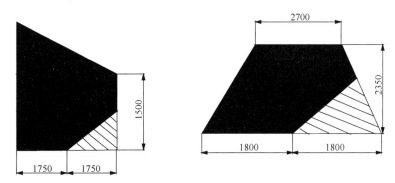

图 6-7　回采巷道底部宽度 1/2 破岩示意图

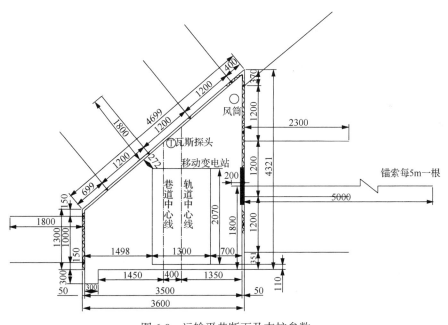

图 6-8　运输平巷断面及支护参数

按照大倾角煤层综合机械化开采基本要求,当巷道宽度为 3000~4000mm 时,不破顶板或顶煤掘进时,三角形巷道两帮高度之差可达 2100~5000mm。为利于行人和机械装备布置,要求巷道每侧应有一定高度。一般条件下,巷道低帮高度不小于 1500mm,则高帮高度可达 3600~6600mm。很显然,此时不论是巷道高帮还是顶板其前期支护和后期维护均较困难,煤层松软和顶底板岩性较差或该巷道为综合机械化放顶煤工作面回风巷时尤其如此,且正成为制约工作面产量提高的重要因素之一。解决该问题的关键技术包括以下几个方面：一是巷道成型，应将巷道断面设计为非规则型(异型)，可采用屋顶五边形断面降低高帮，由煤层顶底板各一部分构成非直线型的"巷道顶板"，见图 6-9，这种断面曾在华蓥山南二井煤矿首个综采面回采巷道采用过，在成型过程中尽量保持较多的顶板(顶煤)不被破坏，若煤层松软非直线型巷道顶板不易形成，则可在掘进过程中对煤层采用物理化学相结合的方法进行加固(如采用超前注马利散、PVC 管棚水泥浆加固等)；二是巷道维护，应采用"钢筋网+混凝土喷层+锚杆+锚索+非规则(局部)棚式支架"的多介质结构耦合支护方式进行维护，在施工过程中应优先采用混凝土喷层对新裸露围岩的及时封闭工艺[16,17]，见图 6-10。

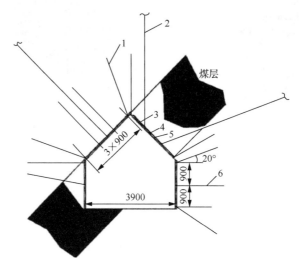

图 6-9　非规则(异型)断面巷道形状与基本支护方式
1—顶板锚杆；2—锚索；3—金属网；4—W 形钢带；5—水泥砂浆喷层；6—帮部锚杆

图 6-10　多介质结构耦合支护方式

6.4　工作面"三机"选型配套关键技术

针对大倾角煤层走向长壁工作面"三机"(液压支架、采煤机和刮板输送机)运行所固有的支架倒滑、采煤机上牵阻力大且制动困难和刮板输送机下滑等突出问题，论述了"三机"选型与配套的关键技术。特别是通过适当加大推移杆长度，有效地解决了支架尾部下摆导致梁端距变小、浮煤量大所致的推溜距不足等问题，避免了采煤机滚筒与支架梁端间出现相互影响；大倾角特厚煤层走向长壁综放工作面下部采用圆弧过渡段布置时，需增加检验最小采高的采煤机能否顺利通过圆弧段的纵向配套尺寸检查图；不仅丰富了综采"三机"选型配套的内容，而且提升了"三机"选型配套水平。

大倾角煤层一般指埋藏倾角为 35°~55°的煤层[18]。为实现我国大倾角煤层安全高效开采，历经几代科研与技术工作者的共同努力，我国大倾角现代化开采技术不断得到提高；而国外对于大倾角煤层的研究主要集中在 20 世纪 70~80 年代，直至 90 年代中期，对大倾角煤层综合机械化开采的核心技术研究及关键设备研制依然较少[19]。近几年，我国煤炭行业受产能过剩影响，煤炭市场萎靡，难采的大倾角煤层开采的必要性及安全与效益受到质疑。可一直坚持大倾角煤层综采的绿水洞煤矿依然安全、高效运行并盈利，全矿生产正常，秩序井然。综合机械化开采是煤矿的根本出路，也是难采的大倾角煤层安全高效开采的根本出路。开采大倾角煤层的矿井要建设现代化矿井就应发展综采。"三机"是综采设备的重要组成部分，其选型配套是否合理更显得尤为重要，直接影响到整个矿井的生产安全和各项技术经济指标[20]。

目前，大倾角煤层走向长壁综采工作面(简称大倾角综采面，下同)的"三机"选型配套基本沿用近水平综采工作面"三机"的选型配套方法，而并未针对煤层倾角大的特殊复杂条件系统研究"三机"选型配套的关键技术，导致选型配套效果不佳。

西安科技大学大倾角煤层综采理论与技术研究团队集近 20 年研究与工程实践成果，系统地总结出了大倾角走向长壁综采"三机"选型配套的关键技术。

6.4.1　大倾角 "三机" 选型

大倾角综采面 "三机" 选型的关键就是 "三机" 能适应大倾角这一特殊复杂条件，即液压支架自身能防倒防滑，即使滑倒后也能通过调整顺利地复位；采煤机牵引力足、制动可靠、润滑效果好；刮板输送机强度足以满足采煤机运行与制动的要求且能抑制煤炭自溜使煤炭均匀运输[21~23]。

1. 液压支架

大倾角液压支架是 "三机" 选型的重点，其选型的关键在于支架加装防倒防滑装置实现自身的防倒防滑，合理的架型与较高的初撑力以及带压移架功能有利于实现支架的稳定性，支架连接耳销等部件强度高，安全防护系统完善，加装抬底装置便于软底条件下的移架操作。

1) 支架形式

大倾角综采面液压支架，随着工作面倾角增大，支架重力切向分力会随之增大而法向分力减小。在保证支护性能可靠的前提下，应尽量减轻支架重量。一般选用重量较轻的掩护式液压支架，两柱掩护式支架是大倾角液压支架架型发展的主导方向[24]。矿压观测研究与分析表明，两柱掩护式支架较四柱支撑掩护式支架更能适应大倾角条件。大倾角综采工作面支架顶梁后部破碎顶板或顶煤极易滑落，造成四柱支撑掩护式支架后立柱工作阻力经常低于前立柱的工作阻力,有时还可能出现向上拔后柱(受拉)现象,如图 6-11 所示，严重时柱头销被拉脱，四柱支撑掩护式支架工作阻力并未发挥。四柱支撑掩护式支架在美国已被两柱掩护支架所取代[25]。甘肃窑街煤电公司长山子煤矿的大倾角松散不稳定煤层综放技术研究项目可行性论证报告中推荐两柱掩护式放顶煤支架并被采用，使用后效果良好。我国有的矿区认为四柱支撑掩护式支架工作阻力大、行人空间也大而习惯选用。新疆焦煤公司艾维尔沟 2130 煤矿的大倾角硬顶软底软煤大采高综采技术研究项目可行性论证时推荐两柱掩护式支架，但矿方坚持选用四柱支撑掩护式支架。现场使用结果表明，后立柱受拉现象仍然频发[26, 27]。

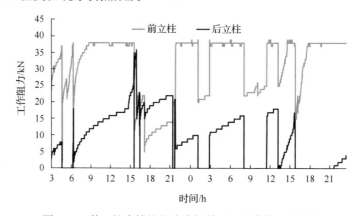

图 6-11　某四柱支撑掩护式支架前后立柱载荷监测结果

　2) 工作阻力与初撑力

　　工作阻力与初撑力是支架的重要技术参数。在大倾角液压支架选型时，重点是考虑支架的稳定性，支架工作阻力应适中(以具体矿的矿压研究结果所确定的支架工作阻力为依据)，不应像浅埋近水平煤层大采高支架那样选过高的工作阻力。否则，过高的工作阻力使得支架重量过大，不利于支架在斜面的稳定性控制。此外，支架过重给大倾角工作面安装和回撤带来不便，下滑与倾倒的安全隐患大，搬家速度慢。为保持支架的稳定性，宜提高支架额定初撑力为 80%~90%的额定工作阻力，且应配备初撑力保持阀，确保支架达到初撑力。

　3) 防倒防滑装置

　　大倾角液压支架防倒防滑装置是在相邻支架顶梁下安装防倒千斤顶，底座安装防滑千斤顶或千斤顶的一端与上邻架底座相连，另一端通过锚链斜拉与支架顶梁相连。但因安装防倒防滑千斤顶后，支架的灵活性就降低，拉架时操作较复杂。排头与排尾的 3~5 架支架安装防倒防滑千斤顶，以保证排头排尾支架组的整体稳定[28, 29]。

　4) 侧护板与底调装置

　　支架在大倾角条件下，侧护板不再只是狭义上的保护相邻支架顶梁以及掩护梁缝隙间不漏煤矸，而更重要的是承担预防支架倾倒或倾倒后调正支架的艰巨任务。严格准确地讲，大倾角支架的侧护板应称侧调护板，调护并举。所以要求侧护板的控制千斤顶顶推调架力和行程均要足够大，最好采用调护并举的双侧双活箱型结构的侧调护板，如图6-12 所示[30]。同时加大支架侧护板千斤顶和底调千斤顶缸径，使支架具有足够大的侧推力以保证支架的侧向稳定性。底调机构由导向杆和调护千斤顶及其控制的横梁组成；支架底调梁在原基础上中间加高，平行与非平行伸缩相结合以增强底调机构的适应性，如图 6-13 所示[31]。

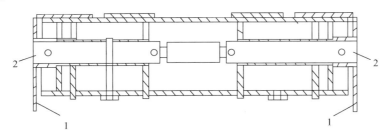

图 6-12 双侧活动侧护板

1—侧护板；2—侧推千斤顶

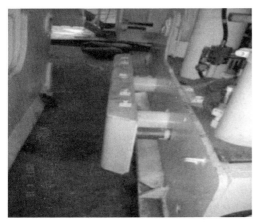

(a) 平行伸缩底调机构

(b) 可非平行伸缩底调机构

图 6-13 底调机构

1—导向杆；2—调护千斤顶；3—底调梁

5）支架主要部件

支架顶梁应为整体式结构对顶板载荷的平衡能力较强。支架连杆应具有较强的抗扭性能；底座应适当加宽以提高支架稳定性[32]，随着工作面倾角加大，支架重力线逐渐超出底座下边沿，如图 6-14 所示，产生一围绕下边沿的逆时针力矩导致支架倾倒。适当加宽底座就可使其改善，从而使支架适应更大的倾角。一般支架中心距为 1.5m，底座宽度为 1.2m 左右。大采高支架中心距为 1.8m，底座宽度为 1.5m 左右。就是通过加宽底座提高支架的侧向稳定性。大倾角工作面支架也可采用 1.8m 甚至更大的支架中心距，以加大支架底座宽度，提高支架的侧向稳定性。

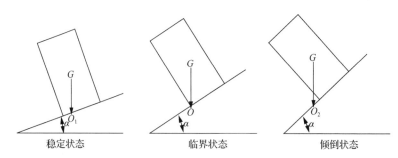

图 6-14　自重作用下支架在斜面上的三种状态

6) 安全防护系统

为确保支架工操作安全,支架采用邻架操作方式(安装于上邻架的阀组控制下邻架降架移架及调架),该方式需要采用过管架连接邻架控制胶管,便于检修与更换胶管。为解决大倾角综采面"飞矸"伤人损物问题,支架加设液压控制升降与开闭的"纵—横"刚性防护系统(图 6-15);支架设置行人台阶及扶手,并在支架底座前端顶面焊接行人防滑条,以保障行人安全[33]。

图 6-15　支架设千斤顶控制的纵横刚性防护板

7) 其他

大倾角液压支架底座采用抬底装置,当遇软底支架底座下陷时,移架采用抬底装置使支架底座前端抬起[27]。这样既有利于擦顶移架,保持顶板对支架的约束力,还能抑制移架时支架底座前端铲起底煤。在支架底座前端加装刮板输送机防滑或上调千斤顶,可抑制刮板输送机向下滑移或滑移后上调如图 6-16 所示[34]。耳销需要精加工缩小销轴与销孔间隙,提高销轴与销孔壁的强度,以适应大倾角条件下支架承受的较大侧向力[28, 29]。采用手动与电液控制一体化阀组,进而实现支架的电液控制与手动控制相结合,为实现大倾角煤层走向长壁综采无人工作面奠定基础。新疆焦煤公司艾维尔沟 2130 煤矿在大倾角厚煤层大采高综采部分支架采用电液控制阀与手动阀试验,取得了初步效果。

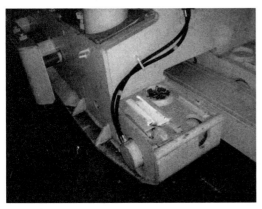

图 6-16　支架底座前端内置防推移杆下摆与上调千斤顶

此外，顶梁与底座应加焊单体支柱柱窝，支架顶梁及四连杆处应加装拉钩以满足扶正倾倒支架(长山子煤矿针对首采面扶架遇到的支架无合适的挂钩柱窝可利用情况，就在支架升井后自行对支架进行了这方面的改造)。

总之，大倾角煤层走向长壁综采液压支架的关键技术的提升应着重关注以下几点：

(1)大倾角煤层长壁综采液压支架应立足大倾角这个基本点，以"工作阻力适中化、抗倒滑可靠化、架重轻型化"的理念主导其持续改进；

(2)支架侧护板及底调装置的可靠性是保障支架侧向稳定性的关键，大倾角液压支架持续改进的核心在于如何基于这一关键改善大倾角特殊困难开采条件下的支架侧向稳定性能；

(3)应采用高强度材料和先进的制造工艺对大倾角支架主要承载部件从强度及精度上进行强化，以提升支架结构的可靠性；

(4)应继续进行适应大倾角支架的智能控制研发与试验，以突破大倾角煤层长壁综采无人工作面的"瓶颈"；

(5)大倾角支架尚存在支架过重、侧护板伸缩不灵、底调千斤顶现场无法更换、不能带压移架、防护设置不尽完善以及相邻支架前探梁间隙过大等亟待解决的问题，还需进一步从支架设计上创新解决。

2. 采煤机

大倾角采煤机选型的关键在于采煤机制动可靠、牵引力足、润滑效果好、装煤效率高和可遥控操作[35]。

大倾角采煤机采用液压制动器和四象限运行变频器，实现采煤机牵引电动机在"四象限"范围内运行。采煤机电机采用横向布置方式消除了倾角对电机轴向的附加力[36]；当采煤机在大倾角工作面下行时，通过变频器将牵引电机的发电能量反馈到电网，从而产生连续稳定的制动力矩以实现采煤机的制动可靠[37]；当倾角大于 45°时，在传统的液压制动的基础上增设机械防滑装置，使大倾角采煤机具有二级防滑机构进而提高制动可靠性[38]。

大倾角采煤机采用齿轮—销轨式无链牵引[39]；在功率不变时，通过调整采煤机牵引齿轮的传动比，适当降低采煤机牵引速度以增大采煤机牵引力；在摇臂中用通轴取代多级齿轮传动，能较好地解决摇臂润滑问题；将采煤机摇臂改进为弯摇臂结构以及滚筒增设弧形挡煤板提高采煤机的装煤效率。

3. 刮板输送机

大倾角综采面刮板输送机以支撑采煤机行走轨道为主，运煤为辅，而且输送机溜槽要承受自身较大的下滑力，还要抑制支架的下滑。所以刮板输送机的销排和销排座要用加强型的(图 6-17)，溜槽上应采用加强型单耳与支架推移杆连接，通过"Y"形连接件相连(图 6-18)且强度高于"Y"形连接件，保护单耳不被损坏。溜槽宜选用全封底铸焊结构或整体铸造结构，减小刮板输送机的底板比压，降低刮板链上行时与底板的摩擦阻力，改善刮板输送机的抗滑性能；因工作面倾角在 35°以上，煤炭可自溜，大倾角刮板输送机主要限制煤炭自溜以均匀运出，宜采用单电机驱动；同时，采用准边双链，链条摩擦阻力小更换容易；在刮板输送机机尾设置排出回煤的窗口，确保能及时清理底槽回煤，防止回煤堆积影响刮板输送机正常运行；电缆槽上部应增设可翻转挡煤矸板或柔性胶带，减少割煤时煤矸涌入电缆槽，电缆槽内帮增设千斤顶控制的可升降纵向挡煤板，防止煤矸飞入行人通道。

(a) 溜槽　　　　　　　　　　　　　　　　(b) 销排与销排座

图 6-17　加强型刮板输送机溜槽和销排与销排座

(a) 单耳　　　　　　　　　　　　　　　　(b) 损坏的"Y"形连接件

图 6-18　刮板输送机溜槽单耳与"Y"形连接件

刮板输送机在实际使用中主要存在的问题有：①推拉耳座拉坏较多，尤其是机头、机尾的垫架、过渡托架推拉耳座损坏更为严重，应予以特别加强加固。排头架处的推移梁使用效果不佳。②电动机和液力偶合器损坏，销孔容易拉坏撕裂。③中部槽与托架连接的固定销易装难拆。④刹车盘设计不合理，悬臂太长，运转后易偏心，导致液力偶合器损坏。⑤开天窗中部槽的天窗与中部槽大多无互换性，组装时不易到位。⑥机头垫架与机头过渡托架仅靠 4 个螺栓连接，比较单薄，推溜时经常使 M36 螺栓滑扣，或者使连接钢板撕裂、开焊。⑦机头垫架卸煤底舌板过长，常常导致拉回头煤较多。⑧机头、机尾挡煤板过高。⑨液力偶合器隔栏、大盘、电动机处的连接太繁琐、复杂。一方面隔栏与大盘连接的 M20 螺丝容易滑扣；另一方面造成此处有两个结合面合缝不好，影响同心度；再一方面是每换一次液力偶合器必须拆一次大盘，工作时间较长。⑩电动机大盘与电动机壳体连接的 24 个 M12 螺栓损坏严重，多处出现断裂现象[40]。

6.4.2　大倾角"三机"配套

综采工作面"三机"(采煤机、液压支架、刮板输送机)选型配套是涉及地质、采矿、机电等诸多学科领域的复杂系统工程问题，其原则集中于三个方面：一是"四个适应或四个大于"，即采煤机的生产能力适应于(大于)工作面的生产能力、输送机的输送能力适应于(大于)采煤机生产能力、液压支架的移架速度适应于(大于)采煤机的牵引速度、液压泵站的输出压力与流量适应于(大于)液压支架工作阻力与动作速度要求；二是"三个匹配与协调"，即采煤机的结构和性能与输送机的结构与性能相匹配、采煤机的最大和最小采高与液压支架的最大和最小尺寸相匹配、采煤机截深与支架推移步距相匹配；三是"一小四合理"，即工作面无立柱空间要小(主要从安全角度考虑)、支架(前)立柱与输送机电缆槽之间距离、梁端距、推移油缸行程富裕量、过煤空间与高度富裕量要合理。

对于大倾角煤层走向长壁工作面来说，由于倾角大、覆岩移动规律的复杂性和采空区冒落矸石充填的非均匀性等特点影响，"三机"能力与尺寸配套除遵循上述一般原则外，还须注重以下关键点。

1. 设备防滑配套

1)刮板输送机与液压支架防滑配套技术

前部刮板输送机采用加强型单耳与支架推移杆通过"Y"形连接件相连且强度高于"Y"形连接件，保护单耳不被损坏，最终使液压支架与刮板输送机形成一个防滑系统加强整体的防滑效果；综放工作面的后部刮板输送机不像前部刮板输送机通过推移杆与支架相连，防滑问题相对好解决。后部刮板输送机通过链条与拉后溜千斤顶相连，不具备防滑功能，一般采用支架底座固定斜拉千斤顶和锚链与溜槽相连防滑[41, 42]。因支架后部空间小，锚链影响清浮煤，锚链的张弛易伤人，安全隐患大，所以在大倾角支架底座后部加装燕尾板防后部刮板输送机下滑，但是使用中发现底板软特别是遇水时，燕尾板下陷防滑效果不佳，需加高溜槽的挡块弥补下陷造成的溜槽从燕尾板上滑脱。

2) 刮板输送机与采煤机防滑配套技术

大倾角刮板输送机以支撑采煤机运行与制动为主，运煤为辅，是采煤机的防滑与制动的依托。因此，大倾角刮板输送机的销排和销排座应改进为加强型。在刮板输送机下部焊接楔形板，使采煤机的重心往采空区侧移动，提高采煤机的稳定性，减少支撑滑靴的磨损量[43]；采煤机滑靴采用锻焊结构，避免因滑靴磨损过快造成行走轮与销排不能正常啮合，甚至导致行走轮损坏。

2. 几何尺寸配套

大倾角综采工作面的"三机"几何关系配套[44]关键是考虑处于大倾角斜面的刮板机、采煤机和液压支架的相互配合尺寸，保证设备运行时相互不发生干涉，并使其配套设备的效能最大程度地发挥，如图6-19所示。

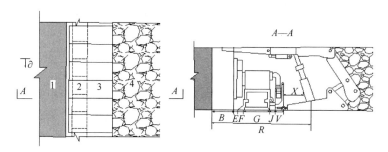

图 6-19　大倾角综采工作面设备配套尺寸关系

1—煤壁；2—刮板输送机；3—液压支架；4—采空区；∂—工作面倾角

从安全角度考虑，端面距 T 应尽可能小以防漏顶，特别是大倾角软煤综放工作面端面易漏冒并沿倾斜向上蔓延，绞顶难度大，安全隐患多。但从配套方面考虑，端面距 T 应尽可能大，以免滚筒与梁端干涉。通常采用支架前探梁和可升平的护帮板来临时封闭端面距以平衡端面距既要大又要小的矛盾关系。

在配套时，工作面无立柱空间宽度 R 中包含了端面距，它也应尽可能小，但其受设备配套限制，由上图可知：

$$R = B + E + F + G + J + V + X + d/2 \tag{6-1}$$

式中，B 为截深，mm；E 为煤壁与铲煤板间应留的间隙，mm；F 为铲煤板宽度，一般150~240mm；G 为刮板输送机中部槽宽，mm；J 为导向槽宽度，mm；V 为电缆槽宽度，mm；X 为支架支柱与输送机电缆槽间的距离，mm；d 为支架立柱外径，mm。

应当指出，上述"三机"配套图在实际具体配套时是严格依据支架与溜槽垂直且推移步距等于截深，配套尺寸单位为毫米并按比例精确绘制的；但在大倾角综放面中，由于支架重心偏后及支架掩护梁受采空区冒落矸石滑滚作用等原因，导致支架尾部下摆。综放支架尾梁受冒落煤块滑滚作用以及后部输送机下滑加剧了支架尾部下摆[45, 46]。上邻支架尾部下摆，造成支架尾部挤紧，如图 6-20(a)所示，更为严重的是，掩护梁压在下邻架立柱上，如图 6-20(b)所示。

(a) 相邻支架尾部挤紧　　　　　　　　　　　　(b) 侧护板压下架立柱

图 6-20　支架尾部下摆

支架尾部下摆直接导致无立柱空间宽度 R、梁端距 T 变小,有效推移步距减少,导致采煤机滚筒与支架梁端出现干涉,如图 6-21 所示。这正是大倾角长壁综采区别近水平或缓倾斜综采"三机"选型配套的主要标志。

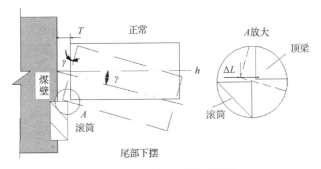

图 6-21　滚筒与支架梁端干涉

支架尾部下摆导致支架顶梁下端向煤壁前移(图 6-21),移动量 ΔL 为

$$\Delta L = \frac{1}{2} h \sin\gamma \tag{6-2}$$

式中,h 为支架宽度;γ 为偏斜角。

根据我们长期现场观测研究发现,大倾角综采面支架尾部经常下摆,综放支架下摆更为严重,导致支架顶梁前边与煤壁不平行,推移杆与溜槽不垂直,有效推移步距减小,最终造成滚筒与支架梁端干涉(图 6-21)。这种现象在大倾角综采面具有普遍性。

由于大倾角综采面采煤机装煤效果较差,特别是沿真倾斜布置工作面自下向上割煤时装煤效果最差,导致浮煤量大,尤其刮板输送机头部和工作面凹陷段浮煤量更大。遇水泥化的浮煤在刮板输送机与煤壁处淤积,不易清理,推溜受阻。推溜后被挤压的浮煤宽度 L 导致刮板输送机推移步距不足截深,如图 6-22 所示。

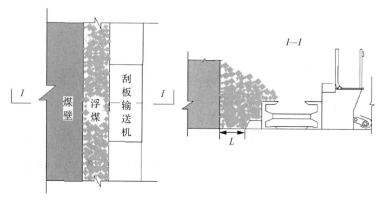

图 6-22　浮煤导致推溜受阻

现场虽然采用挂线拉架，仅仅是支架被拉成了一条线，但刮板输送机并未挂线，有时拉架时又将推出的刮板输送机拉回一些距离。

基于上述分析，考虑支架在斜面因重心偏后导致支架尾部下摆，支架纵向轴线与刮板输送机或煤壁不垂直以及浮煤量大及拉架时又拉回少许距离刮板输送机，致使有效推溜步距减小，大倾角综采面实际出现滚筒与支架顶梁干涉。具体解决的方法是在所绘"三机"几何尺寸配套图的基础上，适当加长（一般取 30～50mm）推移杆增大端面距以消除这种干涉。绿水洞煤矿就采用加长推移杆 40mm 消除了这种干涉，效果良好。以前曾有采用液压锁保证拉架时刮板输送机不被少许拉回，但因液压锁易出故障影响推溜拉架，并不受现场欢迎。

应当指出，可通过调正支架使支架尾部上移，顶梁前边平行煤壁，消除梁下端向煤壁前移量 ΔL，使滚筒不再与顶梁干涉。但现场调正支架极其频繁难度较大，影响割煤时间。再者浮煤量大推溜受阻难以将溜推到位，须人工清理浮煤后才能推溜到位，劳动强度大，特别是清煤工受飞煤矸威胁，安全隐患极大。支架推移杆加长简单易行，但随之带来加长后端面距增大，这可通过适当加大前探梁伸缩量来弥补，收到消除干涉和安全可靠之效。

3. 圆弧段布置"三机"选型配套

大倾角特厚煤层走向长壁综放工作面为了有效遏制开采设备的整体下滑和支架倒滑，提高支护系统的稳定性，靖远王家山和华亭东峡等矿的大倾角特厚煤层走向长壁综放工作面下部采用"水平—圆弧—斜线"过渡布置方式，简称圆弧段布置方式[23]。由于工作面采用了圆弧段过渡布置方式，前部刮板输送机的上段处于斜面上，下段处于"圆弧—水平"面上，采煤机由斜面向"圆弧—水平"面运行时，采煤机的行走滚轮与销排的未能最佳耦合；当采煤机割煤运行到工作面的"圆弧—水平"段时，应适当挑顶提底以保持圆弧段的正常曲率半径，实现采煤机的行走滚轮与销排的良好耦合[47]。为此需在采煤机上加装挑顶以及切底量显示装置提示采煤机司机恰当地挑顶与提底操作。还须通过纵向配套尺寸检查图来验证最小采高时采煤机能够顺利通过圆弧段，如图 6-24 所示。这正是大倾角综采面圆弧段过渡布置与大倾角直线布置工作面"三机"配套的显著区别。

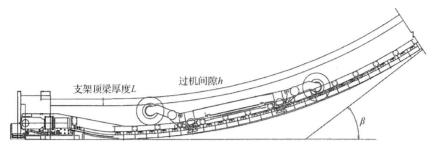

图 6-23 最小采高时采煤机过圆弧段检查图

需要特别指出的是，依据图 6-23，采煤机在圆弧段割煤时，采高不能低于过机高度，否则采煤机就会在圆弧段整卡。

圆弧段布置方式对支架的选型也有特殊要求。处于圆弧段支架顶梁受挤压，支架顶梁间呈线接触，相邻支架底座间隙则较大，如图 6-24 所示。

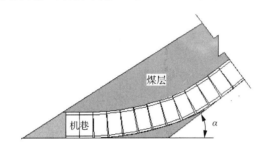

图 6-24 圆弧段支架布置

由此可见，直线段的基本支架不能完全适应圆弧段布置方式，圆弧段支架为窄顶梁宽底座支架以便能适应圆弧段曲率，将顶梁线接触改良为面接触。

目前综采工作面所用的刮板输送机立面最大弯曲 3°制约了圆弧曲率半径下限，使得圆弧段布置仅适用厚度较大的煤层。应适当增大刮板输送机立面最大弯曲度以降低圆弧曲率半径下限并统筹考虑采煤机与销排的耦合，扩大圆弧段过渡布置方式的适用范围，使其能适应倾角更大厚度更薄的煤层。

尚需指出，由于缺少大倾角"三机"配套联合运转的试验台，"三机"联合试运转通常在平面上进行，未能实现地面斜面试验台上的仿真试验。为了降低"三机"下井安装后生产时可能出现的配套上的风险，著者参与的王家山和东峡煤矿大倾角综采技术攻关项目，当时就是利用地面矸石山坡和自然山坡条件搭建试验台，对采煤机的爬坡与制动性能进行仿真试验。由于地面实验条件所限，未能安装支架也无法割煤，也就未能验证支架与采煤机的配套关系合适与否以及支架下摆与浮煤对"三机"配套的影响，只好留给井下"三机"安装后再验证"三机"配套是否合理。井下首采工作面的初采阶段实质上是大倾角"三机"配套地面仿真试验的延伸，为了能实现大倾角"三机"能在井上 35°～55°斜面上联合试运转，检验选型配套的合理性以及支架下摆与浮煤对"三机"配套的影响，建议尽早建立大倾角"三机"地面联合仿真试验台，为将"三机"配套的问题解决在井上创造条件：

(1)大倾角综采面"三机"选型的关键是液压支架自身能防倒防滑,即使下滑或倾倒后也能通过调整顺利地复位;采煤机牵引力足、制动可靠、润滑效果好、装煤效率高以及实现可遥控操作;刮板输送机强度足以满足采煤机运行与制动的要求且能抑制煤炭自溜使煤炭比较均匀运输。

(2)通过适当加大推移杆长度,有效地解决了因支架尾部下摆导致梁端距变小和(或)浮煤量大所致的推溜距不足,而使采煤机滚筒与支架梁端出现干涉的问题。

(3)大倾角特厚煤层走向长壁综放工作面下部采用圆弧过渡段布置时,需通过纵向配套尺寸检查图检验最小采高时采煤机能否顺利通过圆弧段。

(4)直线段的基本支架不尽适应圆弧段布置方式,圆弧段支架应为窄顶梁宽底座以便能适应圆弧段曲率。

(5)适当增大刮板输送机立面最大弯曲度扩大圆弧段过渡布置方式的适用范围。

6.5　回采工艺优化技术

传统的工作面回采工艺主要是指工作面落(破)煤、装煤、运煤、支护(含推溜)、回柱放顶(含采空区处理)等生产工序的基础参数确定及其相互间的时—空配合方式。随着工作面机械化开采技术的普及,特别是综合机械化开采技术的广泛应用,工作面回采工艺由工序繁多、过程复杂逐渐向工序减少、过程简单的综合性与自动化发展。目前,综合机械化工作面的回采工艺可概括为落煤、运煤、支护三大工序,即由采煤机完成的落煤与装煤工序,由输送机完成的运煤工序,由工作面液压支架完成新悬露顶板的支护、推溜、移架与采空区处理。对于综合机械化放顶煤工作面,回采工序则相应地增加了由工作面液压支架完成的放煤工序和由工作面后部运输机完成的垮落顶煤的运输工序。

对于缓倾斜或近水平煤层来说,除在放顶煤工作面适当考虑顶煤的放出顺序外,对其他回采工序参数的确定及其相互间的配合方式没有特别的要求及规定。而对于大倾角煤层走向长壁工作面综合机械化开采方法,工作面回采工艺参数的确定和不同工序之间的配合方式则必须基于支护系统的稳定性来考虑其特有的系列关键技术。

6.5.1　落煤与装煤

在大倾角综采工作面,落煤与装煤工序主要通过采煤机完成,由于落煤过程中采煤机滚筒与煤壁之间的作用力会促使采煤机本身出现与运行方向相反的运动趋势,并通过其与输送机的接触使输送机也出现相同的运动趋势。这种运动趋势会导致采煤机牵引与制动载荷增大或减小、工作面"三机"系统(小系统)下滑几率上升或降低。由于工作面倾角增大,大倾角工作面采煤机割煤方式有上行与下行两种,割煤方式的不同影响装煤的效果。

1. 上行割煤

上行割煤即从刮板输送机机头向机尾割煤。采煤机上行割煤时(上滚筒割顶煤,下滚筒割底煤),如图 6-25 所示。上滚筒割落的部分顶煤由螺旋叶片带动,还未来得及向刮板输送机侧旋推就被甩向或者滑落到滚筒后下方，仅有少部分煤被滚筒旋推到刮板输送机。上滚筒割落的煤在下落过程中部分被装入刮板输送机，剩余的煤成为浮煤。到了下滚筒割底煤时，前方遗留的浮煤和部分底煤再一次被旋起。在未安装弧形挡煤板时，底板上的浮煤及割落的底煤被左螺旋逆时针旋转的下滚筒螺旋叶片旋起，至最高点后以初速度 v_0 向下作抛物线运动[48]。

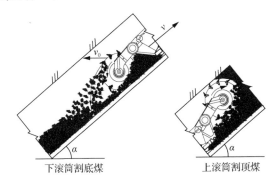

下滚筒割底煤　　　　　　　　上滚筒割顶煤

图 6-25　上行割煤

2. 下行割煤

下行割煤即从机尾割向机头，如图 6-26 所示。割煤过程中采煤机牵引阻力大幅度减小，下滚筒割落的煤也会向刮板输送机与煤壁之间抛射，但抛射煤量相对上行割煤锐减。并且沿滚筒轴向距端面最远处的螺旋叶片会给其附近落煤一个阻止其自由下落的力，使得采煤机下滚筒割落的煤向上滚筒方向运动。靠近端面的落煤受到截割圆弧面的约束和螺旋叶片的作用，依靠滚筒旋推力，从滚筒附近滑落到刮板输送机或暂时滞留在滚筒下部。上滚筒割煤时，底煤高度相对下滚筒割的顶煤高度较低，部分割落的煤在截齿的作用下会朝下滚筒方向运动，最终堆到底板或者采煤机机身后。其余部分和下滚筒割落的煤受弧形煤壁约束无法直接向下端头抛射，会顺着刮板输送机一侧滑落或者在螺旋叶片旋推作用下装入刮板输送机。落煤向液压支架及人行道抛射的问题也得到了缓解。通过及时伸出前探梁并打开护帮板，能有效支护顶板，割通运输平巷下帮后，采煤机上行清煤，安全性好[49]。

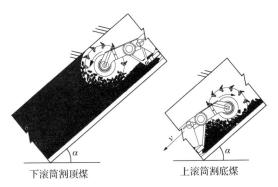

下滚筒割顶煤　　　　　　　　上滚筒割底煤

图 6-26　下行割煤

综上所述，下行割煤煤块抛向采空区侧的数量、速度及范围都远小于上行割煤。而且下行割煤能耗较小且能防止因制动失灵导致的采煤机下冲。相比之下，下行割煤明显优于上行割煤。所以为了避免上行割煤的缺点，绿水洞煤矿 6134 工作面、靖远王家山煤矿 44407 工作面、东峡煤矿 37220 综放工作面均采用下行割煤，上行清浮煤的割煤方式[2]。目前几乎所有的大倾角煤层走向长壁综采综放面都采用这种自上而下的割煤方式。需要特别指出的是，下行割煤进刀后反向上行割三角煤时，上行割煤的落煤抛撒、难以装入刮板输送机的问题会依然存在，为提高采煤机装煤效果，可采用以下措施：①加装弧形挡煤板。②优化滚筒参数。设计制造并试验低转速，小直径轮毂、四头叶片的专用滚筒，优化叶片高度、节距与叶片螺旋升角，并使采煤机牵引速度与滚筒转速相匹配。③降低刮板输送机高度。在不影响刮板链强度和正常运行的前提下，可借鉴德国 DBT 公司的技术，将竖立的刮板链环的上半环设计为水平状，下半环保持不变，如图 6-27 所示，以降低刮板输送机槽帮高度，有利于装煤和铲煤板铲起浮煤，提高装煤效率。

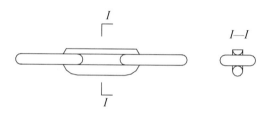

图 6-27　平顶形立环刮板链环

6.5.2　运煤

采煤机落下的煤在由滚筒装载到溜槽(刮板输送机)的过程中，甚至在运煤过程中出现向下滑滚，使工作面下部溜槽煤炭大量堆积而中上部溜槽只有少量煤炭或空载的不均衡承载状态，这是大倾角煤层走向长壁工作面开采溜槽上煤炭分布的特有状态，在综合机械化放顶煤开采的工作面，后部溜槽的这种不均衡承载运行特征会更加突出。一般概念中，由于重力倾斜分力的作用，且在输送机端头极少出现刮板拉回头煤的现象，工作面向下运煤需要的输送机功率较小，刮板链强度要求较低，这正是大倾角煤层走向长壁工作面在输送机选型和使用过程中的误区之一。由于片帮及顶煤漏冒特别是突然停机会造成运输阻力增大，甚至压死输送机，所以应选择高强度、大功率、输送能力富裕度较大(为工作面采煤机生产能力的 1.4~1.5 倍)的输送机是大倾角工作面运煤工序优化的前提条件，在此基础上，在采煤机滚筒上加装特制装煤与防煤矸滑滚装置(特制挡煤板)，使采煤机落下的煤较均匀地装载到输送机内(中部溜槽内)，同时保持输送机在落煤过程中匀速、正常运行是运煤过程工艺控制的关键所在。对于放顶煤工作面来说，保持在后部输送机正常运行过程中，顶煤的合理(间隔)放出和放出量"均匀化控制"是防止运煤工艺出现故障的关键所在。

6.5.3　支护与采空区处理

综合机械化采煤工作面"支护与自然垮落法采空区处理"工艺是在工作面支架"降

架—前移—升架"过程中一次完成的。由于工作面支架是"三机"中唯一与工作面顶底板相互接触且通过与输送机和采煤机的联系并与工作面煤壁间接接触的可控单元，单个支架的移动和支护过程从岩层控制的角度来看是一个对顶底板的卸载和再加载过程。该过程可导致顶板下沉(垮落、漏冒)、底板鼓起(破坏、滑移)和相邻支架的卸载(上方相邻支架)和增载(下方相邻支架)并引发其出现下滑与倾倒(斜)。此外，工作面支架的前移和支护也会使与其直接连接的输送机出现下滑倾向，表现在单个支架之上非正常现象的累积和叠加，可能会导致工作面局部区域出现支护系统失效，若不能及时加以调整和控制，则会演变成为工作面整体支护系统劣化的问题，进而导致"支架—围岩"系统失稳，引发工作面安全事故。由此可以看出，支架移设是大倾角煤层走向长壁工作面开采最为关键的工序。一般而言，大倾角煤层走向长壁工作面开采过程中，由于重力的切向分量随工作面倾角增加而增大，法向分力随工作面倾角增大而减小，造成工作面支架所承受的对支护系统稳定性有利的顶板载荷减小，引起支护系统可能失稳的偏载增大，单个支架下滑、倾倒的概率加大，支架间挤、咬架现象加剧，从而导致工作面支护系统的整体稳定性降低。现场实测同时表明，由于直接顶垮落、基本顶来压引起的超前应力造成顶板(伪顶、顶煤)破碎或煤帮侧切顶而诱发倒架的现象也时有出现。对于综合机械化放顶煤工作面，还可能出现因顶煤放出过量而导致的支架接顶不实或不接顶造成的倒架现象。研究与试验表明，支架移设与采空区处理工序和工艺过程必须注重以下三个方面[6~9]：一是保证移架质量，支架移设一次到位，避免多次移架，降架高度过大则会失去侧护依托，出现倒架或咬架。支架移设后要保证足够的初撑力及工作阻力，防止支架空顶而倾倒。要尽可能创造条件，实现带压移架。对于松散(软)易冒顶板或放顶煤工作面，由于架顶松散(软)顶板或虚煤有一个压实的过程，支架移到位升起后一次达不到额定初撑力，应再补压以保证额定初撑力，防止支架接顶不实而倾倒。二是严格工程质量，控制好支架支护状态(偏斜度和倾斜度控制在 1°~3°)。根据工作面底板变化情况，及时调整伪斜量保证工作面坡度一致，防止局部变坡点支架倾倒，严格控制支架间侧护板"错荏"不超过 130mm，支架顶梁出现高低"错荏"及下倾时要尽快调整处理后再生产；提高割帮工序质量，严格控制好挑顶卧底量，为支架的移设及保证良好的支护状态打好基础。三是加强矿压观测及超前预报工作，实时掌握工作面"三机"，特别是工作面支架的工作状态，及时分析工作面矿压观测中出现的异常现象并进行处理，预测预报来压，在工作面顶板来压前将支架调整到正常工作状态，并给支护系统的整体调整留出余地，确保"支架—围岩"系统完整与稳定，加强现场工序的监测与验收工作，及时动态掌握工序操作的质量，并为改进提供依据。

6.5.4　工序之间的配合

"破(落)煤(包括放顶煤)、运煤、推(拉)溜、移架"是综合机械化开采工作面的主要工序，涵盖了传统意义上回采工作面的"破、装、运、支、放(放顶煤开采方法)、回"基本工序。回采工艺的本质就是工作面基本工序及其之间时空上的相互配合。回采工艺优化的基本原则是"紧凑衔接、平行作业、正规循环、弱化短板效应、提高开机率"。对于大倾角煤层走向长壁工作面而言，保持"支架—围岩(顶板—支架—底板)"系统完整性，防止工作面支护系统整体失稳是其安全生产的核心，因此，工作面工序之间的配合与回采工艺优化主要围绕工作面支架的移动(移架)展开。"移架"是大倾角工作面所有工序中占用正规循环时间最多的"短板"工序之一，且由于工作面倾斜上方的作业过程制约着下方的安全防护，不能采用"平行作业"方式来 "紧凑衔接、弱化短板效应"，故以"移架"为核心的工序配合就显得尤为重要。其工序配合为：下行割煤、上行清理底浮煤和装煤与运煤工艺完成后，工作面支架从下到上依次前移(也可以工作面不同区域内的支架稳定基组为依托在区域内由下向上依次前移，但不能平行作业)，一次到位后前探梁伸出并打开护帮板对新裸露的顶板和煤壁进行及时支撑(护)，防止漏顶与片帮，待工作面全部支架移设到位后(对于松软顶板和松散煤层工作面，允许一个特定区域内全部支架移设到位)，推(拉)移工作面输送机，使其与煤壁保持正常割煤距离(或后溜拉到位)，进入下一个循环初始状态。

一般情况下，采煤机自工作面上出口 15m 处斜切进刀，单向割煤，往返一次进一刀(进尺截深 0.6m，回采高度视煤层厚度和采煤方法而定)。在工作面交接班时，工作面煤壁、刮板输送机成一条直线，采煤机两滚筒都切入煤壁内(至截深 0.6m)；因斜切后暴露的顶板(顶煤)应先伸出前探梁、护帮板支护。接班后，采煤机下行割煤至下出口(随割煤工序的进行，支架工及时伸出前探梁、护帮板对新暴露的煤壁和顶煤进行保(防)护)；采煤机从下口开始，调整方向上行清浮煤(有时割顶底残留煤)，移架工自下而上顺序追机(采煤机)移架(滞后采煤机后滚筒 3~5m)，同时滞后移架工序 15m 由下而上顺序推溜，其输送机弯曲段长度不小于 15m；采煤机割透上口，追机移架至上口，推溜至距上口 15m 处，采煤机调整方向下行斜切割三角煤，至采煤机两滚筒都全部切入煤壁后，将采煤机上段煤帮推直，采煤机反向上行割上三角煤，再反向向下行至下三角煤尽头处，完成进刀。对于放顶煤工作面，同样工序重复一次，完成两次进刀，则工作面处于放顶煤状态。回采工序之间的配合必须做好以下工作。

1. 交接班

跟班队长、班长、质量验收员在工作面现场进行交接班，对当班设备完好情况、放顶煤位置及顶煤回收情况等工作面状态相互交接清楚，存在问题及时处理后，方可开始当班工作。

2. 割煤

采用大倾角专用的双滚筒采煤机。距上口 15m 处斜切进刀，单向割煤，往返一刀，截深 0.6m；工作面采高控制为设计值，采煤机牵引速度控制在 0~6m/min 范围之内，且必须保证顶、底板平整，煤壁平齐(直)，不得出现割底煤、留伞檐现象；两端头割煤时，采煤机行走速度要减慢，两名司机应紧密配合，保证挑顶、切底量、采高符合设计规定。

斜切进刀割三角煤时，必须保证进刀长度不小于 30m，进刀结束后，采煤机要摘掉离合器，并实现与刮板输送机闭锁，采煤机滚筒应落地并贴紧进刀段下端口煤壁。

3. 移架

采用半卸载式带压擦顶移架，邻架操作、追机作业。顶煤割过后，将支架前探梁、护帮板及时伸出，支护新暴露的顶板(煤)和煤壁；采煤机上行清煤时收回护帮板、前探梁，滞后采煤机滚筒 3m，由下向上依次顺序移架(也可视现场实际情况进行分段移架，但采用此工序时，必须注意支架在移动过程中与邻架的接触条件，尽量减少此工序而造成的支架滑移)，移架步距为 0.6m。

移架时一定要控制降架高度不超过相邻支架侧护板高度的 1/3，降架时，使支架顶梁呈微仰状态，以免拉架时顶梁上的矸石滑落，妨碍移架。

在放顶煤开采工作面，若顶煤破碎，支架梁端漏顶高度在 1.0m 以下时，须及时用坑木、背板等护顶，使支架前梁与前探梁能有效地支撑顶煤；若漏顶高度大于 1.0m，则需在支架前梁上提前绞顶处理，然后方可移架。

当工作面出现支架下滑、倾倒、咬架、挤架时，要及时利用支架的防倒防滑装置予以处理并动态扶正倾倒支架，且工作面要求挂线拉架，拉架全部完成后，全部支架应成一条直线。应当指出，拉架推溜操作会使拉架推溜步距减小，要及时补偿，严禁强拉硬拖和静态扶架。

4. 推前部刮板输送机

推溜工序应滞后移架工序 15m，由下向上依次顺序进行，严禁相向操作；一次推前部刮板输送机长度不小于 15m，严禁出现急弯致使连接销损坏；推前部刮板输送机步距为采煤机截深(0.6m)，推前部刮板输送机全部完成后，要求工作面刮板输送机成一条直线。

5. 放顶煤

对于采用综合机械化放顶煤开采方法的工作面，通常采用"两采一放"作业方式。放煤时将工作面全长分为上、中、下三段(区域)，分段(区域)长度视工作面设计长度和煤层倾角而定，一般中段(区域)长度大于下段和上段，但随煤层倾角增大，上段(区域)长度要相应增大。每段为一个放煤区域(工作面同时具有三个放煤区域)，放煤工序进行时，应在每个区域内由上向下间隔一次性放空顶煤。放顶煤时要保证支架喷雾装置完好，放煤工要观察煤量及刮板输送机的运行情况，以免煤量过大或压死刮板输送机。应特别注意的是，一旦发现支架失稳或顶板矸石流出时，应立即停止放煤。若遇大块煤不易放出时，可反复伸缩插板，小幅度上下摆动尾梁，使顶煤破碎后顺利放出，严禁采用放震动炮的方法来崩落(碎)大块煤。

6. 拉后部刮板输送机

应将浮煤清理后方可拉后部刮板输送机，拉后部刮板输送机必须由下向上依次顺序进行，严禁反向操作或误操作，一次拉刮板输送机长度不小于 15m，并确保拉移到位，拉移步距为采煤机截深(0.6m)，刮板输送机拉移工序完成后，工作面刮板输送机应成为一条直线。

6.6　特殊条件处理技术

6.6.1　非等长工作面柔性支护过渡技术

　　大倾角煤层埋藏倾角除沿工作面倾斜方向在工作面内发生变化外，在工作面推进方向也会经常出现变化，受两巷用途及布置方式的制约，当倾角出现变化时，工作面就会出现非等长布置，即在推进过程中工作面沿倾斜长度不等，若长度变化超过工作面一副支架宽度，则工作面需要加(减)支架。对于大多数大倾角走向长壁工作面，位于工作面下出口的端头支架(专用)和与其相接的排头支架(由工作面基本支架组成)是工作面支护系统整体稳定的基础，在工作面安装完成后，端头支架随着工作面的推进而推进，且运输巷均安装胶带输送机，工作面支架的加(减)不能通过运输巷和下端头进行。对于在工作面安装时作为支架运输通道的回风巷，由于该区域内关键层岩体结构形成层位较高，运动空间大，岩体结构运动的三维特征明显(矿压显现既受到走向岩体结构破断运动影响，又受到倾向岩体结构破断运动作用)，在工作面超前支承压力的作用范围内，通常出现应变型非规则扭转与垮落，变形量大，巷道有效断面小，不经过专门的扩巷处理，无法使液压支架正常通过。针对大倾角煤层综采工作面的这些特点，对于非等长布置的工作面，可以在工作面与回风巷连接处(5~7m)采用单体液压支柱配合十字铰接顶梁构成"柔性"调节段，随工作面推进调节其实际长度，从而简化工作面增、减架工序，加快工作面推进度，为工作面产量提高和消除安全隐患(自然发火)创造有利条件。

6.6.2　工作面快速安装与回撤技术

　　大倾角煤层走向长壁工作面快速安装与回撤技术关键在于以下几点:一是支架运输以整体为主，通过工作面回风巷将支架整体运至工作面上端头，利用安装在此的机械手(特殊起吊装置)调整支架方向并将其置于下放装置之上，横向下放至工作面开切眼相应位置，如果支架为纵向(与工作面煤壁平行)下放，在需要在相应位置设置机械手对其进行方向调整。对一些底板坚硬、光滑且坡度均匀的工作面，也可取消专用下放装置，而直接从上端头将支架沿底板下放至相应位置。二是支架安装由下端头支架开始，先安装工作面下端头支架，然后安装排头支架，由下向上依次进行，最后安装上端头支架或形成柔性过渡段(非等长工作面)。三是仍然要以支架安装为核心，在支架下放与调整到工作面起始位置并与顶底板形成完整的"支架—围岩"系统后，再从下端头开始依次安装输送机机头、中部槽、机尾并与支架连接成为"三机"小系统。四是对于巷道断面较小的技术改造型矿井，支架解体运输进入工作面回风巷一定区域时，需要专门设置一个组装点，提前将支架组装为整体后才能进入下放与安装程序。

　　工作面快速回撤顺序与安装相同，从下端头处开始，从下向上依次进行，并在下出口处设置机械手对回撤支架进行方向和位置调整，需要注意的是，工作面支架应在采煤机和输送机回撤完成之后开始，并在对支架撤离后的悬露空间进行有效支护后进行。应特别强调的是，回撤与安装期间，要加强安全工作，谨防倒架，杜绝事故。

6.7　工作面安全防护与管理

6.7.1　工作面端头防护技术

工作面上下端头是作业人员和设备出入工作面的通道和不同支护方式(工作面支架支护与巷道支护)的交汇处，其悬露面积较大，是事故多发的重点区域(事故多发"两点一线"中的两点)。对于大倾角煤层走向长壁工作面来说，工作面上下端头是工作面"支架—围岩"系统稳定性的保障点，又是安全防护的重点区域，由于大倾角煤层走向长壁工作面布置的特殊性，其上下端头的防护技术同等重要又侧重不同：工作面下端头是全工作面"支架—围岩"系统稳定的基点，也是全工作面范围内(回采空间)冒落煤矸(包括顶板架前或架间漏冒、煤壁片帮、大块落煤或煤中混矸等)、工作面设备损坏的零部件以及来自上端头破坏围岩的最终交汇点，重点要求其具有对所维护空间的全方位、高强度(高刚度)整体防护功能，保证在其防护范围内设备和人员免遭工作面飞矸的损坏与伤害，同时在防护范围内还可以进行一定规模的平行作业(处理转载过程中出现的问题、进行端头前移准备等)，一般使用全封闭组合端头支架(图 6-28)进行工作面下端头防护，在运输巷内的超前部分采用单体支柱配合 Π 型梁支护，距煤壁 20m 范围内采用单体液压支柱配合十字铰接顶梁或 Π 型梁—梁三柱式迈步支护，其中双抬棚支护段长度不小于 10m，且柱头与钢梁须保证连接牢固；工作面上端头既具有对工作面上部区域"支架—围岩"系统稳定性主要作用，又具有对工作面 "支架—围岩"系统整体稳定性(特别是工作面机尾的稳定性)保障的辅助作用，同时又是工作面人员与设备安全防护的第一道关口，要求巷道与工作面两种支护方式交互作用、平滑过渡，对巷道及工作面交汇处围岩全方位支护，防止其出现变形、破坏后的冒落矸石进入工作面。对于相对等长的工作面，上端头采用专门设计的端头支架与巷道超前支护配合进行维护。对于非等长工作面，上端头可在于巷道交汇的局部采用专门架构的"柔性"过渡段与过渡支架和巷道超前支护相互配合进行维护(图 6-29)，以便工作面增减支架。通常，在回风巷内的端头部分采用单体支柱配合 Π 型长钢梁支护，距煤壁 20m 范围内采用单体液压支柱配合 Π 型梁—梁三柱式迈步支护，双对抬棚支护长度不少于 10m，单体液压柱头与钢梁或之间须牢固连接。

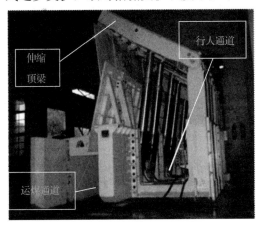

图 6-28　全封闭下端头支护系统

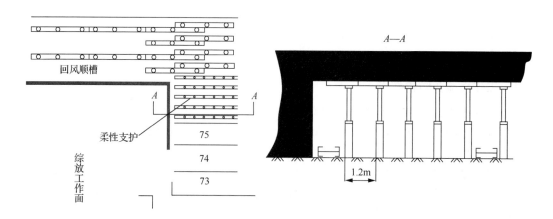

图 6-29　非等长工作面柔性过渡段上端头支护系统

　　端头支护时，严格执行敲帮问顶制度，先支后回，逐棚回撤，严禁空顶作业。两端头安全出口的高度和宽度要满足设计要求(高度不低于 1.8m，宽度不小于 0.7m)。使用绞车回柱时，信号保证完善可靠，并注意绞车的运行情况，发现异常时及时停车处理。超前抬棚打成直线，单体液压支柱初撑力及工作阻力符合规定。两道物料运到指定地点并堆放整齐，保证上下出口、两道通风、行人畅通。

6.7.2　工作面内防护技术

　　大倾角煤层走向长壁工作面必须沿工作面倾斜全长设置纵(沿工作面倾斜方向)横(沿工作面推进方向)结合的整体安全防护体系，其作用有三个方面：一是防止回采空间内(煤壁与工作面支架之间的空间)的煤矸进入工作空间(工作面支架支护下支柱到四连杆之间空间)；二是阻挡工作空间内的煤矸(可能来自于支架移动时的架间漏冒等)或坠落物向下滑滚；三是给工作面行人提供便于上下行走的安全通道。据此，在刮板输送机电缆槽内侧沿工作面倾斜方向设置防护装置。该装置可由刮板输送机与工作面支架共同完成，也可由两者单独完成。理论与实验研究表明，从工作面上端头开始，沿倾斜方向须防护的空间(刮板输送机电缆槽上端与工作面支架顶梁之间)应逐渐增大，至工作面下端头处被防护空间应完全封闭。工程实践表明，沿倾斜全长的防护装置必须是连接于支架与刮板输送机之间的专门装置，可以采用刚性体(图 6-30)由配置于刮板输送机和支架顶梁之上的专用系统按要求升高或降低，也可以是高强度的柔性体(图 6-31)，连接于刮板输送机电缆槽与支架顶梁之间，或者是机械与人工操作相结合的刚柔相济的混合体。大倾角煤层走向长壁工作面除沿工作面倾斜全长设置防护装置隔离回采空间和工作空间外，还应在工作空间(行人空间)内设置阻挡装置将工作面沿全长分隔成若干区域。通常，在工作面空间内设置的阻挡装置采用高强度柔性编织物构成(个别情况也可采用半刚性体)，从支架顶梁延伸至底座(也可以与底座形成一定的力学联系)。

图 6-30　连接于支架与刮板输送机之间的刚性防护装置

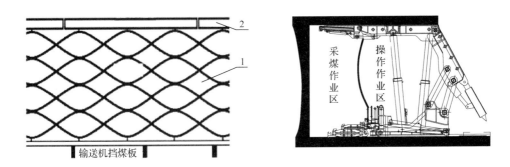

图 6-31　连接于支架顶梁之上的柔性防护装置

1—防护网；2—支架顶梁

6.7.3　安全管理

1. 加强工作空间维护，设置行人安全装置，保障行人通道安全畅通

大倾角煤层走向长壁工作面除设置纵横结合的防护体系之外，在工作空间还需设置便于工作人员行走的阶梯和扶手，避免行人滑倒和抑制由此引起的坠落物滑落。随时伸出前探梁、打开护帮板，防止片帮落煤滚滑伤人。由于大倾角开采煤矸滑（滚）、飞溅冲击力很大，对输送机机头和下端头有很大危害，因此，为保证设备不受损坏和端头的安全，输送机机头前应加装卸力挡煤板，缓解冲击力，其使用情况见图 6-32。为保证行人侧安全，输送机机头至其前方 2.0m 的转载机侧安设挡导煤板，降低煤的冲击，保证行人道安全；为防止滑（滚）落煤矸飞溅出机道，应加高输送机副插帮。

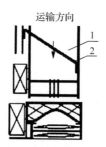

图 6-32　缓解冲击力挡煤板使用示意图

1—输送机；2—缓解冲击力挡煤板

2. 规范行人区域和管理制度

严禁工作面所有工作人员在工作面输送机溜槽内、煤壁附近、胶带上行走，未和司机取得联系，不随意跨越刮板机、胶带机。进出工作面的人员一律走人行道及上下安全出口，禁止跨越前后部输送机、转载机，机组运行时，严禁人员在支架立柱和电缆槽之间的通道行走；人员在支架以外的其他空间作业或行走时，要通知上部人员停止行走、作业，防止蹬落煤块伤人；下部人员行走或逗留时间较长时，工作面上方设专人警戒，禁止人员作业和通行，并在作业地点上一副支架拴挂安全防护网进行保护。清煤人员进入煤壁侧前先处理掉片帮、伞檐及浮矸活石，并在工作面煤壁侧每隔 8~10m 设封闭隔挡墙，防止煤矸滚落伤人。工作面清煤人员上段不进行与清理浮煤无关的工作。清煤人员进入工作面煤壁侧作业时，由跟班组长统一指挥。在工作面不同区域内同时作业时，下部区域应先在其上方设挡，严防工作面滚落的煤矸或坠落物伤人。

3. 建立矿压综合监测体系，对工作面"三机"工况进行实时监测与调整

(1) 工作面顶板压力、支架工况及支护质量监测。通过对工作面内所有支架立柱的工作阻力和立柱伸缩量的监测可实时连续地掌握顶板压力的变化情况和预测预报基本顶初次来压及周期来压，采取有效防范措施，减少和排除顶板压力对安全生产的不良影响。同时可以及时发现故障支架，并能检查支架的初撑力是否符合要求，以保证工作面的支护质量。

(2) 巷道顶底板相对移近量的监测(巷道变形监测)及(锚杆)锚索支撑载荷监测。

(3) 采煤机、刮板运输机等生产设备工况监测及预警。通过对工作面刮板运输机及转载机的负荷量和开关的连续监测，随时监视其工作状况，并能在设备发生超负荷时发出警告信号(如：当后部刮板运输机发生超负荷时，系统发出警告，放煤操作工听到警告时，即可暂停放煤)。

(4) 采煤机在工作面内动态位置监测。通过对采煤机在工作面的位置的连续监测，可随时掌握工作面的生产状况，为开机率定量分析提供依据，以便提高开机率。

(5) 工作面巷道围岩离层监测。通过此项监测，获得巷道围岩松动圈大小值。

(6) 乳化液泵站的工况监测。乳化液的供给质量对支护质量和设备的使用寿命影响极大，通过对乳化液箱的补充液量的系统监测，同时对乳化液泵的开关进行监测和统计，可以及时准确地掌握补充液量及乳化液浓度。通过对乳化液泵站出口压力的监测，可以间接动态掌握支架的初撑力。

(7)工作面倾斜角度的监测。通过监测支架在工作面的倾斜角度，来确定相应位置的工作面倾斜角度。

(8)电机温度的监测。通过监测前后部输送机的电机油温和轴温值，来判断电机的负荷是否过大，可以及时采取措施，避免设备因负荷过大而损坏。

(9)工作面累计总推进度(进尺)监测。通过监测在工作面头、中、尾各部的累计进尺，并据此及时掌握工作面的推进速度和累计推进量，以便配合矿压观测预测预报基本顶来压步距并准确修订工作计划和推算煤炭生产量。

(10)工作面生产工艺过程监测。对生产工艺过程监测是建立在以上各项监测的基础之上的，通过对以上各项监测结果的分析和数据整理，可以确定整个工作面的生产工艺过程，并以形象直观的显示方式在专用显示器上显示，以便对生产过程进行及时的调度和管理。

6.7.4　实施保障

大倾角煤层走向长壁综采的关键技术应通过针对性强、特色鲜明且操作性强的具体实施保障举措进行贯彻落实。

1. 编制文件

大倾角煤层走向长壁综采工作面要编制的相关实施文件一般包括《作业规程》、《操作规程》、《采煤队组建与培训》、《工作面质量标准化》、《工作面验收细则》、《设备台账》和《扶正倒架预案》等专项文件。

1)《作业规程》的编制特点

大倾角煤层走向长壁综采工作面《作业规程》是各项技术具体实施保障的重要文件。除要符合当地《作业规程》编制规范模板外，关键是要针对工作面倾角大的特点，按上述采煤工艺进行详细编制，特别是要严格规定割煤、移架、推溜的具体操作方法。目前，编制《作业规程》多由综采队技术员承担。初次编制的大倾角煤层走向长壁综采工作面《作业规程》普遍存在宽泛，未完全针对大倾角条件下的割煤、移架、推溜的特点具体编制。应借鉴经验丰富的大倾角煤层走向长壁综采队的《作业规程》编制。如最新版的绿水洞煤矿大倾角煤层走向长壁综采队的《作业规程》和王家山煤矿大倾角煤层走向长壁综放队的《作业规程》就是该两矿 10 多年持续实践成果的结晶，颇具借鉴价值。

2)《操作规程》的编制特点

根据编制的《作业规程》，再详细编制《采煤机司机操作规程》和《支架工操作规程》。大倾角走向长壁综采工作面能否顺利推进很大程度上取决于采煤机司机和支架工能否正确熟练操作，应结合厂家随机配备的《采煤机使用说明书》和《液压支架使用说明书》中的相关操作内容和相关的培训资料具体编写。

3)《综采队组建与培训》的编制特点

实践证明，要能驾驭技术难度高的大倾角煤层走向长壁综采，必须有一支善钻研、勤思考、素质高的综采队伍。否则，再好的技术也无济于事。综采队的组建应按照"公正、公平、公开"的原则，通过严格的考试，择优录取，综采队员，竞聘上岗、优胜劣汰(绿水洞煤矿综采三队和王家山煤矿综放队就是面向全矿通过考试公开招聘，择优录用组建的，文化程度基本上在高中以上，还有一部分大中专毕业生，队伍整体素质较高)。

队伍组建后要进行严格的理论和操作培训。理论培训聘请大倾角综采方面造诣高的专家学者承担。操作技能培训主要通过派综采队员去"三机"制造厂家和开采大倾角煤层的煤矿现场进行。培训结束要进行考核，合格后才能上岗。

有的矿因地理位置偏僻，条件较差，难以吸引人才，队伍组建困难。即使勉强组建起来，也难留住人，导致综采队整体素质难以提高，工作开展困难。

4)《工作面质量标准化》的编制特点

大倾角煤层走向长壁综采工作面质量标准化是保障工作面安全高效管理的基础。东峡煤矿根据多年积累的生产实践经验，出台了一系列"大倾角走向长壁综放工作面质量标准化"文件，对工作面各工种各工序有明确的质量标准规定，并按此文件进行检查考核奖罚，收到良好效果(质量标准化合格的大倾角煤层走向长壁综采工作面定能安全高效生产，否则，就停滞不前。质量标准化衡量指标应量化，如支架的倾斜度与偏斜度就是两个重要的考核指标)。

大倾角综放工作面支架易出现倾斜和偏斜现象，为了量化支架相对工作面倾斜面和推进方向的倾倒程度和偏斜程度，用支架倾倒和偏斜程度判定参数为倾斜度 $\Delta\beta\alpha$ 和偏斜度 γ 表述[9]。

支架倾斜状态如图 6-33 所示。β 为工作面支架发生倾倒后倾斜角；α 为工作面支架正常工作时倾斜角。令 $\Delta\beta\alpha=\beta-\alpha$，称 $\Delta\beta\alpha$ 为倾斜度。

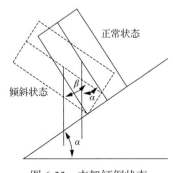

图 6-33 支架倾倒状态

当 $\Delta\beta\alpha>0$ 时，支架倾倒；当 $\Delta\beta\alpha=0$ 时，支架未发生失稳倾倒；当 $\Delta\beta\alpha<0$ 时，支架上仰。为了便于现场考核，将支架倾斜度分为四类，即当 $|\Delta\beta\alpha|\leqslant5°$ 时，支架发生轻微倾倒；$5°<|\Delta\beta\alpha|\leqslant10°$ 时，支架发生中等倾倒；$10°<|\Delta\beta\alpha|\leqslant15°$ 时，支架发生严重倾倒；$|\Delta\beta\alpha|>15°$ 时，支架发生极严重倾倒。

支架偏斜状态，支架倾倒的同时，支架后部常发生下摆。为了定量描述支架下摆程度，用支架的偏斜角定义支架在工作面底板上的偏斜度。设 γ 为支架下摆的偏斜角，如图 6-34 所示。

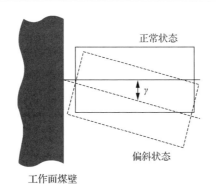

图 6-34   支架偏斜状态

当 $\gamma>0$ 时，支架尾部下偏，当 $\gamma=0$ 时，支架未偏斜，当 $\gamma<0$ 时，支架尾部上偏。为了便于现场考核，将支架偏斜度分为四类，即当 $0<\gamma\leqslant5°$ 时，支架轻微偏斜；$5°\leqslant\gamma\leqslant10°$ 时，支架中等偏斜；$10°<\gamma\leqslant15°$ 时，支架严重偏斜；$\gamma>15°$ 时，支架极严重偏斜。

有的矿在考核支架操作质量标准化时按支架倾斜增加 1° 加重处罚条款执行，以确保支架操作时的稳定性控制。

加强矿压观测及超前预报工作，工作面顶板来压前要严格控制顶煤放出量，支架移设后要保证足够的初撑力及工作阻力，防止支架空顶而倾倒。

保证移架质量，支架移设要一次到位，避免多次移架，以擦顶移架为宜。另外由于架顶虚煤有一个压实的过程，支架移到位升起后一次达不到初撑力，在升起后再补一次压以保证足够初撑力，防止支架接顶不实而倾倒和偏斜。

严格工程质量，控制好支架支护状态。根据工作面底板变化情况，及时调整伪斜量保证工作面坡度和伪倾角度一致，防止局部变坡点支架倾倒；严格控制支架间侧护板错茬不超过 130mm，支架顶梁出现高低错茬及下倾时要尽快调整处理后再生产；提高割帮工序质量，严格控制好挑顶切底量，为支架的移设及保证良好的支护状态打好基础。

渐变段曲率及采高的控制。圆弧段曲率严格按照大半径小曲率的原则来掌握，采煤机司机要严格控制好渐变段的挑顶及卧底量，通过控制采煤机摇臂摆角控制渐变段曲率及采高。实际操作过程中在渐变段需减速运行，采煤机主、副司机分别掌握前、后滚筒的高低位置，分工明确，配合默契且不误操作，从而保证渐变段成型好，曲率平滑，采高符合设计要求。

5)《工作面验收细则》的编制特点

大倾角走向长壁综采工作面应制定严格的验收细则，以保证动态跟踪工作面现场生产情况，作为整改依据。工作面验收由验收员跟班现场验收并将验收结果逐条分项填入验收表格。验收有定量和定性两类指标。定性指标主要靠目测，定量指标要通过仪器量测。如浮煤量多少要用目测，而支架的倾斜和偏斜角度要用角度规现场实测。工作面扶正倾倒支架期间，要加强验收，增加量测次数，随时掌握支架状态。验收要客观公正，切忌不实。综采队技术员要及时整理验收记录，对存在的问题要提出整改意见或建议。

6)《设备台账》的编制特点

综采队应对大倾角走向长壁综采工作面设备建立维修管理台账，重点是"三机"。

对设备故障发生时间、故障程度及处理过程和结果要详细记录。作为评价及改进设备的依据。对某些故障还应现场拍照，如支架侧护板变形或整卡等，作为改造支架的依据。

7)《扶正倒架预案》的编制

大倾角走向长壁综采面，特别是松软煤层综放面，首采工作面初采或遇断层及向背斜构造时支架最易倾倒。支架倾倒后工作面生产瘫痪，必须扶正支架恢复工作面正常生产。倒架属突发事件，几乎在一瞬间出现。而扶架则是艰难漫长的过程，安全隐患大，应制定扶正倾倒支架预案并在地面模拟演练。为工作面突发支架倾倒的扶正提前做好充分准备，未雨绸缪。否则，工作面发生倒架开始扶架的一段时间实质是在尝试摸索阶段，也就是以真实的现场倒架弥补地面的倒架扶正的预案演练，拖延扶架进程。《扶正倒架预案》的制定应包括模拟倒架现场、扶架预案、扶架所用工器具、扶架组织管理、演练开始与解除、演练总结等。

8)《工作面设备安装与回撤作业规程》的编制

大倾角煤层走向长壁综采工作面设备安装要充分考虑煤层倾角大、安全隐患多的特点，要仔细编制《工作面设备安装与回撤作业规程》，对"三机"安装与回撤的作业及安全措施要明确规定。辩证地看，煤层倾角大也有有利的一面，如支架安装关键技术就是充分利用工作面坡度大支架可以下滑的这一有利的条件，采用支架横向下滑方式下放支架，省去支架在切眼上部和安装位置两次调向[21~23, 50]。经绿水洞和王家山两矿试验，横向下放安装支架既安全又高效，值得推广。切眼施工时要采用锚网索加强支护，为横向下架创造条件。横向下架(自上而下或自下而上)过程及到位后要谨防支架倾倒。当煤层倾角在 30°左右或滑道变形时，自上而下下架可能存在下滑受阻，采用自下而上横向拉架效果较好(王家山 47408 大跨度切眼内曾试过这种方式)。应安排好支架下井安装与切眼掘进工序的最佳接续。现场实际常常遇到切眼已掘成等待安装，但因支架迟迟不能交货，导致等待时间延长，切眼变形量大，安装困难，应根据支架最大可能的交货期调整切眼掘进速度。支架回撤要提前做好回撤专用通道，铺好支架滑轨(可用端部到喇叭口的等边角铁，也可用工字钢做滑道)，自下而上撤出支架至工作面上口，支架下方 4m 范围用单体支柱支护，随撤架上移，直至支架撤完。

采煤机宜在工作面上端掘硐室安装或撤出，有利于安装人员和设备的安全(王家山煤矿利用圆弧过渡段的优势，采用在圆弧过渡段的平段处掘硐室安装采煤机)。

刮板输送机随支架的安装与回撤和支架的安装与回撤基本同步进行。

2. 贯彻落实

大倾角煤层走向长壁综采面相关文件编制完成并经审查批准后，要组织相关人员学习并贯彻落实。通过学习领会文件精神并进行考核，合格后方可上岗。否则，就要重新学习直至考核通过。学习考核切忌流于形式，具体贯彻落实中能量化考核的就尽可能量化考核，作为奖罚依据。奖罚，特别是奖励要及时兑现，以调动全体综采队员的积极主动性，切记罚的力度大且快而奖励力度小且慢，易挫伤综采队员的积极性和热情，直接影响所编制文件的落实，导致大倾角走向长壁综采技术效能未能充分发挥。

对在试采期间表现优秀的人和事要及时予以表彰，以激励全体队员(绿水洞煤矿综采队就涌现出了全国劳模和省级先进个人，东峡煤矿综放队也有人获得了省级先进称号，时任队长均被提拔到矿级领导岗位，充分说明承担着试采艰巨任务的综采队经受锻炼成绩优异，为试采成功做出了杰出贡献）。

参 考 文 献

[1] 伍永平, 刘孔智, 贠东风, 等. 大倾角煤层安全高效开采技术研究进展[J]. 煤炭学报, 2014, 39(8)：1611-1618.

[2] 贠东风, 刘柱, 程文东, 等. 大倾角特厚易燃煤层倾斜分层走向长壁综采技术[J]. 煤炭科学技术, 2015, 43(10)：7-11.

[3] 谢俊文, 李俊明, 杨富, 等. 急倾斜大倾角特厚易燃煤层综放开采及"三机"配套技术[J]. 煤矿机电, 2003, 43(4)：24-26.

[4] 伍永平. 大倾角煤层综采放顶煤顶板多区段控制开采方法：中国, ZL200710188416.0[P]. 2009-11-25.

[5] 周登辉, 伍永平, 解盘石. 大倾角坚硬顶板深孔超前预爆破研究与应用[J]. 西安科技大学学报, 2009, 29(5)：510-514.

[6] 贠东风, 刘柱, 苏普正, 等. 大倾角非稳定软煤综放面倾倒支架的安全复位[J]. 中国矿业, 2016, 25(1)：131-134.

[7] 刘昌平. 大倾角厚煤层长壁综防工作面端头支护技术实践[J]. 煤炭科学技术, 2005, 33(10)：23-25.

[8] 贠东风, 刘志远, 伍永平, 等. 三软煤层大倾角综放面倒架原因分析及扶架技术研究[J]. 煤炭技术, 2014, 33(5)：31-33.

[9] 贠东风, 伍永平. 大倾角煤层综采工作面调伪仰斜的原理与方法[J]. 辽宁工程技术大学学报(自然科学版), 2001(2)：152-156.

[10] 任世广, 解盘石, 伍永平, 等. 大倾角煤层综放工作面"降坡段"布置方式[J]. 煤炭工程, 2010, 42(6)：4-5.

[11] 贠东风, 孟晓军, 程文东, 等. 东峡煤矿大倾角煤层分层长壁综放切眼反井钻机导孔与扩掘技术[J]. 煤矿安全, 2015, 46(11)：139-142.

[12] 梁立勋, 符明华, 王灿华, 等. 急倾斜煤层综采工作面开切眼钻孔施工技术研究[J]. 煤炭科学技术, 2015, 43(4)：15-18.

[13] 王毅, 肖利平, 李开学, 等. 急倾斜煤层大断面开切眼快速施工技术研究[J]. 煤炭工程, 2015, 47(6)：58-60.

[14] 贠东风, 辛亚军, 苏普正, 等. 大倾角软岩顶板回采巷道支护系统耗散结构平衡分析[J].煤炭技术, 2010, 29(4)：84-85.

[15] 贠东风, 王晨阳, 苏普正, 等. 大倾角软顶软煤回采巷道支护技术[J]. 煤炭科学技术, 2010, 38(10)：13-16.

[16] 伍永平, 解盘石. 大倾角煤层长壁开采区段巷道整体高强度柔性支护方法：中国, ZL201010603617.4[P]. 2013-06-05.

[17] 彭勇, 刘富安, 谢家鹏, 等. 一种大倾角煤层巷道锚棚支架：中国, ZL200720123967.4[P]. 2008-04-09.

[18] 伍永平, 贠东风, 张淼峰. 大倾角煤层综采基本问题研究[J]. 煤炭学报, 2000, 25(5)：465-468.

[19] Kulakov V N. Stress state in the face region of a steep coal bed [J]. Journal of Mining Science(English Translation), 1995(9)：161-168.

[20] 马英. 综采工作面三机成套技术[J]. 辽宁工程技术大学学报(自然科学版), 2013, 32(5)：672-675.

[21] 伍永平, 贠东风, 周邦远, 等. 绿水洞煤矿大倾角煤层综采技术研究与应用[J]. 煤炭科学技术, 2001, 29(4)：30-32.

[22] 周邦远, 伍厚荣, 聂春辉. 绿水洞煤矿大倾角煤层综采开采实践[J]. 煤炭科学技术, 2002, 30(9)：21-23.

[23] 谢俊文, 高小明, 上官科峰. 急倾斜厚煤层走向长壁综放开采技术[J]. 煤炭学报, 2005, 30(5)：545-549.

[24] 宁桂峰, 杜忠孝. 大倾角极薄煤层综采设备配套及液压支架设计[J]. 煤矿开采, 2009, 14(1)：75-76.

[25] Peng S S, Chiang H S. Longwall Mining [M]. New York: John Wiley and Sons, Inc.,1984.

[26] 黄国春, 陈建杰. 坚硬顶板、软煤、软底大倾角煤层综采实践[J]. 煤炭科学技术, 2005, 33(8)：33-35.

[27] 解盘石, 伍永平, 高喜才, 等. 大倾角硬顶软底软煤走向长壁综放开采集成技术[J]. 煤炭工程, 2009, 41(5)：63-65.

[28] 伍永平, 贠东风. 大倾角综采支架稳定性控制[J]. 矿山压力与顶板管理, 1999, 3(4)：82-85, 93.

[29] 贠东风, 张袁浩, 程文东. 大倾角分层长壁综放工作面支架状态分析与控制[J]. 煤矿安全, 2015, 46(5)：213-216.

[30] 王国法. 液压支架技术体系研究与实践[J]. 煤炭学报, 2010, 35(11)：1903-1908.

[31] 贠东风, 刘柱, 程文东, 等. 大倾角支架底调机构应用效果分析[J]. 煤炭技术, 2015, 34(5)：230-233.

[32] 谢锡纯, 李晓豁. 矿山机械与设备[M]. 徐州：中国矿业大学出版社, 2007：172-173 .

[33] 孙如钢, 刘国柱. 大倾角工作面安全防护措施及其应用[J]. 煤矿机械, 2015, 36(3)：219-220.

[34] 周邦远, 张亮, 刘富安. 广能集团急倾斜煤层综放支架研制与使用[J]. 煤矿开采, 2009, 14(1)：69-71.

[35] 李加林, 李强, 黎亮, 等. 薄煤层大倾角综采工作面采煤机关键技术应用研究[J]. 煤矿开采, 2013, 18(6)：43-45.

[36] 王国法. 煤炭安全高效绿色开采技术与装备的创新和发展[J]. 煤矿开采, 2013, 18(5): 1-3.

[37] 许森祥, 王志强. 交流电牵引采煤机在倾斜煤层的应用[J]. 煤炭科学技术, 2000, 28(9): 25-27.

[38] 白虎, 蒲海峰, 王小虎, 等. 急倾斜采煤机润滑与防滑系统的研究设计[J]. 煤矿开采, 2013, 18(5): 41-43.

[39] 冯径若. 国产大倾角综采成套设备[J]. 煤矿机电, 1990, 6(2): 7-9.

[40] 李福强. 艾维尔沟煤矿综采"三机"的改进[J]. 煤矿机械, 1999, 18(1): 37-39.

[41] 贠东风, 刘柱, 苏普正, 等. 大倾角非稳定软煤综放面倾倒支架的安全复位[J]. 中国矿业, 2016, 25(1): 131-134.

[42] 周邦远, 刘富安, 张亮. 广能集团急倾斜煤层综采支架研制与使用[J]. 煤矿开采, 2009, 14(11): 69-71.

[43] 刘昆明. 大俯采大倾角地质条件下采煤机与刮板输送机的改进设计[J]. 煤矿机械, 2014, 35(11): 199-201.

[44] 朱真才, 韩振铎. 采掘机械与液压转动[M]. 徐州: 中国矿业大学出版社, 2005: 215-216.

[45] 刘志远. 大倾角煤层综放面倒架机理与再稳定技术研究[D]. 西安: 西安科技大学, 2014.

[46] 章之燕. 大倾角综放液压支架稳定性动态分析和防倒防滑措施[J]. 煤炭学报, 2007, 32(7): 705-709.

[47] 张进安. 王家山矿大倾角煤特厚层长壁综放面"三机"配套研究[D]. 西安: 西安科技大学, 2006.

[48] 赵立钧, 刘晓龙, 赵燕燕. 采煤机滚筒参数对装煤效果的影响[J]. 煤矿机械, 2012, 33(10): 94-95.

[49] 程文东, 王军, 贠东风, 等. 大倾角特厚煤层综采放顶煤技术研究[R]. 兰州: 靖远煤业集团公司王家山煤矿, 西安: 西安科技学院, 2003.

[50] 文建东. 大倾角大跨度切眼支架安装技术研究及应用[J]. 煤炭工程, 2015, 47(6): 61-63.

第7章 大倾角煤层长壁综采工程实践

7.1 大倾角中厚煤层综合机械化开采[1,2]

7.1.1 地质与生产技术条件

绿水洞井田煤系地层为上二迭系乐坪统湘潭组。含煤 2~3 层,为主要开采煤层,在 F1 断层以东和打锣湾背斜西翼该煤层有分岔合并现象。分岔后上分层称 12 煤层;下分层称 11 煤层(以 12、11 煤层间距≥0.5m 为分岔,<0.5m 者为合并),合并后称 1 煤层。1 煤层:煤层厚 0.87~7.76m,平均 3.53m,纯煤厚度 0.38~6.84m,平均 2.33m,多为中厚煤层,煤层结构复杂,含夹石 1~2 层,夹石为泥岩、炭质泥岩或黏土泥岩,厚 0.02~0.50m。本煤层全井田均有分布,除龙王洞背斜 7、8 勘探线附近为变薄带外,其余均为可采(图 7-1)。

11 煤层:分布于井田东部,厚 0.57~2.62m,平均 1.59m。纯煤厚度 0.59~2.30m,平均 1.42m,由南向北变薄。614 采区及其以下 11 煤层有薄化区域,除 7~8 勘探线附近一薄尖灭带外,其余均为可采,含夹石 0~5 层,岩性为泥岩,厚度 0~0.8m。

12 煤层:分布于井田东部,厚 0.48~1.59m,平均 0.98m。纯煤厚度 0.48~1.14m,平均 0.89m,6 勘探线以北变薄,614 采区及其以下有一不可采区域,其余均为可采。局部夹石 1~2 层,厚度 0.11~0.37m。

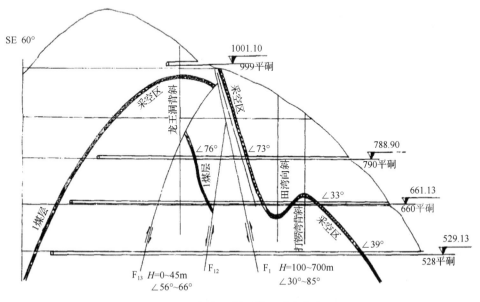

图 7-1 绿水洞煤矿煤层赋存状态

5654 工作面煤层顶板为二类二级,底板为炭质泥岩和泥页岩,局部有底煤,属较软底板，倾角大时有推底现象。工作面倾斜长 130（开切眼）~110m（收尾时），走向长度 1200m，煤层厚度为 2.3~3.5m，一般平均为 2.7m。工作面煤层倾角 45°~65°（局部），平均 48°，超过 40°倾角占工作面长度的 81.25%。5654 工作面煤岩综合柱状图如图 7-2 所示。

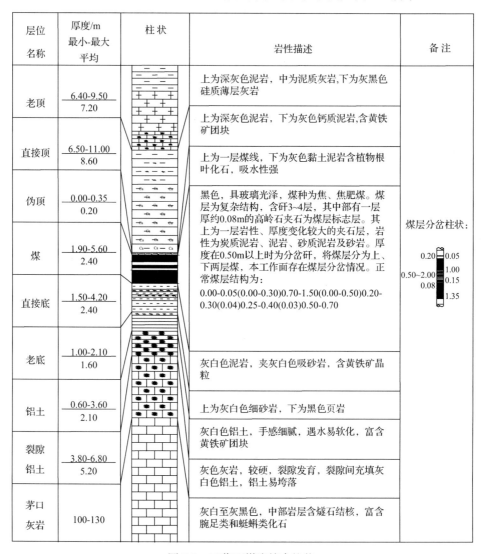

图 7-2　工作面煤岩综合柱状

7.1.2　工作面主要装备与采煤方法

5654 工作面采用综合机械化一次采全厚开采工艺，全部垮落法管理顶板。工作面装备 ZJ3600/15/36 型掩护式液压支架；ZTHJ11400/15.5/25 型横式端头液压支架（运输巷）；SGB-730/320（160）型刮板输送机；MG250/620-QWD 型交流变频电牵引采煤机；SZZ730/160 和 PCM110 型运输巷转载机和破碎机与 DSJ/100/100/2X160 型运输巷胶带运输机。

工作面回风平巷采用巷道底部宽度 1/2 破煤层底板三角岩布置方式，减缓了工作面上端头大倾角的影响，并消除了底板三角煤；上出口及端头区使用 5~6 架一梁二柱倾斜抬棚(棚距不大于 0.7m)支护顶板，此段倾斜长度超过 3m 时，倾斜抬棚上方采用 5~6 排带帽点柱(柱、排距均为 0.7m)或 4~5 排单体液压支柱配铰接顶梁(正悬臂、上背 3~5 根排柴，柱距 0.7m、排距 1.0m)支护，支柱迎山角 3°~5°；切顶密集及回风巷上帮贴帮挡矸支柱均为戴帽点柱，柱距 0.3m。

工作面进风巷(运输巷)采用沿顶板掘进的五边形结构，运输巷、回风巷架棚支护段，用单体支柱在棚梁下加固作超前支护。锚杆支护段，设置走向或倾向抬棚支护。

下出口端头处配合横式端头液压支架，工作面两巷均采用"锚杆+锚索"支护方式。

工作面机采高度平均 2.4m，采用一次采全厚回采工艺，采煤机截深 0.63m。工作面设计回采率为 95%。其工艺流程为：班前准备→开机、上端头斜切进刀自上而下割煤→自下而上清理工作面浮煤→从下往上移架推溜→由机头返回主机尾 30m 处斜切进刀割煤→移架推溜→再割第二刀。

工作面采用"三八"工作制、"两采一准"的作业形式，即两个班生产，一个班检修准备，每班工作八小时，生产班每班完成 2 个循环，循环进尺 0.6m，准备班主要进行设备检修及质量标准化工作。

7.1.3　研究、试验与生产过程

设备从 2006 年 5 月下旬开始安装，7 月上旬安装调试完毕，历经 50 余天，7 月中旬开始试生产，当月生产时间约半月，产煤 15002t，8 月产量 40001t，9 月 44641t，10 月 54927t，最高 56047t，平均 47367t 商品煤。安全状况良好，未发生重伤及以上事故。5654 工作面已于 2009 年 3 月采完回撤。工业性试验结果证明：几项主要创新设计(专利)中，刮板输送机防滑新技术一投产即成功，效果非常好；新型端头支架投用后现场略作改进就达到了预期效果；工作面防煤矸下滚下窜伤人的 2 项新技术初期试验投用时效果不理想，经进一步改进设计后也达到了预期目的。

7.1.4　主要成果及创新点

1. 主要成果

通过本课题研究，提出了"大倾角煤层综采支架研究开发"技术报告、大倾角液压支架技术标准，其技术成果主要包括：

(1)研制了一种大倾角综采液压支架。该支架架型为掩护式，该支架上设计的新型工作面刮板输送机防滑装置，能从根本上解决长期以来一直未解决好的工作面刮板输送机防滑难题，且操作方便；该创新点已获得专利权。

(2)研制了大倾角煤层端头液压支架。该端头支架用来解决大倾角煤层综采工作面长期未解决的下端头顶板支护和安全防护难题；该技术已获得专利，每套支架重近 40t。

(3)研制了一种倾斜和大倾角煤层综采液压支架架前挡矸装置。该装置将工作面人员工作空间与机道隔离，以解决采煤机割下的煤和片帮煤窜入工作面伤人这一长期

未解决的安全难题。120m 长的工作面该装置总重约 40t，操作方便；该装置已获得专利授权。

(4)研制了一种大倾角煤层综采液压支架侧向挡矸装置。该装置用来解决工作面内人员多点平行作业的安全保护这一长期未解决好的技术难题，使作业人员和工作面行人免受上段工作面的煤矸下滚下窜伤人的威胁；该装置已获得专利。

(5)大倾角综采液压支架设计了双侧调架梁。该机构使支架底座更宽，受力更好，防滑更可靠，这也在国内属首创。

(6)设计了大倾角综采液压支架抬底装置。该装置使大倾角综采支架底座扎底时能将支架前端提起移架，使移架顺畅、快速。这在国内大倾角综采面是首次采用。

(7)本项目开发的大倾角掩护式支架已取得矿用产品安全资格准用证，形成了一个新的具有自主知识产权的产品，达到国际领先水平，可在大倾角煤层综采中推广应用。

本项共获得四项专利。大倾角综采液压支架已通过国家综采液压支架检测所检验，并取得安标证书。

2. 创新点

(1)设计开发了一种能适用 60°以内的大倾角液压支架。
(2)液压支架的主动防倒防滑技术的设计应用。
(3)大倾角工作面安全防护装置(架前、架间挡矸装置)的开发应用。
(4)工作面刮板输送机防滑装置的设计应用。
(5)工作面下出口大倾角横式端头液压支架的设计应用。

7.1.5 技术经济与社会效益

1. 经济效益

5654 工作面从试生产的 7 月产煤 15002t，其余月份最低产量 40001t，最高 56047t，平均 47367t 商品煤。较原柔性掩护支架采煤法由于增产而增加的经济效益约为 2760 万元/(面·年)，在其他生产条件相同的情况下，较原柔性掩护支架采煤法由于多产出 3.1 万吨煤，提高资源回收而增加的经济效益约为 220 万元/(面·年)。因此，增加产量和提高资源回收率使企业获得的直接经济效益约 2980 万元/(面·年)。

利用综采技术后，可以将柔性掩护支架采煤时的两个工作面合并为一个工作面，少掘两条回采巷道、甩车道及石门等巷道共计 2900m，平均按 8.5m³/m 工程量计算，共计 24650m³。根据企业结资单价(主要材料和人工工资)，可节约巷道掘进费用约 234 万元/(面·年)。

利用综采技术合为一个工作面后，减少了两个工作面之间的隔离煤柱。按预留净煤柱倾斜长 8m，煤层厚度 3m 计算，煤柱资源量为 4.84 万吨。仍然采用前面的有关参数，则多回收煤柱产生的间接经济效益为 333 万元/(面·年)。

因此，大倾角煤层采用综合机械化开采获得的间接经济约为 567 万元/(面·年)。对于每一个工作面而言，采用综采技术和装备以后增加的直接和间接经济效益合计为 3547

万元/(面·年)。

2. 社会效益

1) 项目成果的技术进步效果

采用大倾角煤层综合机械化开采技术和装备以后,有效地解决了工作面顶板支护和防飞矸(坠落后高速下冲的矸石)系统的技术难题,工作面安全状况得到了极大改善。同时,提高了工作面产量和工效,降低了工人的劳动强度,有利于缓解本地区煤炭供应紧张的局面,促进当地经济的快速发展。

总之,绿水洞煤矿大倾角煤层 5654 工作面综合机械化开采的研究与现场试验的成功,解决了倾角 45°~60° 的中厚煤层工作面防飞矸、液压支架及其他设备的防倒防滑等技术难题,大倾角中厚煤层走向长壁工作面综合机械化开采属世界领先,为国内外大倾角煤层开采技术发展和装备更新做出了重大贡献。

2) 主要设备的推广应用效果

与生产厂家共同研制的 ZJ3600/15/36 型液压支架是我国第一架具有自主知识产权的大倾角掩护式液压支架。其开发利用,有效地保证了大倾角煤层开采的安全、高产、高效、高回收率,为煤炭行业大倾角中厚煤层工作面的煤炭回采率达 95% 以上创造了条件。目前,该支架已经在四川华蓥山广能集团李子垭煤业公司、攀枝花煤业集团有限责任公司花山煤矿、黑龙江双鸭山煤矿和北京大台煤矿等多家煤矿得到成功的推广应用,获得了良好的经济效益和社会效益。

3) 示范和带动的社会效益

绿水洞煤矿大倾角煤层综合机械化开采试验成功以后,四川、重庆、新疆、北京、黑龙江等省(市、自治区)的多家煤矿企业纷纷前来参观学习,实地参观考察大倾角煤层工作面的 ZJ3600/15/36 型液压支架和 ZTHJ11400/15.5/25 型端头支架的支护效果。部分企业委派工人入驻该矿,深入现场具体学习采煤工艺、支架操作技能与现场处理问题的能力、工作面设备安装与搬家技术等。因此,本项目研究为我国推广大倾角煤层综合机械化开采做出了积极的贡献并起到了示范和带动作用。

4) 项目成果的安全效益

大倾角煤层综合机械化开采试验的成功,为绿水洞煤矿构建本质安全型矿井创造了条件。通过解决大倾角煤层工作面顶板支护和防飞矸系统的技术难题,工作面安全状况得到了根本改善。从现场工业试验到目前为止,未发生一例重伤以上的安全事故。

综上所述,本项目开发的大倾角掩护式支架,形成了一个新的具有自主知识产权的创新产品,达到国际领先水平,可在大倾角煤层综采中推广应用。

7.2　大倾角特厚煤层综合机械化放顶煤开采[3,4]

7.2.1　地质与生产技术条件

靖远煤业有限责任公司王家山煤矿,储量 4.2 亿吨,井田面积 25km²,主采煤层二、四号两层,平均厚度分别为13.98m和14.79m,煤层赋存为急倾斜(45°~72°)和倾斜(25°~45°)煤层。矿井浅部(+1550m水平以上)由五对设计井型为30~45万吨/年独立片盘斜井群开拓,原设计生产能力180万吨/年,实际最高年产127.9万吨,低瓦斯矿井,煤尘具有爆炸性,爆炸指数36.33%,自然发火期3~5个月,最短28天。开采方法以水平分段综采放顶煤开采技术为主,回采工作面单产水平1.5~2.0万吨/(月·个),是典型的小井群开采,集约化程度、产量和效率均相对较低。

大倾角特厚煤层综合机械化放顶煤,首先试采的44407工作面回采四号层煤,煤层属单斜构造,倾角38°~49°,平均43.5°,厚度13.5~23m,平均15.5m,普氏硬度系数1.0~1.5,煤层裂隙发育程度为2类。煤层基本顶为中粗砂岩,厚度20.5m,泥质胶结;直接顶为3.8m厚的灰、深灰色泥岩,粉砂岩互层;伪顶为厚度0.5m的深灰色高碳质泥岩;底板为17.5m厚的深灰色、灰绿色粗砂岩。工作面走向780m,倾斜长115m,有大小断层四条。工作面综合柱状如图7-3所示。

地层单位			层序	名称	柱状	层厚	累厚	岩性描述
系	统	组						
侏罗系	中侏罗统	窑街组	1	细砂岩		20.5	20.5	浅灰色细砂岩,泥质胶结,层理发育,层面有白云母碎片
			2	粉砂岩		2.60	23.1	深灰色粉砂岩,小型斜层理发育
			3	泥岩		1.20	24.3	灰色泥岩,团块状
			4	四层煤		15.5	39.8	四层煤黑色,以半亮煤为主,含黄铁矿结核,多呈沫状
			5	粉砂岩		0.8	40.6	深灰色泥岩,致密较坚硬
			6	粗砂岩				深灰色绿色粗砂岩,成分以石英为主,局部地段含砾石,粒径3~10mm

图7-3　44407工作面煤岩综合柱状图

7.2.2　工作面主要装备与采煤方法

44407工作面采用综合机械化放顶煤开采工艺,全部垮落法管理顶板。工作面装备ZFQ3600/16/28基本支架、ZFG4800/19/30过渡支架、ZT9600/20/31上端头支架、ZT14400/20/31三架一组放顶煤下端头支架;SGN730/160型准双边链刮板输送机;MG200/500-QWD型交流变频调速电牵引采煤机。

工作面回风平巷采用巷道底部宽度1/2破煤层底板三角岩布置方式,减缓了工作面上端头大倾角的影响,并消除了底板三角煤,使上端头支架水平放置,提高了支护系统的稳定性;运输平巷布置在煤层中沿顶板掘进,为工作面圆弧段布置创造条件。工作面两巷均采用"锚杆+锚索+金属网"联合支护方式。

工作面割煤高度2.5m,放煤高度7.5m,采放比1:3,采用"分段间隔"(折返式)

多轮放煤工艺,放煤步距 1.2m。工作面设计回采率为 85%。其工艺流程为:班前准备→开机、自上而下割煤→伸出前探梁,打开护帮板→由机头返回清理浮煤→移架推前溜拉后溜→从上端头斜切进刀,由上往下割第二刀→从上往下放顶煤→拉后溜。

工作面采用"三八"工作制、"两采一准"的作业形式,即两个班生产,一个班检修准备,每班工作八小时,生产班每班完成 2 个循环,循环进尺 0.6m,准备班主要进行设备检修及质量标准化工作

7.2.3　研究、试验与生产过程

1. 课题的提出

王家山煤矿原设计采用斜切分层采煤法,经过多次采煤方法改革,逐步形成了倾斜煤层(25°~44°)分层炮采和急倾斜煤层(45°~72°)水平分段综采放顶煤采煤法两种开采方法。急斜煤层水平分段放顶煤采煤法的工作面长 15~30m,分段高 12~15m,采用轻型放顶煤液压支架综放开采,月产一般在 2.0 万吨左右;倾斜煤层分层炮采工作面长度一般在 100m 左右,采高 2.0m,工作面月产 1.2 万吨左右。传统的开采方法工作面单产低、掘进率高(达 123 米/万吨)、经济效益差,全矿配备八个采煤队同时生产,点多面广,无法适应高产高效矿井建设的需要,制约了矿井现代化发展。建矿 20 多年来,为了彻底改变这种现状,实现高产高效集约化生产,提高经济效益,公司和矿上进行了积极探索和研究,努力寻求适应煤层赋存条件的高产高效采煤方法,2000 年提出并开始对急倾斜特厚易燃煤层长壁综放开采技术的考察工作。

高产高效地开采急斜特厚易燃煤层,是国内迫切需要解决的一个重大课题。我国急倾斜特厚煤层在西部地区占有很大比例,但适应这种煤层赋存条件的高产高效开采方法在国内外仍是空白,有许多理论和实际问题还处在研究与探索中。因此,王家山煤矿急倾斜特厚易燃煤层长壁综放开采技术项目的提出和实施,对实施西部大开发战略和西电东输具有十分重要的现实意义。

2. 课题的论证

对于平均倾角 43.5°、平均厚度 15.5m 的急倾斜特厚煤层能否采用综采设备实现长壁综放开采的技术可行性,王家山煤矿进行了充分的考察和调研,从 2000 年开始,矿领导带领工程技术人员先后赴四川绿水洞煤矿和石炭井矿务局乌兰矿等类似煤层矿井进行了实地考察和深入调研,并委托天地科技股份有限公司于 2002 年 2 月 15 日完成了可行性研究报告。该报告认为:王家山煤矿四层煤节理、裂隙发育,煤层结构简单,f 系数为 1,具有良好的冒放性,在开采深度 450m 的情况下,顶煤在超前支承压力的作用下可充分破碎,适应于放顶煤开采。对在开采过程中可能出现的工作面支架倾倒及输送机下滑等关键技术问题,可通过在"三机"配套中设计专门的防倒防滑机构和在生产过程中工作面的调斜开采等方法来解决。论证报告的提出,为急倾斜特厚条件下的易燃煤层实现综放开采提供了可行性结论。

3. 课题的立项

可行性研究报告完成后，矿方填报了"急斜特厚易燃煤层长壁综放开采项目计划任务书"，并于 2002 年 12 月初上报靖远煤业有限责任公司，公司组织进行申请立项工作。2003 年 3 月 21 日，国家煤炭工业技术委员会以煤技字[2003]第 01 号函批复同意立项。

4. 相似材料模拟实验研究

相似材料模拟实验研究在西安科技大学"陕西省岩层控制重点实验室"进行。模拟实验采用了与王家山煤矿四号煤层及其顶、底板岩性相似的模型材料，进行了沿煤层走向和沿煤层倾向的两类平面模拟实验。模拟实验从 2002 年 2 月 20 日到 3 月 6 日，历时 15 天，采用记录、素描和先进的数码摄像录像技术，获得了丰富的观测数据，记录了一系列重要的矿压现象。特别是工作面过断层、工作面圆弧过渡段顶煤的架前架上冒落，以及工作面上隅角采后出现的顶板冒落空洞现象，监测了工作面支架所承受的侧向力和支架的受力状态，分析了顶煤初次垮落、直接顶初次垮落、基本顶初次来压、基本顶周期来压和工作面过断层等情况下的矿压显现特征，为支架工作阻力及有关性能参数的确定提供了依据。

5. 数值计算研究

数值计算由西安科技大学在数值模拟实验室与相似材料模拟实验同步进行。数值计算研究选用三维有限差分计算软件，采用莫尔-库仑屈服准则，定量分析确定了工作面支架在煤层倾角 25° 条件下所承受的最大载荷为 3700kN，在 40° 斜面上所承受的最大侧向力为 2580kN。

相似材料模拟实验与数值计算分析两者相结合，模拟了在大倾角特厚煤层长壁综放开采条件下支架的状态及矿压显现规律，定量分析确定了工作面支架在此条件下的有关性能参数。

2002 年 3 月 20 日，西安科技大学提交了《矿山压力模拟实验研究报告》。

6. "三机"选型配套考察与调研

在取得各项可行性理论依据的基础上，煤业公司及王家山煤矿共同着手进行"三机"配套研究与设备招标订货工作。

2001 年 11 月 27 日，煤业公司召开了"急斜煤层大放高综放支架设计及设备配套专题会议"，对急斜煤层大放高综放支架设计及设备配套提出了具体要求。会后，公司生产技术部、科研设计院和王家山煤矿有关技术人员前往郑州、上海、辽源、鸡西、平顶山等煤机厂家，对采煤机的技术特征、适用条件和使用情况进行了全面详细的考察调研。通过对数十种采煤机的技术资料进行对比分析和反复遴选，确定了备选的重点机型。同时对与采煤机配套的液压支架和前后部刮板输送机也进行了调研分析，并对各煤机厂家的资质、技术水平、信誉度进行了考察。

7. "三机"选型配套研究

2002 年 3 月 19 日,公司确定了"急斜综放工作面主要配套设备选型意见",对设备选型配套作出了明确要求:

(1)立足王家山煤矿现有的井巷设施及生产系统实际,着眼于矿井未来发展。在对现有井巷设施及生产系统不做大改造的前提下进行设备选型配套,综放面配套能力暂不考虑目前矿井提升的制约因素,按矿井提升系统改造后的能力进行选型配套。

(2)设备配套必须以急斜特厚易燃煤层的赋存条件为基本点。支架必须有可靠的防倒、防滑性能,在工作阻力满足支护要求的前提下,支架重量尽可能轻;采煤机牵引力大,制动可靠,并实现遥控操作;刮板输送机启动、制动性能良好,即能防滑又能限制块煤滚滑。

(3)设备选型配套立足国内先进设备,选用适合急斜煤层的 MG 型交流变频调速四象限运行电牵引采煤机、SGZ730 铸焊溜槽刮板输送机和 ZFQ 型防倒防滑液压支架。

(4)工作面上下端头必须配备具有特殊机构的上、下端头支架。

公司多次组织西安科技大学及有关部室、设备生产厂家和王家山煤矿专业技术人员,对设备设计中的重大技术进行研讨,对选型配套的多种方案进行反复讨论和遴选。

8. 设备订货招标

2002 年 4 月 20 日,由煤业公司、王家山煤矿、西安科技大学、郑州煤机厂、天地科技股份公司上海分公司、西北奔牛实业集团有限公司和平顶山煤机厂共同协商,确定了"三机"选型配套,签订了"工作面三机配套技术协议书"。"三机"配套参数(表 7-1)及方案确定后,通过公开招标确定了设备生产厂家。

表 7-1 "三机"配套参数表

设备名称		型号	主要技术参数	设计生产厂家	安装数量
支架	基本架	ZFQ3600/16/28	四柱支撑掩护式,正四联杆,自重 12.5t	郑州煤机厂设计、平顶山煤机厂生产	73 副
	端头架	ZT14400/20/31	主副架,一主两副 12 柱,总重 60t		1 副
	端尾架	ZT9600/20/31	主副架,前主、后副 8 根立柱,总重 40t		1 副
	过渡架	ZFG4800/19/30	回柱支撑掩护式,反四联杆结构,自重 12.5t		3 副
采煤机		MG200/500-QWD	电牵引双滚筒适应倾角不大于 45°	上海采矿机械厂	1 台
前后部运输机		SGZ730/160	准双链,运输能力 700t/h	西北奔牛公司	2 台
转载机		SZZ730/160	运输能力 700t/h		1 台
运输巷可伸缩胶带输送机		DSP1080/1000	运输能力 800t/h		1 台

9. 试验工作面设计及掘进

1)试验工作面地质条件

试验确定在四号井四号煤层 44407 工作面进行。44407 工作面煤层厚度 13.5~23m,

平均厚度 15.5m，煤层倾角 38°~49°，平均 43.5°，煤层普氏系数为 1.0。基本顶为中粗砂岩，厚度 20.5m，泥质胶结；直接顶为厚度 3.8m 的灰、深灰色泥岩、粉砂岩互层；伪顶为厚度 0.5m 的深灰色高碳质泥岩；底板为 17.5m 厚的深灰色、灰绿色粗砂岩，局部地段含砾。

2）试验工作面设计

工作面设计充分考虑了急斜特厚易燃煤层的赋存特点、开采方法及"三机"选型配套情况。工作面巷道采用"一进两回"布置形式，运输巷沿煤层顶板布置，回风巷沿煤层底板破半岩布置。为了防止回采后上隅角顶板冒落空洞内瓦斯积聚，在回风巷同一标高沿煤层顶板布置一条瓦斯排放巷。切眼采用下端头超前、上端头滞后的伪斜布置方式，切眼下端的运输巷平面与工作面斜面间采用圆弧段过渡，解决了端头区域顶板的维护问题，改善了端头支架的受力状况。运输巷超前回风巷 5m，工作面伪仰斜推进，以防止支架及运输设备下滑。

工作面设计掘进走向 605m（其中初期 400m），倾斜长 115m，掘进总工程量 2179m（初期工程 1050m），采高 2.6m，放顶煤高度 12.9m，采放比为 1:5。

工作面设计图纸及说明书于 2002 年 4 月 5 日上报靖煤公司，经公司审查，于 2002 年 4 月 20 日批复同意工作面设计，并提出了相应的修改意见。

3）试验工作面掘进

试验工作面于 2002 年 2 月 20 日开始掘进，初期工程于 2002 年 8 月 15 日完工，共完成工程量 1051m（其中回风巷 412m，运输巷 424m，切眼 115m，瓦斯排放巷 100m）。

10. 急斜特厚易燃煤层长壁综放回采工艺考察

为了全面掌握急斜特厚易燃煤层长壁综放工作面的生产工艺过程、设备防倒防滑技术、支架安装与回撤技术、劳动组织管理等，矿方安排了两次考察学习，到煤层赋存条件相近的平顶山矿务局十三矿和四川华蓥山广能集团绿水洞煤矿现场参观培训学习。

11. 综采队伍的组建及培训

1）综采队伍的组建

为了组建一支高素质的综采职工队伍，采取公开招考、择优录取的办法，通过文化课、安全知识、专业知识三方面综合考核，在全矿范围内招收具有初中以上文化程度、年龄 35 周岁以下、从事井下工作三年以上的职工，在 244 名符合条件的报考人员中择优录取了 100 名职工组建了综放一队。聘任现场管理经验丰富的人员组成综放队领导班子，由四采区管理，定为区科级单位，2002 年 7 月 17 日召开成立动员大会。

2）综采队伍的培训

主要针对急斜特厚煤层综放开采的特点，分为三部分进行现场操作培训：7 月 18 日~8 月 2 日，采煤机司机及维修人员共 10 人到上海天地公司学习采煤机的原理、操作及拆卸组装方法；7 月 23 日~8 月 8 日，班组长以上管理人员及支架工共 20 人到四川广能集团绿水洞煤矿学习工作面支架等设备安装方法、熟悉回采工艺并学习设备管理经验；7 月 24 日~8 月 7 日，综放一队其余人员到煤业公司魏家地煤矿综放工作面学习综放设备常规操作方法及生产工艺技术。外出培训结束后，矿职教科组织综放一队职工在矿职工学校进行了理论培训，对外出培训、学习情况进行了总结交流，同时矿生产、机电、通灭等职能科室安排专业技术人员授课，讲解了急斜煤层综放工作面的生产工艺、一通三防技术、设备安装工艺及各种设备的结构、工作原理、各工种操作规程及岗位责任制。培训结束后进行了统一考试，达到了预期效果。

12. 有关技术文件的编制

1)《工业性试验大纲》的编制

《工业性试验大纲》由西安科技大学负责编制、王家山煤矿审核。作为工业性试验的指导性文件，《试验大纲》明确了工业性试验需要认真解决好的 13 个重点技术难题以及试验过程中需要实测掌握的主要设备性能参数，同时确定了试验应达到的主要经济技术指标：

(1) 月产量：6 万吨；

(2) 工作面回采工效：45 吨/(工·日)；

(3) 工作面回采率：80%以上；

(4) 安全：无重伤以上事故；

(5) 工程质量：合格品率达到 100%，优良品率达到 90%以上；

(6) 主要材料消耗：油脂不超过 300 千克/万吨，截齿不超过 15 个/万吨；

(7) 煤质指标：含矸率不超过 10%。

2002 年 11 月 10 日，《工业性试验大纲》上报煤业公司，公司审查后，以靖煤便生字[2002]第 36 号函批复，并提出修改意见，矿按批复意见修改后组织实施。

2)《作业规程》的编制

试验的《44407 工作面回采作业规程》由西安科技大学负责编制。《作业规程》编制完成后，矿试验领导小组及课题组成员西安科技大学联合会审，于 2002 年 10 月 6 日以矿发[2002]108 文上报煤业公司。煤业公司审查后，以靖煤便生字[2002]第 01 号函批复，矿根据批复意见对《作业规程》进行了修改，并对综放队职工进行贯彻学习与考试。

3)《矿压观测及顶煤运移规律观测方案》的编制

44407 急斜特厚易燃煤层长壁综放工作面的矿压及顶煤运移规律观测方案由西安科技大学人员负责编制，矿试验领导小组组织会审后于 2002 年 11 月 10 日上报煤业公司。煤业公司审定后以靖煤便生字[2002]第 01 号和靖煤便生字[2002]第 36 号便函分别批复，矿根据批复意见对观测方案修订后组织实施。

4)防灭火方案的编制

试验工作面的煤层具有自然发火倾向性，自然发火期 3~5 个月，最短只有 28 天，且煤尘具爆炸性。放顶煤开采过程中，采空区有浮煤遗留，容易引发火灾，因此做好工作面的防灭火工作是确保工作面顺利开采的关键。44407 急斜特厚易燃煤层综放开采前，矿通灭科编制了《王家山煤矿 44407 急斜特厚易燃煤层综放工作面综合防灭火技术方案》，矿试验领导小组组织会审后，组织实施。

13. "三机"地面联合试运转及设备井下安装

1) "三机"地面联合试运转

2002 年 7 月 21 日~9 月 22 日，采煤机、前后部刮板输送机及综采支架相继到货。为了验证"三机"配套关系的合理性，及早发现并解决"三机"配套方面存在的问题，验证液压支架在工作面相似条件下防倒、防滑的可靠性，矿组织在与工作面切眼倾角条件相似的地面矸石山进行了联合试运转，经过人工铺垫处理模拟出了切眼下端圆弧过渡段。试运转场地共安装液压支架 10 副、前部刮板输送机 41m、后部刮板输送机 17m、采煤机 1 台和移动变电站、喷雾泵、乳化泵各一套。联合试运转从 10 月 5 日开始，期间，公司领导多次深入现场检查指导，对设备配套的合理性进行分析，提出了许多指导意见。10 月 7 日公司组织对地面"三机"配套联合试运转情况进行了验收。

试运转期间，通过设备试运行，充分验证了各设备构件动作的可靠性，同时安排各专业技术人员实测了大量的配套尺寸及技术数据，发现并与设备厂家协商处理了各类问题 12 个。"三机"配套联合试运转，不仅发现并解决了设备配套方面存在的问题，而且使职工熟悉了"三机"组装及拆卸方法，为设备的下井安装奠定了基础。

2) 设备下井安装

安装前的准备工作：为了确保安全地实现整架下放安装，在设备安装前进行了模拟支架运输试验，发现并处理了设备运输线路上的不畅问题，编制审定了"44407 急倾斜特厚易燃煤层综放工作面设备安装施工组织设计"，并由综放队技术员向全队职工进行讲解贯彻，在工作面上口绞车硐室安装 JHC-14 型绞车 2 台用于下放支架，在回风巷靠采空区侧安设 JH-14 型绞车 1 台，切眼煤壁侧安设 JH-14 型移动绞车 1 台，用于支架调向及溜槽铺设。在回风巷安装一台 JD-11.4 型调度绞车，在切眼面上、下出口各锚固一组组合起吊梁，在上出口安装吊向转盘 1 副。同时准备了各种平板车、转盘车、垂直道叉等设施及器具。

设备安装：2002 年 10 月 10 日开始井下设备的安装。先从运输平巷进架，采取由下向上横向上拉的方法安装了 1~16 号基本支架、端头支架和两副过渡架；然后采用纵向下架的方法，从回风巷下放安装了 17~34 号基本支架；最后采取横向整体下架的方法，从回风巷下放安装了 35~73 号基本架以及上端头过渡架。支架的安装与前后部运输机的安装同步进行。11 月 8 日，所有设备全部安装就位，历时 28 天，共安装基本支架 73 副，过渡支架 3 副，端头、端尾支架各 1 副，采煤机 1 台，前后部运输机各 115m。

其他设施的完善：支架安装到位后，开始安装运输巷可伸缩胶带、布置工作面供电系统、完善两道照明设施和通讯设施，以及安装调试乳化液泵、喷雾泵、设备列车及移动变电站等设备，至 11 月 15 日，工作面所有设备安装结束，并拆除了煤帮侧金属锚杆。11 月 20 日，工作面开始试生产。

14. 工业性试验

1) 试验的组织领导工作

为了加强对试验工作的组织领导，及时协调处理试验过程中出现的问题，保证试验顺利进行, 矿成立了 44407 急斜特厚易燃煤层长壁综放开采技术试验领导小组, 矿长任组长、总工及其他分管生产的副矿长任副组长, 有关业务科室人员为成员 (共 24 人)。领导小组下设办公室, 总工程师和分管机电的副矿长分别兼任办公室正、副主任, 负责试验中具体事务的协调处理。

领导小组办公室下设生产技术、通风防灭火、综合准备三个工作小组, 开展具体工作。针对试验过程中出现的各种问题, 试验期间, 领导小组共组织召开专题会议 10 次, 及时研究解决了工作面设备、技术管理和课题研究等方面出现的问题, 有效保证了试验工作的顺利进行。

矿上还抽调 9 名工程技术人员组成了 44407 急斜特厚易燃煤层长壁综放工作面矿压观测及技术资料收集分析研究小组, 负责工作面矿压及顶煤移动规律观测工作, 收集记录工作面来压时的两道及煤帮变化情况, 记录各工序操作时间、设备开机率和工作面防灭火最佳注浆、注氮量及间隔时间等技术参数。

2) 试验进展情况

2002 年 11 月 20 日, 工作面开始试生产, 11 月 27 日工作面推进 6.4m 时, 开始初次放顶煤。截止 2003 年 7 月 20 日, 共试生产 8 个月, 工作面累计推进 219m, 共计采出煤量 42.84 万吨, 平均月产 53551t, 最高月产 70681t, 最高日产 3045t, 最高班产 1185t, 回采工作面效率平均为 45.6 吨/(工·日), 采煤机开机率 43.8%, 回采率达到 82.27%; 主要材料消耗: 油脂 30 千克/万吨, 截齿 2.5 个/万吨, 煤质含矸率不超过 10%, 安全实现无轻伤以上事故, 主要技术经济指标均达到了《试验大纲》要求。

工作面回采过程中, 同时进行了支架防倒、"三机" 防滑技术、回采工艺、矿压及顶煤运移规律观测、防灭火、防瓦斯等技术研究工作, 充分验证了 "三机" 配套技术、防倒防滑技术的可靠性, 确定了最佳回采工艺及防灭火等技术参数。

试验过程中, 结合急斜煤层综放开采技术特点, 在原煤炭部综采工作面工程质量验收标准的基础上, 修改制定了《急斜特厚煤层长壁综放工作面工程质量检查评级标准》(试行), 重点对支架动态控制制定了详细标准, 通过四个月的执行, 《标准》能全面衡量工作面工程质量的整体情况, 重点突出, 执行效果良好。

3) 试验总结

(1) 急斜特厚易燃煤层长壁综放开采技术经过 8 个月的生产实践, 各项技术经济指标均达到《试验大纲》制定的目标。实践证明, "三机" 配套合理, 回采工艺、支架选型等能够适应工作面矿压显现和顶煤运移规律, 防灭火、防瓦斯技术能够保证工作面安全回采。同时建立了适合急斜特厚易燃煤层长壁综放工作面的生产管理模式。

(2) 急斜特厚易燃煤层长壁综放开采技术试验研究的全过程组织严密, 有条不紊, 进展顺利。这是煤业公司领导及有关业务部室科学决策和积极工作, 西安科技大学、中国矿业大学的技术支持, 王家山矿各级领导、管理和工程技术人员及广大职工不断探索, 积极进行技术创新、管理创新、制度创新的结果。

(3) 从生产期间的矿压观测及支架状况看, 工作面支架结构基本合理, 支架初撑力及额定工作阻力满足工作面基本顶初次来压、周期来压及正常回采时的支护要求。但基本支架前立柱距顶梁前端距离长 2.3m (顶梁长 3.72m), 造成前柱支撑点后移, 同时加剧了支架前梁位置的顶煤破碎,造成架顶漏空、支架尾梁下摆、前梁上翘,此外支架后立柱普遍不承载,柱头销受拉、损坏较多,在回采过程中,采用立柱耳销处加挡块后受力状况有所改善。侧护板油缸无法动作,调架困难。另外相邻支架间掩护梁及尾梁空隙大;特别是放煤尾梁无侧护板漏煤严重,不仅造成清煤量大,而且容易使支架空顶而倾倒。这些问题已与支架设计及制造厂家达成修改协议。

(4)由于受主井提升能力的制约,试生产以来工作面最高单产仅达到 7.06 万吨/月,工作面最大生产能力没有得到充分发挥,为此,进行四号井主井提升系统改造,改造现箕斗提升为 240 万吨/年的大倾角胶带提升,届时工作面单产可望达到 9 万吨/月,工作面工效可达到 45 吨/(工·日)以上。通过再上一套长壁综放设备,王家山煤矿可达到 200 万吨/年以上的生产规模,从而实现矿井深部集约化生产发展战略的重大转折。

7.2.4 主要成果及创新点

1. 主要成果

(1)通过相似材料模拟实验、数值计算分析和现代力学理论的应用研究,深刻揭示了在急倾斜特厚易燃煤层高效综放开采条件下支架的状态及矿压显现规律,定量分析和确定了工作面支架在此条件下的性能参数。通过该项研究为采场围岩系统稳定性控制和支架设计提供了基础参数和依据。

(2)提出工作面圆弧-水平过渡布置方式。回风平巷采用巷道底部宽度 1/2 破煤层底板三角岩布置方式,减缓了工作面上端头大倾角的影响,并消除了底板三角煤,使上端头支架水平放置,提高了支护系统的稳定性;运输平巷布置在煤层中沿顶板掘进,为工作面圆弧段布置创造条件。这种巧妙、新型工作面布置方式显著改善了工作面支架的整体稳定性,有效地防止了工作面开采装备在大倾角状态下的倾倒、下滑,简化了工作面下端支护和前、后部刮板运输机与转载机的搭接配合,保障了工作面的安全、高效生产,下区段工作面回风平巷布置在卸压区,为瓦斯释放及三角煤回收和上区段采空区冒落矸石向下滑滚充填本区段采空区创造了条件。

(3)研制了综放工作面成套开采装备,包括 ZT9600/20/31 端尾支架和侧翼三角煤支护装置、前后溜机尾锚固装置,ZFQ3600/16/28 基本支架、ZFG4800/19/30 过渡支架,ZT14400/20/31 三架(一主两副)一组放顶煤端头支架,设有机尾锚固装置和防滑"燕尾槽"装置的 SGN730/160 型准双边链刮板输送机等,满足"采""支""装""放""运"的工艺要求,有效地解决了急倾斜厚煤层长壁综放开采的技术难题,达到了安全、高效生产的目的。

(4)提出了适合在急倾斜特厚易燃煤层条件下的综放回采工艺,即"分段间隔"(折返式)多轮放煤方式和合理的放煤步距(1.2m),在保证工作面正常推进前提下,使"支架—围岩"系统尽量达到最佳控制状态,实现了煤炭的高回收率和低含矸率。新颖独特的采煤机在圆弧段的"提底挑顶"技术,保证了圆弧段的正常曲率,为急倾斜厚煤层实现走向长壁高效综放开采奠定了基础。

(5)采用相似材料模拟实验、多种国际先进的数值计算方法(包括有限差分法、离散元法和散体元法)对顶煤及覆岩的运动规律进行了系统分析,获得了不同开采及放煤方案的效果,为合理回采工艺设计提供了依据。在工业性试验阶段,应用深基点观测法对顶煤的运移情况进行了现场观测,揭示了急倾斜特厚易燃煤层综放的顶煤运移规律,正确指导了回采工艺和工作面顶板控制的实施。

(6)通过矿压观测,揭示了急倾斜特厚煤层矿压特征,初步掌握了急斜特厚易燃煤层综采大放高工作面沿倾斜方向的矿压显现规律、回采工作面围岩与液压支架相互作用关系及引起的支承压力分布状况,发现了急倾斜条件下沿倾斜方向矿压分布和液压支架侧向力作用关系,有力地支撑了急倾斜厚煤层长壁综放开采的工业性试验,为综放工作面的安全、高效开采提供了科学的指导。

(7)为了确保项目顺利实施,重点对安全保障技术进行了全面系统研究(通风、防灭火、防治瓦斯、综合防尘技术)。探索出了急倾斜特厚易燃煤层高效综放开采技术条件下,煤炭自燃、瓦斯涌出及粉尘产生规律,有效治理开采期间工作面、巷道及采空区瓦斯,防治工作面、巷道及采空区煤炭自燃及其煤尘危害。针对急倾斜厚煤层长壁综放开采的特点,采取可靠、先进的安全技术综合集成,形成系统化的安全保障技术。

(8)系统地分析了急倾斜厚煤层条件下长壁综放工作面生产管理的环境影响因素,建立了"三线二量"生产管理模式,采用现代企业管理理念,研究构建了新型生产管理模式,包括设备管理模式和信息系统、安全管理体系、工程质量管理体系和煤质管理体系,确保了试验的顺利进行。

2. 创新点

(1)创新设计的"非线性空间"工作面布置方式,即"倾斜—圆弧—水平"的特殊布置方式,是实现急倾斜厚煤层长壁综放开采的基础和关键,解决了急倾斜长壁综放开采工作面支护系统稳定性的关键技术,确保了工作面支护系统的稳定性,简化了工作面设备布置,成果获国家专利。

(2)研制的 ZT9600/20/31 上端头支架和侧翼三角煤支护装置;前后溜机尾锚固装置;ZFQ3600/16/28 基本支架和 ZFG4800/19/30 过渡支架的窄顶梁大行程的双侧双活侧护板、底调装置及后部刮板输送机下滑的燕尾装置;ZT14400/20/31 三架一组放顶煤端头支架的副架护帮装置,主架前端设有前挑梁、尾部设有放煤装置以及研制的 SGN730/160 型准双边链刮板输送机,技术先进,适应性强,有效解决了急倾斜厚煤层长壁综放开采设备及其配套关键技术,经济效益显著,成果获国家专利六项。

(3)运用矿压显现和顶煤运移的特殊规律,全面深入研究了急倾斜特厚煤层综放工作面的回采工艺,总结出了"分段间隔(折返式)多轮顺序放煤"的最佳放煤方式。特别是从理论上研究了急倾斜特厚煤层综放工作面圆弧段提底挑顶机理,建立了定量数学模型,研制的采煤机圆弧段"提底调顶"自动控制装置,实现了保持圆弧段正常曲率的稳定。

(4)深刻揭示了急倾斜厚煤层长壁综放开采顶煤运移、矿压显现规律。应用相似材料模拟实验、数值计算、损伤力学理论和现场观测,较为深入地研究了急倾斜特厚煤层综放开采的矿压显现和顶煤运移现象,得出了沿煤层倾向和走向矿压显现和顶煤运移的特殊规律。

(5)根据急倾斜特厚易燃煤层综放开采的特点,研究了有针对性地在时间和空间上有机结合的"一通三防"为主的综合安全保障技术,有效保障了工作面安全生产。

7.2.5 技术经济与社会效益

该项目从解决急倾斜特厚易燃煤层走向长壁综放开采的技术难题出发,通过对急倾斜特厚煤层倾角增大对开采影响的研究,在理论上和实践中揭示和掌握急倾斜厚煤层长壁综放开采的规律、方法和工艺,研制新设备,发展煤炭开采技术,为难采、低效特厚易燃煤层探索出一条综合机械化放顶煤高效开采之路。

该项成果取得的经济效益和社会效益均十分显著。仅试验工作面最高单产达9.71万吨/月,回采工作面工效达45吨/(工·日),回采率82.27%,吨煤成本降低46元。使王家山煤矿集中生产技术改造项目实现了投入省、见效快的目标,技术改造投入仅1.8亿元,矿井年生产能力由原来100万吨提高到300万吨,是新建相同规模矿井投资的十分之一,建设工期同比缩短2年,每年可创造效益1.5亿元以上,取得了良好的经济和安全效益。

该项目实施过程中,充分体现了理论研究和生产实践并举的产、学、研、用结合的策略,在很短时间内使急倾斜厚煤层安全、高产、高效开采达到了世界领先水平,成为我国煤炭工业依靠自己的力量取得的标志性成果,为我国对煤炭工业科技进步做出了重要贡献,具有显著的社会效益。

我国有大量类似地质条件复杂的难采煤层,普遍存在开采机械化水平低、效益差、安全性差的问题。本项目的完成,不仅解决了靖煤公司王家山矿急需的工程技术难题,所提出的"急倾斜特厚易燃煤层长壁综放开采技术"及"关键设备及配套技术",为解决我国此类难采煤层的安全、高产、高效技术难题提供了成功典范,具有实用价值和推广前景。

7.3 大倾角煤层群综合机械化放顶煤开采[5,6]

7.3.1 地质与生产技术条件

华亭煤业集团公司东峡煤矿37215-2工作面开采特厚煤层群的煤6-2中为矿井主采煤层,厚度7.83~17.04m,平均9.98m,倾角28°~47°,平均37°(倾角大于35°的区域占工作面长度的89.6%);煤层坚固性系数一般为$f=2\sim3$,内在裂隙发育,性脆易碎,容重1.31~1.38t/m³,比重1.48,属低灰,低硫的长焰煤、不黏煤,煤层中含有1~2层夹矸,夹矸厚度0.07~0.30m,以灰色泥岩、泥质粉砂岩、粉砂质泥岩为主,煤以半亮半暗型为主,暗煤、亮煤次之,煤质较优。

工作面直接顶为炭质泥岩和粉砂岩,岩性松软,厚度4.31~0.20m,平均1.81m,工作面直接底为炭质泥岩和粉砂质泥岩,厚度0.9~0.07m,平均0.52m。工作面顶板一般为Ⅱ级2类,即直接顶中等稳定,基本顶来压明显顶板。在局部区域内,基本顶有向Ⅲ级变化的趋向,工作面底板为Ⅳ类,即中硬底板,煤岩具体特征见工作面综合柱状图7-4

所示。煤层瓦斯含量较低，但具有爆炸危险性。煤层具有自燃性，自燃温度为 295℃，自燃发火期 3~6 个月。

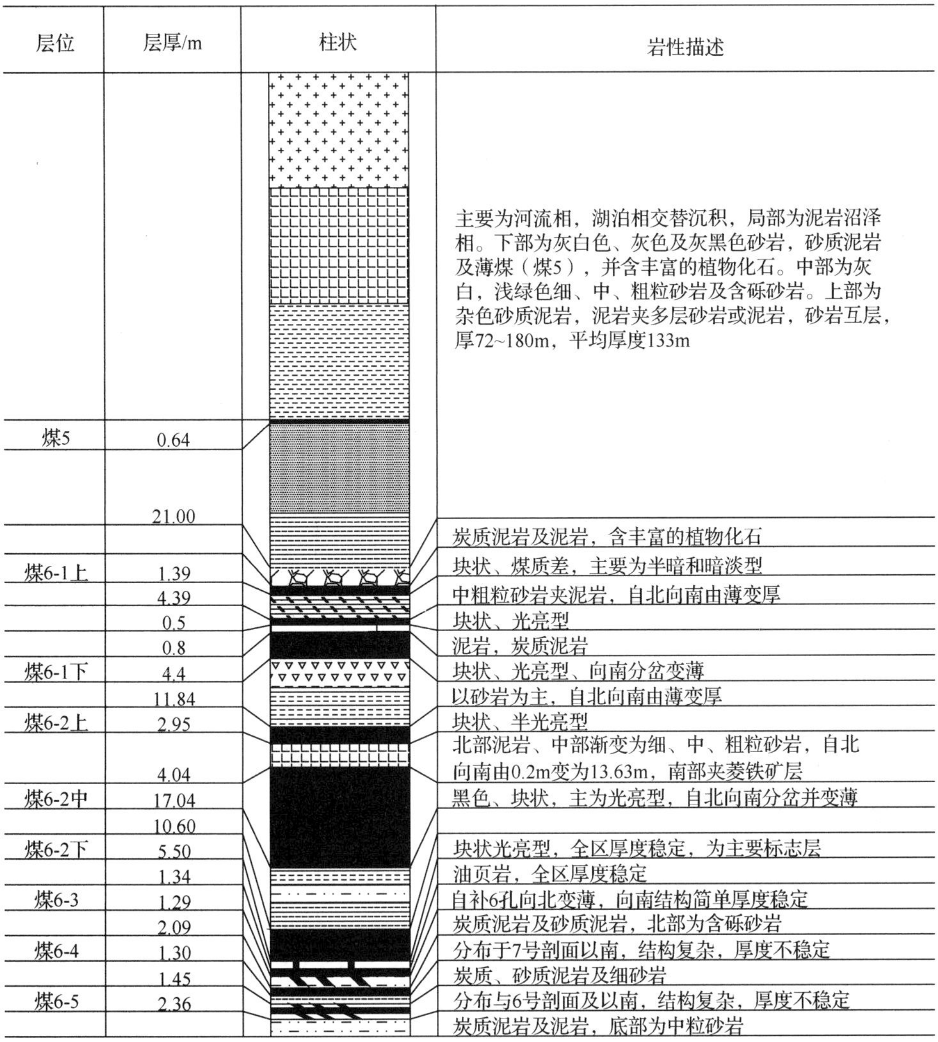

层位	层厚/m	柱状	岩性描述
			主要为河流相，湖泊相交替沉积，局部为泥岩沼泽相。下部为灰白色、灰色及灰黑色砂岩，砂质泥岩及薄煤（煤5），并含丰富的植物化石。中部为灰白，浅绿色细、中、粗粒砂岩及含砾砂岩。上部为杂色砂质泥岩，泥岩夹多层砂岩或泥岩，砂岩互层，厚72~180m，平均厚度133m
煤5	0.64		
	21.00		
			炭质泥岩及泥岩，含丰富的植物化石
煤6-1上	1.39		块状、煤质差，主要为半暗和暗淡型
	4.39		中粗粒砂岩夹泥岩，自北向南由薄变厚
	0.5		块状、光亮型
	0.8		泥岩，炭质泥岩
煤6-1下	4.4		块状、光亮型、向南分岔变薄
	11.84		以砂岩为主，自北向南由薄变厚
煤6-2上	2.95		块状、半光亮型
	4.04		北部泥岩、中渐变为细、中、粗粒砂岩，自北向南由0.2m变为13.63m，南部夹菱铁矿层
煤6-2中	17.04		黑色、块状、主为光亮型，自北向南分岔并变薄
	10.60		
煤6-2下	5.50		块状光亮型，全区厚度稳定，为主要标志层
	1.34		油页岩，全区厚度稳定
煤6-3	1.29		自补6孔向北变薄，向南结构简单厚度稳定
	2.09		炭质泥岩及砂质泥岩，北部为含砾砂岩
煤6-4	1.30		分布于7号剖面以南，结构复杂，厚度不稳定
	1.45		炭质、砂质泥岩及细砂岩
煤6-5	2.36		分布与6号剖面及以南，结构复杂，厚度不稳定
			炭质泥岩及泥岩，底部为中粒砂岩

图 7-4　工作面煤岩综合柱状

7.3.2　采煤方法及回采工艺

37215-2 工作面采用综合机械化放顶煤开采工艺，全部垮落法管理顶板。工作面装备 ZF4000/15.5/25Q 型基本支架、ZFG4600/17/28Q 型过渡支架、ZFT13800/17/28 型端头支架、SGZ730/160 型刮板输送机、MG200/500-QWD 型电牵引采煤机。

工作面两巷均采用梯形断面，煤层中沿底板掘进，"锚杆+锚索+金属网"支护方式。

工作面根据刮板输送机下滑状态呈伪斜布置(调整)，机采高度(限于支架有效支撑高度)2.3m，放顶煤高度 7.0m，采放比为 1:3.0，"两采一放"，放煤步距(煤层普氏系数为 2~3，悬伸性较好)1.2m，放煤方式为分段(上、中、下三段，每段长度 40m)平行、段内隔架由上向下依次放空。其工艺流程为：交接班→割煤→移架→推移前部输送机→拉后部输送机→割煤→移架→推移前部输送机→从机头部开始放顶煤。工作面设计回采率为85%。

工作面采用"三八"工作制、"两采一准"的作业形式，即两个班生产，一个班检修准备，每班工作八小时，生产班每班完成2个循环，循环进尺0.6m，准备班主要进行设备检修及质量标准化工作。

7.3.3　研究、试验与生产过程

37215-2工作面于2005年11月开始安装，2006年1月开始生产，安装历时55天。因工作面地质条件差，掘进层位不正，上下口超高，安装时支架无法接顶，通过采用木垛接顶方法，防止了支架出现倒架和咬架，2006年3月工作面调整至正常位置和状态，之后，工作面基本保持了正常生产，2006年该面共生产原煤76.2万吨，没有发生一起工伤事故，正规循环率达到了85%以上，日产稳定在4000t左右，工作面最高日产5798t，实现了稳定、安全、高效生产，步入了良性循环。

7.3.4　主要成果及创新点

1. 主要成果

(1)进行了大倾角特厚易燃煤层群开采相似材料模拟实验,对大倾角特厚易燃煤层群综合机械化开采过程中的矿山压力显现规律、"支架—围岩"相互作用机理、支架在工作面推进过程中的稳定性及所需要的基本支护阻力进行模拟，观测顶板运移规律，提出合理的顶板控制措施。确定初次支架最大支撑载荷、平均支撑载荷等开采参数，为放顶煤液压支架工作阻力及结构形式、强度确定提供依据。

(2)进行了工作面矿山压力观测，研究该特殊条件下大倾角煤层综放工作面矿压显现的一般特征、工作面支护系统稳定性及其控制技术、支护系统"动载型"矿压显现一般规律及其控制技术、多区段开采工作面倾斜中、上部区域的顶板(上覆岩层)的破坏和运动状态和已经开采过的上区段工作面岩层移动规律，为大倾角煤层放顶煤开采的"大工作面"布置奠定技术基础。

(3)应用"液压支架参数优化设计软件系统"进行支架结构参数优化设计，对支架的主要结构、连接件进行了计算机综合强度校核及可靠性优化设计；开展了大倾角工作面放顶煤液压支架及"三机"配套设计，研究解决了大倾角工作面(28°~48°)综采放顶煤开采中"三机"防滑和支架防倒、防滑等关键性技术问题，配套设备能适应大倾角特厚易燃煤层群综采放顶煤开采的要求。

(4)根据东峡煤矿煤层埋藏条件、开采技术条件和工作面装备条件,在相似材料模拟、数值分析和矿山压力观测的基础上，综合研究和优化了工作面回采工艺参数，为工作面产量和顶煤回收率的提高创造了有利条件。

(5)详细而系统地研究了工作面安全保障技术，制订了相应的规章制度和措施，有效地保证了工作面安全正常开采。

2. 创新点

(1)区域(大范围)岩层控制理论与技术。根据煤层群特点，从开采顺序、工作面和巷道布置入手，使主采煤层工作面处于上层和本层相临上部区段已经开采、岩层整体性经受过损伤、破坏区段，同时采用在支护系统设计中加大抗倒(滑)能力和适当提高工作阻力(抗局部冲击荷载)、工作面回风巷处于卸压带和局部稳定维护技术，促使工作面上覆较大"区域"内的岩层在受控条件下参与本工作面岩层"整体活动"，解决了大倾角综采放顶煤工作面上部"R-S-F"系统构成元素缺失引发的失稳难题，使大倾角煤层综放开采工作面上部区域内的"R-S-F"系统稳定性得到了保证，加大了工作面"有效长度"，延长了工作面放煤长度，大幅度地提高了工作面顶煤回收率和产量。

(2)非等长工作面长度柔性调整技术。在"区域岩层控制"的条件下，针对工作面长度变化大、巷道有效断面小、大倾角工作面支架增加和撤离难度大的特点，在工作面与回风巷连接处(5~7m)采用单体液压支柱配合十字铰接顶梁构成"柔性"调节段，随工作面推进调节其实际长度，简化了工作面增、减架工序，加快了工作面推进度，为工作面产量提高和综合防灭火技术的实施创造了有利条件。

(3)"三机"配套与工艺优化系列技术。采用工作面输送机延长等"三机"配套优化技术，使采煤机运行距离加大，回采(截割)工作面上下端头"三角煤"，简化了工作面回采工序。研制了井下液压支架快速组装、运送、调整等设备，提出了工作面支架快速安装方法，解决了复杂井巷和开切眼条件下(技术改造矿井)大倾角煤层综采工作面设备快速安装的难题，提高了工作效率。

7.3.5　技术经济与社会效益

37215-2 工作面在正常生产期间，平均月产量 7.62 万吨，最高月产量 12.55 万吨，与同等条件下的炮采工作面相比，年产量平均提高了 72.72 万吨，提高率达 388.5%，工作面正常日产量基本保持在 4000t 左右，最高日产量为 5798t，年增产值 12107.88 万元，新增利税 10662.93 万元，减员增效(增收节支)369 万元，年直接经济效益 12111.93 万元。

37215-2 工作面合理地利用了上煤层和上区段开采后上覆岩层大范围垮落运移特征，采取适当回采阶段隔离煤柱的方法，实现了大范围岩层控制，延长了工作面有效长度，工作面顶煤放出率达到 60% 以上，同时回收了部分区段煤柱，保证了工作面煤炭回收率稳定在 85% 左右。同时，在工作面不同区域内和不同工序过程中，对"R-S-F"系统稳定性采取差异性控制，避免了因"R-S-F"系统失稳而引发安全事故。在工作面上出口处采用"柔性调节段"和在下出口处采用"过渡段"，对工作面顺利推进起到了明显地调整作用，有效地解决工作面与运输巷"圆滑过渡"和非等长调节，并消除了安全隐患。提高了工作面安全性和可靠性，大幅度降低了工人的劳动强度。工作面生产过程中没有出现过任何人员重伤及以上事故，安全效益和社会效益非常显著。

该项目研究坚持可靠性、先进性、合理性和实用性的有机统一，其研究成果填补了国内外大倾角易燃特厚煤层群空白，具有广阔的推广应用前景。

7.4　广域坚硬顶板、软底大倾角松软煤层综合机械化开采[7]

7.4.1　地质与生产技术条件

广域坚硬顶板因其开采过程中具有强烈(冲击性)矿压显现隐患、顶板难以控制等因素一直被认为是难采煤层之一。大倾角煤层是国际采矿界公认的难采煤层，新疆焦煤集团艾维尔沟矿区赋存的广域坚硬顶板软弱底板大倾角松散煤层，开采难度极大。

25112 工作面主采 5 号煤层，位于主焦煤公司延伸采区的 1950~2000m 水平，1950集中运输石门以东至井田东部边界，其倾斜上部为 25111 工作面采空区，顶部为 24112工作面采空区，倾斜下部未采动，设计停采线在集中运输上山以东 15m 处。工作面煤层厚度 4.81~5.40m，走向东偏南 10°，倾角 36°~42°，平均 39°，煤容重 1.35t/m³，煤层赋存稳定。工作面走向长度 2240m，倾斜长度 87~97m，平均长度为 95m，回采面积为213400m²，可采储量 138.8 万吨。

工作面水文地质条件相对简单，涌水主要来自顶板裂隙水和河床渗水，预计涌水量为 70m³/h。由于艾维尔沟河在回风巷 545 导线点向东至 560 导线点上方流过，预计开采时会有一定影响。工作面煤层瓦斯含量低，绝对瓦斯涌出量 0.159m³/min，相对瓦斯涌出量 3.99m³/t。工作面回风巷自开切眼向西 120m 处与 16 号小窑贯通、230m 处与 15 号小窑贯通，工作面推进过程中应对气体涌出和异常现象进行监测。煤层自燃性指标 ΔT=23℃，氧化程度 78.26%，不易自燃。煤尘具有爆炸性，爆炸火焰长度 100mm±50mm。

工作面有分布不均、厚度 0.10~0.70m 的泥岩夹煤线伪顶。直接顶板为灰白色含砾粗砂岩，泥质胶结、风化易碎的灰白色中砂岩，厚度 4.6~5.1m，抗压强度 79.9~100.2MPa，其上为以石英为主、抗风化能力强但层面发育的灰白色中砂岩，厚度 13.98m。在 25112工作面上约 30m 处为 4 号煤层。工作面底板为灰黑色、中部夹有煤线的炭质泥岩，煤层厚度 4.81~5.40m，抗压强度 8.1MPa。在 25112 工作面下部约 28m 处为 6 号煤层。工作面煤层综合柱状如图 7-5 所示。

7.4.2　采煤方法及回采工艺

25112 工作面采用综合机械化放顶煤开采工艺，全部垮落法管理顶板。工作面装备ZF4400/16/26 型液压支撑掩护式支架 51 架、ZFG5800/17/30 过渡支架 9 架(机头 6 架，机尾 3 架)；MG200/500-QWD 型采煤机 1 台；SGZ730/400 型刮板输送机 2 部(支架前后各 1 部)。

工作面上端头以"四对八梁"配合单体柱支护，箱型顶梁长 4m，一梁四柱式支护，立柱组内间距 0.3m，相邻两组之间柱距 0.6m，排距 1m；梁下支柱采用轻型单体液压支柱，相邻两柱之间用 ϕ6mm 钢丝绳连锁，以防倒柱伤人，立柱迎山角 6°，向采空区侧偏角 6°；端头支护立柱如出现钻底，则必须穿鞋(200mm×200mm×10mm 钢板焊接)。如顶板破碎，可在梁上铺双层金属网，并在靠采空区侧的一排立柱打戗柱加强支护。

煤岩柱状图	煤岩/m	岩性描述
	3.26	四号煤层，煤厚2.6~4.5m，含0~2层夹矸，含矸率12.05%，稳定煤层
	3.80	灰黑色粉砂岩，风化面风化，节理发育，易碎
	0.87	灰白色中砂岩，顶部有0.34m中砂岩，以石英为主，抗风化能力强
	0.87	灰白色细砂岩，节理发育，风化易碎
	13.98	灰白色中砂岩，以石英为主，抗风化能力强，层面发育
	2.61	灰白色中砂岩，泥质胶结，风化易碎
	2.32	灰白色含砾粗砂岩
	0.1~0.7	煤线
	4.8~5.4	五号煤层，平均厚度5.1m，煤层上部含0~2层夹矸，含矸率0~17%，为灰黑色粉砂岩，薄层状走向变化较大，局部地段倾角有变化，局部厚度有变化、不稳定煤层
	0.5	炭质泥岩，灰黑色，中部夹煤线

图 7-5　25112 工作面煤岩综合柱状

工作面回风巷沿 5 号底板+2000m 水平布置，断面形状为斜梯形，下帮高 1.5m，宽 3.5m，断面积为 9.1m²，局部地段断面形状为梯形，上口宽 2.7m，下口宽 3.6 m，俯角 80°，断面积 7.41m²，采用锚网梁支护，巷内铺设 18kg/m 轨道，进行工作面材料、设备等辅助运输。工作面运输巷沿 5 号煤层顶板+1950m 水平布置，断面形状为斜梯形，下帮高 1.5m，宽 3.5m，断面积为 9.1m²。上、下帮采用锚网支护，顶部采用金属锚杆支护，锚杆间排距为 1m×1m，巷内铺设胶带运煤。工作面上下运巷超前 20m 范围内使用单体柱配合铰接梁进行超前支护，距工作面煤壁 10m 范围内打双排柱，10~20m 范围内打单排柱，靠上帮一排打 20m，靠下帮一排打 10m，柱距 1.2m，铰接顶梁上部用厚度不小于 100mm 的半圆木或薄木板接顶。局部超高地段用 3.5m 单体柱支护。工作面上运输巷超前推进线 100m 用锚索支护，每 3m 打一组，眼深 5m，防止顶煤因超前压力影响而脱层。工作面开切眼沿 5#煤层顶板布置，断面形状为矩形，宽 7.0m，高 2.5m，断面积 17.5m²，锚网梁及锚索联合支护，距贯通点 25m 时调整巷道坡度为 37.6°，贯通时见底。

工作面机采高度为 2.3m，放顶煤高度 2.8m，采放比为 1:1.21，工作面设计回采率为 85%。其工艺流程为：班前准备→开机、上端头斜切进刀割煤→伸前探梁，打开护帮板→由机头返回清浮煤→移架推前溜→拉后溜→再往返割第二刀→由上而下放顶煤→拉后溜清理工作面。

工作面采用"三八"工作制、"两采一准"的作业形式,即两个班生产,一个班检修准备,每班工作八小时,生产班每班完成 2 个循环,循环进尺 0.6m,准备班主要进行设备检修及质量标准化工作。

7.4.3　研究、试验与生产过程

广域坚硬顶板软弱底板大倾角松软煤层综合机械化放顶煤开采始于 2002 年,在 2002~2005 年间,完成了工业性试验的全部前期准备工作。2006 年 5 月开始工业性试验。2006 年 6 月至 2008 年 5 月近两年时间内,25112 试验工作面共推进 1998.7m,采出原煤 108.6 万吨,平均月产量达到了 4.53 万吨,最高月产量 5.6 万吨,平均日产量 2121.1t,最高日产量 3200t,正规循环率达到 85%以上,直接工效 24.95 吨/(工·日),采区回采率达到了 83.07%。

7.4.4　主要成果及创新点

1. 主要成果

(1) 25112 工作面试验以来,共推进 1998.7m,采出原煤 108.6 万吨,最高日产量 3200 t,最高月产量 5.6 万吨,平均月产量达到了 4.53 万吨,直接工效 24.95 吨/(工·日),采区回采率达到了 83.07%,未发生人员死亡事故。工作面产量和效率、资源回收率显著提高,大幅度降低了工人劳动强度,改善了作业环境,保证了安全生产。

(2) 研制了针对硬顶软底软煤的大倾角工作面放顶煤液压支架、采煤机、输送机,并对其配套技术和参数进行了优化设计。工作面支架经历了基本顶初次来压、周期来压、过断层等恶劣条件的考验,工作性能可靠,稳定性能良好,适应大倾角硬顶软底软煤复杂条件;采煤机采用牵截合一的组合方式,功率高、牵引力大、制动灵敏、操作方便、下切量大、易调整工作面采高;输送机主要部件强度高,配合紧密。"三机"的选型配套合理,相互间的适应性良好,配合紧凑,无相互干涉,落、装、运、支工艺流程衔接紧密,保证了工作面顺利推进。

(3) 系统研究了坚硬难冒顶板工作面超前预爆破技术,基本消除了采空区悬顶,减少了顶板冒落块度,降低了来压峰值和对工作面支护系统的冲击性。同时,实现了采煤与顶板预爆破平行作业;在大断面巷道中使用了"锚—网—梁—索"联合支护,经受了超前预爆破的剧烈震动和回采影响,减小了巷道断面收缩率和维护工作量,降低了工人劳动强度;对工作面支护质量和支架稳定性进行了实时监测,掌握了工作面矿山压力显现特征、围岩变形、破坏和运动以及"支架—围岩"相互作用规律;建立了以工作面"纵—横"柔性防护体系和放煤工艺过程中粉尘浓度控制等为核心的工作面安全技术体系,为采煤工作面实现安全、高产、高效创造了条件。

(4) 研究和确定了坚硬顶板软煤软底大倾角煤层开采工作面伪仰斜布置方式(伪斜角)、顶煤放出工序及其放出量控制、工作面进刀方式与合理位置、随机移架的滞后距离、合理的采煤机牵引速度等主要工艺流程和参数,掌握了系列的技术操作方法,积累了一

套综放技术经验。

(5) 健全了工作面安全管理技术措施与规章制度, 规范了工作面生产与管理程序, 较大程度地提高了工人理论素质和技术操作水平, 培养了一支作风过硬、技术熟练的综采(综放)队伍。

2. 创新点

(1) 基于大倾角煤层走向长壁工作面矿压特征, 以提高顶板与顶煤运移"耦合性"为目标, 采用超前预爆破方法对广域坚硬顶板进行控制性处理, 弱化了顶板强度, 改善了工作面"支架—围岩"相互作用特征, 既满足了顶煤放出对来压强度的要求, 又消除了顶板大面积悬露和大块度冒落产生的冲击性矿压显现和由此导致的工作面围岩灾变隐患。

(2) 提出了工作面"上少、中足、下尽(1：3：2)"的分区域顶煤放出量控制工艺与参数, 在工作面支护系统稳定的前提下实现了顶煤的有效放出, 解决了大倾角煤层综放开采"支架稳定性—工作面产量"之间的矛盾, 提高了工作面产量和顶煤回收率。

(3) 研制了切顶效果好、对底板比压小、可"抬底"防陷和顶梁伸缩护帮的支撑掩护式支架, 有效解决了坚硬顶板"防冲"、松软底板"防陷"、松散煤层"防片"问题, 保证了工作面支护系统的稳定性。

(4) 建立了工作面倾向全长钢丝绳网与区域间隔挡矸帘相结合的"纵—横"柔性防护体系, 有效地解决了大倾角煤层工作面采煤机割煤、清煤过程中"飞矸"伤人难题, 保障了工作面安全正常推进。

(5) 工作面采用"顶板—降坡段—底板"布置方式(借鉴长阶梯中间设平台的理念, 与"圆弧段"布置有本质的区别), 既缓解了工作面上段支架失稳对下段支架的冲击, 提高了支护系统的整体稳定性, 又减少了工作面下部采空区冒落空间, 使冒落矸石充填身上移, 强制放顶时, 冒落矸石下滑冲击力减小, 对支架冲击作用减弱, 利于工作面支护系统稳定。

(6) 形成了"坚硬顶板超前预爆破处理与控制技术、松软煤层防止煤壁片帮和漏冒技术、防止软底破坏与设备滑移技术、顶煤放出区域与放出量控制技术、防止支架—围岩系统失稳技术、工作面安全防护与保障技术"的有机集成, 为该类煤层开采开辟了新的成套技术与装备研发途径。

7.4.5　技术经济与社会效益

广域坚硬顶板软弱底板大倾角松软煤层埋藏条件复杂, 开采难度大, 主焦煤公司走"产、学、研"联合之路, 对坚硬顶板处理、放顶煤回采工艺与过程设计、工作面支护系统稳定性控制、大断面巷道"锚—网—梁"支护等关键技术进行了系统研究, 研制了切顶效果好、对底板比压小、可"抬底"防陷和顶梁伸缩护帮及"大裕量"行程侧护板的支撑掩护式支架, 有效解决了坚硬顶板"防冲"、松软底板"防陷"、松散煤层"防片"问题; 提出了工作面分区域顶煤放出量控制工艺及其参数, 解决了大倾角煤层综放开采"支架稳定性—工作面产量"之间的矛盾; 采用超前预爆破方法对坚硬顶板进行控制性处理, 消除了顶板大面积悬露和大块度冒落产生的冲击性矿压显现和由此导致的工作面围岩灾变隐患，保证了工作面顺利推进与正常生产。在受现有矿井系统能力较小制约的前提下，截至 2008 年 5 月，共采出原煤 108.6 万吨，最高日产量 3200t，最高月产量 5.6 万吨，平均月产量达 4.53 万吨，直接工效 24.95 吨/(工·日)，采区回采率达到了83.07%，且未发生重伤及以上事故，获得了良好的技术经济效益，为类似条件煤层安全高效开采创出了一条新路。极大地促进了新疆焦煤集团公司技术和管理水平提高，为新疆煤炭工业健康与可持续发展做出了贡献。

7.5　大倾角煤层走向长壁大采高综采[8]

7.5.1　地质与生产技术条件

新疆焦煤集团公司艾维尔沟矿区 2130 煤矿 25221 工作面位于二采区位于 15 号沟以西，16 线以东 153m，地表为高山沟壑，呈东西狭长分布，西高东低，25221 工作面开采标高为+2047m-+2120m，工作面开采 5 号煤层，煤层倾角 36°~46°，平均 44°，煤容重1.35t/m³，煤层赋存稳定。

25221 工作面回采范围向西、向下煤层厚度逐渐变薄，煤层结构中部简单，东西较复杂，西部有 2~3 个分层，煤层厚度 3.58~9.77m，平均厚度 5.77m，结构复杂，含 3~5 层夹矸，煤矸互层 1.4~2.5m，煤的硬度系数 f =0.3~0.5。工作面直接顶板为灰白色含砾粗砂岩，泥质胶结、风化易碎的灰白色中砂岩，厚度 2.32m，其上基本项为以石英为主、抗风化能力强但层面发育的灰白色中砂岩，厚度 16.59m，岩石单向抗压强度为 79.9~100.2MPa。工作面底板为粗砂岩，灰白色，以石英为主，矿质胶结为主，厚度为 17.06m(图 7-6)。

时代	分组	柱状图	厚度/m	名称	描述
侏罗纪	八道湾组		16.59	基本顶	中砂岩，灰白色，以石英为主，抗风化能力强，层面发育
			2.32	直接顶	灰白色含砾粗砂岩
			3.58~9.77 5.77	煤层	上部一层2.5m煤矸互层，中部含3层夹矸厚0.4~0.5m，底部为一层厚0.6m的煤泥
			17.06	直接顶	炭质泥岩
			9	基本底	粗砂岩

图 7-6　煤层综合柱状

根据目前该工作面涌水量实测资料，涌水量为 4.72~9.3m³/h，涌水量不大。矿井瓦斯绝对涌出量为 24.43m³/min，相对涌出量为 25.14m³/t，矿井为高瓦斯突出矿井。5 号煤层（+2047 水平）M_{ad}=0.47%、A_d=5.85%、V_{daf}=20.91%，具有较强的爆炸性。自然倾向性分类等级二级，为自燃煤层。

7.5.2　采煤方法及回采工艺

25221 工作面采用大倾角走向长壁大采高开采方法。采用 MG400/920-QWD 型电牵引双滚筒采煤机落煤，截深为 0.6m，采高 2~4m。工作面前部安装一台 SGZ800/2×400 中双链刮板输送机运煤，利用专门设计的 ZZ6500/22/48 大采高支架支护，全部垮落法管理顶板。工作面主要设备配置（表 7-2）。工作面巷道布置图（图 7-7）。

表 7-2　25221 工作面主要设备配置

序号	设备名称	规格型号	单位	数量
1	采煤机	MG400/920-QWD	台	1
2	液压支架	ZZ6500/22/48	副	57
3	过渡支架	ZZG6500/22/48	副	3
4	刮板输送机	SGZ800/2×400	部	1
5	乳化液泵	WRB200/31.5A	台	2
6	乳化液箱	R×200/16A	个	1
7	喷雾泵	KMPB320/10(6.3)	台	2
8	液压(回柱)绞车	JH－14	台	3
9	移动变电站	KSGZY-630/6/1140/660V	台	2
10	开关	QJZ－315/1140/660	个	4
11	胶带机	STJ-800/2×25	部	2
12	装载机	SZZ-730/110	台	1

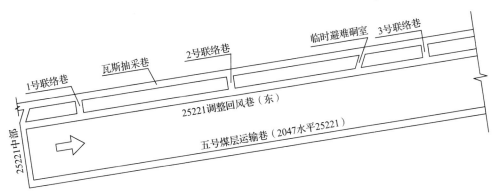

图 7-7　25221 工作面巷道布置

　　25221 坚硬顶板软煤软底大采高工作面采用上端部留三角煤的斜切进刀方式，在端部 50 号支架处斜切式进刀，待机身全部进入煤帮后，下行割煤，然后上返清理浮煤，最后割三角煤，截深 0.6m。下行割煤，上行挑顶清煤，采用由下向上邻架操作顺序拉架方式，移架操作顺序：采煤机由上向下割煤前收护帮板→收前探梁→割煤→伸前探梁→打开护帮板；采煤机由下向上清煤→收护帮板→收前探梁→降架擦顶移架→调正支架→打开护帮板。

　　采用"两班半采煤半班准备"的循环作业方式，每日 6~8 个循环，三班进行深孔钻眼。采用"三八制"、分段追机作业。每个循环的工艺流程为：班前准备→下行割煤→上行清浮煤→移架→推移输送机→下一个循环。采煤机自工作面上出口 14.6m 处斜切进刀，单向割煤，往返一次进一刀(进尺 0.6m)，割煤高度 4~4.5m。接班时，工作面煤壁、刮板输送机成一条直线，采煤机两滚筒都切入煤壁，因斜切后暴露顶板，先伸出前探梁支护，接班后，采煤机下行割煤至下口。采煤机返清煤，移架工自下而上顺序移架，同时滞后移架 15m 由下而上顺序推溜，其输送机弯曲段不小于 15m，采煤机割透上口追机移架至上口，推溜至距上口 15m 处，采煤机返向下行斜切割煤，至采煤机两滚筒都切入煤壁后，将采煤机上段输送机推直，完成进刀。

7.5.3　研究、试验与生产过程

1. 可行性研究工作

　　新疆焦煤集团公司(原艾维尔沟煤矿)十分重视矿井建设和生产中科学技术问题的研究，从 1990 年开始就在不同埋藏条件下的煤层中开展机械化(综合机械化)开采技术的研究；1997 年至 2008 年，焦煤集团开展了大倾角中厚煤层综采、厚煤层综放开采研究工作，并进行了一定规模的实验室和现场试验工作，已经取得了阶段性研究成果。

　　多年来，集团公司一直致力于解决 2130 矿井复杂埋藏条件煤层的采煤方法问题，密切关注国内外相关技术的发展动态自 2001~2005 年每年都采取"走出去请进来"的办法，组织工程技术人员到国内类似条件的矿井(四川广能集团绿水洞煤矿、甘肃靖远煤业集团王家山煤矿、甘肃华亭煤业集团东峡煤矿、河北开滦矿业集团唐山矿、平顶山煤业集团八矿、十一矿等)考察、调研、参观、学习，同时与相关高校、科研机构和设备制造单位进行了广泛地合作，多次邀请西安科技大学、煤炭科学研究总院北京开采所、中国矿业大学等的专家学者到矿就大倾角(急倾斜)煤层的开采方法问题举行学术讲座与交流，为成功解决大倾角煤层大采高综采奠定了良好的基础。

　　通过大量现场调查调研、实验室模拟及理论研究，认为"大倾角煤层走向长壁大采高综采技术研究"项目是可行的。

　　在新疆煤炭工业管理局的组织下，焦煤集团邀请了国内大倾角(急倾斜)煤层开采方面的有关专家及综采装备制造厂家，对大倾角煤层大采高开采中的技术难点"大倾角大采高开采煤壁片帮机理及控制技术""坚硬顶板处理与控制技术""大采高、软煤工作面设备稳定性控制技术""大断面异形巷道支护技术"等进行了专题研讨，提出了相应的解决方案。

2010 年 12 月，在新疆煤炭工业管理局的主持下，成立了项目研究与领导小组，编制了《新疆焦煤集团 2130 煤矿大倾角煤层走向长壁大采高综采技术项目可行性研究报告》和《新疆焦煤集团 2130 煤矿大倾角煤层走向长壁大采高综采技术项目计划任务书》，作为项目实施的基础性文件。

2. 设备研制与"三机"配套

在《可行性研究报告》获得批准后，2010 年 12 月，邀请了西安科技大学、郑州煤矿机械厂、天地上海分公司等设备制造单位就焦煤公司大倾角煤层大采高综采的设备研制和基本要求进行了研讨交流。

2011 年 4 月，根据焦煤集团提出的大采高工作面试验技术路线与"三机"配套要点，邀请西安科技大学、郑州煤矿机械厂、上海天地分公司等单位召开了"三机"配套专题论证会，确定了"三机"选型和配套的基本原则，形成了三机配套研究报告。确定了"三机"的具体技术参数和研制要求，由郑州煤矿机械厂设计并生产工作面支架（ZZ6500/22/48 大采高专用支撑掩护式液压支架），由上海天地分公司生产采煤机（MG400/920-QWD 型电牵引双滚筒采煤机），由郑州煤矿机械厂生产工作面输送机（SGZ800/2×400 中双链重型刮板输送机）。同时，完成了设备研制的招投标工作及综采工作面辅助设备的订货。

2011 年 6 月，工作面液压支架样架完成研制，并送"国家煤矿支护设备质量检测中心（北京）"进行性能测试，符合各项支架生产和运行指标，样架通过了检测。

2011 年 8 月，工作面液压支架、采煤机、输送机等主要设备陆续到货，集团公司组织综采队和设备制造厂家在地面进行了设备的组装和调试，通过了主要设备的地面联合试运转，结果表明，"三机"配套合理，提交了"大倾角煤层综采设备地面联合试运转报告"。

3. 工作面生产系统布置与改造

"大倾角煤层走向长壁大采高综采技术研究"的首采工作面选择在 2130 煤矿井田 25221 工作面。2010 年期间，开始了综采大采高工作面的掘进准备工作，编写了《25221 大采高综采工作面掘进施工组织设计》和《综掘岗位操作规程》。针对矿井生产系统中可能出现的问题，提出《2130 煤矿大倾角煤层走向长壁大采高综采试验总体设计》和《25221 综采工作面开采设计》，确定了井巷工程、矿井运输、供电等系统的配套方案。

工作面初期采用综合机械化放顶煤采煤法回采，回采 256m 后，因采煤方法不适合，后进行采煤方法改造，改为大采高综采方法。保留 30m 保护煤柱，在 1812m 处重新施工了一条供大采高支架安装的切眼并在 25221 回风巷下部降水平沿顶板掘进施工了一条调整回风巷，新布置工作面走向长度缩短为 1812m，工作面斜长 105m。全面完成了大倾角大采高工作面的井巷准备、入井线路改造等综采工作面设备安装的准备工作。因受现场条件限制，未能采用上、下端头支架。

4. 工业性试验过程

为保证项目顺利实施,焦煤集团成立了大采高综采工作面高产高效科研攻关小组,包括回采工艺、机电运输、通风防灭火、安全管理、综合协调调度、开机率监测、生产准备等 7 个小组,研究制定了大倾角大采高综采工作面在回采过程中可能出现的安全问题,并确定了工作面试生产期间的工作重点。

在 2011 年 8 月完成了大倾角煤层综采设备地面联合试运转之后,2011 年 10 月初安装就绪并开始进行了试采。回采初期采高 3.5m,推进 10m,因突出预测指标 K1 值超限,被迫停止回采,在工作面运输巷重新施工顺层钻孔抽采瓦斯。

试验的 25221 工作面采用大倾角走向长壁大采高综采开采方法。采用 MG400/920-QWD 型电牵引双滚筒采煤机落煤,截深为 0.63m,采高 3.5m,工作面 SGZ800/2×400 中双链刮板输送机运煤,利用专门设计的 ZZ6500/22/48 大采高专用支撑掩护式液压支架支护,全部垮落法管理顶板。

由于煤层软、顶板硬、倾角大、采高大、瓦斯高及工人对设备操作不熟练等,试生产期间,工作面出现了煤壁片帮频繁,底煤丢失严重,深孔超前预爆破法弱化顶板效果不佳,顶板垮落期间易造成瓦斯超限。工作面上隅角瓦斯仍然偏高,限制采煤机割煤速度,导致产量低。煤层顶、底板起伏较大,回采时采高不易控制。针对这些问题,集团公司及时召开了专门会议,提出了针对性解决办法。2012 年 5 月,工作面生产基本正常。标志着工作面试生产阶段结束,工作面进入了正常生产阶段。

自 2012 年 5 月至 2012 年 11 月,在 6 个月时间内,25221 试验工作面共推进 446.5m,采出原煤 36.4 万吨,平均月产量达到了 5.53 万吨,最高月产量 8.7 万吨,平均日产量 1846.4t,最高日产量 2934.2t,正规循环率达到 85% 以上,直接工效 16.34 吨/(工·日),采区回采率达到了 94.86%,工作面未发生人员重伤及以上事故。

7.5.4　主要成果及创新点

1. 主要成果

(1)利用"平—立交互相似材料模拟实验架+两柱四柱测力支架模型+围岩应力位移监测系统"相结合的物理模拟实验方法,研究了大倾角煤层大采高开采过程中的矿山压力显现规律、"支架—围岩"相互作用机理、支架在工作面推进过程中的稳定性、顶板运移规律、支架支护阻力与强度。研究结果认为大倾角大采高采场存在多级"梯阶关键层",且不同梯阶范围的工作面周期来压特征存在差异。对"梯阶关键层"应采取综合分区控制措施,把工作面支护系统(支架、顶底板、煤壁等)失稳概率降至最低。

(2)采用"FLAC+FLAC3D+RFPA 多元数值仿真技术"对大倾角硬顶软底软煤走向长壁大采高综采过程进行了数值分析。研究了开采过程中工作面围岩应力、位移和变形与破坏特征,认为大采高采场围岩的变形、破坏和运移特征更为活跃,工作面中上部顶板与支架的接触及施载特征更为复杂,支架载荷变化幅度增大,架间相互作用明显。并针对以上特点提出了工作面顶板控制的重点区域和保证工作面"支架—围岩"系统稳定的基本措施。

(3)利用结构优化、集成创新和基于 PDCA 循环的"设计—实验—试用—反馈—优化设计"适时修正技术，研制了以"可调宽、大阻力"液压支架为核心的大倾角走向长壁大采高工作面"三机"配套设备(ZZ6500/22/48 大采高支撑掩护式液压支架，MG400/920-QWD 型电牵引双滚筒采煤机落煤，SGZ800/2×400 中双链刮板输送机运煤)，并对其配套技术和参数进行了优化设计，解决了大倾角大采高综采过程中"三机"防滑和支架防倒、防滑等关键性技术问题。

(4)根据煤层埋藏及开采技术条件和工作面装备条件，在相似材料模拟、数值分析和矿山压力观测的基础上，综合研究和优化了工作面回采工艺参数，确定了大倾角煤层长壁大采高开采工作面"楔形"创新布置方式、大断面异形巷道采用"锚—网—梁"整体高强度柔性联合支护等巷道布置优化措施。有效地遏制了以支架为主的开采装备在大倾角斜面状态下的倾倒、下滑，提高了支架系统的稳定性，保证了该范围内煤壁的稳定性和人员安全。

(5)根据煤层埋藏、开采技术及工作面装备条件和巷道布置特点，并结合以往实践经验，确定了工作面回采工艺参数，给出了大采高开采条件下工作面小角度调伪仰斜布置方式、工作面进刀方式与合理位置、随机移架的滞后距离等主要工艺流程和参数，掌握了一系列具体技术操作方法，为确保工作面安全前提下工作面产量和回采率提高创造了有利条件。

(6)采用超前工作面"工作面中部基本顶深孔爆破预裂+两巷顶板中深孔切顶+采空区基本顶深孔探测"的坚硬顶板综合处理技术，减小了顶板垮落步距，降低了工作面支架载荷与动载系数，减小了顶板冒落块度，降低了来压峰值和对工作面支护系统的冲击性，有效地防止了工作面顶板大面积悬露和灾害性垮落，减小了顶板对煤壁的压力，降低了煤壁片帮程度，保证了工作面正常推进。

(7)通过对"设备安全保障技术与措施、工作面超前钻孔瓦斯预抽、安全生产技术与措施和安全生产管理技术与措施"的研究，建立了比较规范和完整的"大倾角煤层走向长壁大采高综采技术"安全技术保障体系，制订了相应的规章制度和措施，保证了工作面安全正常开采。

(8)采用 KJ377 型综采支架压力实时在线监测系统，对大采高综采工作面进行了矿山压力观测，基本掌握了工作面开采过程中的围岩变形、破坏、运动(移)特征以及工作面矿山压力显现规律，分析了回采工作面围岩与液压支架相互作用关系和工作面支护装备适应性，为后续工作面安全、高效生产奠定了基础。

(9)通过对大倾角煤层长壁大采高工作面煤壁片帮与支架阻力、回采工艺、周期来压、瓦斯抽采、瓦斯超限、采高、仰伪斜角、顶板弱化、推进度等参数统计及其关系进行分析，研究了工作面煤壁片帮机理，确定了煤壁片帮主要影响因素，提出并试验了大倾角煤层长壁大采高工作面煤壁片帮及冒顶综合控制技术，有效地解决了大倾角大采高条件下工作面煤层片帮问题，保证了工作面正常推进。

2. 主要创新点

(1)基于大倾角煤层长壁开采"R-S-F"系统动力学控制理论、平立交互物理相似材料模拟实验系统、多元数值仿真技术",研究了大倾角煤层大采高开采过程中的围岩空间应力分布与变形破坏规律、"支架—围岩"系统稳定性控制方法,提出了大倾角大采高采场"梯阶关键层"观点、工作面异形布置方式、工作面顶板分区控制和"支架—围岩"系统动态稳定性控制的基本措施等。为大采高综采的系统布置、装备研制、工艺改进奠定了理论基础。

(2)利用结构优化、集成创新和基于 PDCA 循环的"设计—实验—试用—反馈—优化设计"适时修正技术,研制了以"可调宽、大阻力"液压支架为核心的大倾角长壁大采高工作面"三机"特种成套装备,并对其配套技术和参数进行了优化,解决了大倾角大采高综采过程中"三机"防滑和支架防倒、防滑等关键性技术问题。

(3)提出了大倾角煤层长壁大采高开采工作面"楔形"创新布置方式和大断面异形回采巷道整体柔性支护方法。有效地遏制了以支架为主的开采装备在大倾角斜面状态下的倾倒、下滑,提高了支架系统的稳定性,同时保证了巷道稳定性。

(4)采用超前"工作面中部基本顶深孔爆破预裂+两巷顶板中深孔切顶+采空区基本顶深孔探测"的坚硬顶板综合弱化技术,减小了顶板垮落步距,降低了来压峰值和对工作面支护系统的冲击性,同时,减小了顶板压力对煤壁的作用,有效地遏制了煤壁片帮,保证了工作面正常推进。

(5)通过对多因素综合分析、多手段联合监测,揭示了大倾角煤层长壁大采高工作面煤壁片帮的滑冒、蔓延性特征,其中矿山压力因素、重力因素和煤体物理力学性质等是导致煤壁片帮主要影响因素,提出了"严控支架阻力、耦合弱化顶板、超前加固煤壁、降低伪斜角度、全程矿压观测"的煤壁片帮综合防控技术,有效地解决了大倾角大采高条件下工作面煤壁片帮问题,保证了工作面正常推进。

(6)实现了"煤壁片帮防控、顶板爆破弱化、三机装备防滑、采面安全防护、采面楔形布置"的大倾角煤层走向长壁大采高综采技术集成创新,开辟了大倾角煤层安全高效开采新途径,丰富了复杂难采煤层开采理论与技术。

7.5.5 技术经济与社会效益

大倾角较厚煤层大采高综采技术难度大,焦煤集团走"产、学、研、用"联合之路,实现了"煤壁片帮防控、顶板爆破弱化、三机装备防滑、采面安全防护、采面楔形布置"的大倾角煤层走向长壁大采高综采技术集成创新,有效地解决了大倾角大采高开采难题,保障了工作面顺利推进与安全生产,开辟了大倾角煤层安全高效开采新途径,丰富了复杂难采煤层开采理论与技术。

工作面进入正常生产阶段后推进 446.51m,采出原煤 264 万吨,年产量达 66.36 万吨。与同等条件下的综放工作面(产量 48 万吨)相比,年产量平均增加 18.36 万吨,提高了 38.2%。工作面回采率达到 94.86%。比综放工作面提高 14.1%。年增产值 18360 万元,年直接经济效益 12582 万元,减员增效(增收节支)500 万元,新增利润 6474.36 万元。技术经济效益巨大。

与综放工作面相比，25221 大采高工作面减少了放煤工艺，大大地简化了回采工艺，降低了管理难度，同时，也大幅度地降低了工人的劳动强度，改善了作业环境，杜绝了重伤以上的安全生产事故，社会效益良好。

参 考 文 献

[1] 石平五.大倾角煤层底板(层状介质)滑移机理及防治[R]. 西安: 西安矿业学院, 1998.

[2] 伍永平. 绿水洞煤矿大倾角煤层综采技术研究[R]. 西安: 西安矿业学院, 1996.

[3] 伍永平. 华亭矿务局东峡煤矿大倾角特厚易燃煤层群"双大"开采方法研究[R]. 西安: 西安科技学院, 2001.

[4] 伍永平. 王家山煤矿大倾角特厚煤层综采放顶技术可行性研究[R]. 西安: 西安科技学院, 2002.

[5] 伍永平. 东峡煤矿大倾角特厚易燃煤层群综采"小放高"放顶煤技术研究[R]. 兰州: 华亭煤业集团公司东峡煤矿, 西安: 西安科技大学, 2004.

[6] 伍永平.东峡煤矿大倾角特厚易燃煤层群综采放顶煤技术研究[R]. 兰州: 华亭煤业集团公司东峡煤矿, 西安: 西安科技大学, 2006.

[7] 伍永平.新疆焦煤集团 2130 平硐大倾角硬顶软底软煤走向长壁综放开采技术研究[R]. 乌鲁木齐: 新疆焦煤集团, 西安: 西安科技大学, 2009.

[8] 伍永平.新疆焦煤集团 2130 平硐大倾角大采高开采技术可行性论证[R]. 新疆: 新疆焦煤集团, 西安: 西安科技大学, 2010-2011.

第8章　大倾角煤层长壁综采主要装备介绍

8.1　大倾角煤层走向长壁综采工作面装备研制基本原则

基于大倾角煤层倾角变化范围(大于冒落矸石自然安息角35°,小于走向长壁工作面布置的上限或适宜水平分段放顶煤开采的煤层埋藏倾角下限 55°)和冒落矸石非均匀充填与约束特征以及围岩(包括煤层上覆岩层和下伏岩层)"关键层区域转移和岩体结构变异"导致的工作面"支架—围岩"(顶板—工作面支架—底板)关系变化和灾变形成机理与控制机制(方法与技术)等,大倾角煤层走向长壁综合机械化开采工作面主要装备研制基本原则如下[1~10]:

(1) 系统与动态稳定性控制原则。大倾角煤层走向长壁工作面开采包括两个"系统",即工作面顶板—装备—底板"大系统"和支架—输送机—采煤机"小系统"。"大小系统"的动态稳定性控制均以工作面支架及其组成的支护系统动态稳定性控制为核心。工作面支架设计应以"降低工作面支架对顶板支撑阻力和对底板比压、提高纵横向稳定与适当降低工作阻力、减小本身重量"为原则,工作面采煤机设计应以"增大牵引力与制动力、提高纵横向稳定性和强制润滑能力、降低工作重心、减小本身重量"为原则,输送机设计应以"提高整体强度与自身防滑能力、适当增大启动功率和瞬时通过能力、减小本身重量"为原则,同时加强支架相互之间、支架与输送机之间、输送机与采煤机之间在结构形式、连接方式、工作方式以及材料及制造工艺上的匹配与耦合,保证"小系统"工作过程中的动态稳定,促使"大系统"在工作面推进过程的整体动态稳定。

(2) 分区域控制原则。大倾角煤层走向长壁工作面沿倾向不同区域"支架—围岩"相互作用特征不同,对工作面装备研制的要求不同。在工作面上部区域,"围岩"以"应变型"顶板垮落和底板滑移为特征,工作面装备研制重点是提高自身静态稳定性和"支架—输送机—采煤机"相互之间的联系与调整能力,控制"顶板—支架—底板"系统完整性及其动态稳定性,降低对相邻下部区域支护系统稳定的依赖程度;在工作面下部区域,"围岩"以"应力型"顶板沉降和底板鼓出为特征,工作面装备研制的重点是提高支护系统对顶底板的支撑能力和支架对上方支架的调整与控制能力,形成工作面"顶板—支架—底板"和"支架—输送机—采煤机"两个系统动态稳定性控制的基本依托点。

(3) 简单与可靠原则。具有专门的防倒、防滑装置及其相互之间联系与调整系统是大倾角煤层走向长壁工作面装备与一般倾角工作面装备的最大不同之处。仅就支架而言,其增加的零部件就达 30%以上,控制与操作系统的复杂程度成倍增加。除此之外,在大倾角煤层长壁工作面,工作面坡度过陡及"支架—输送机—采煤机"之间的紧密接触等自身特点,导致装备零部件特别是内置的防倒防滑调架千斤顶更换异常困难。据此,装备研制应以提高构件(特别是支架与输送机之间、输送机与采煤机之间、支架与支架之间接触与耦合构件等)强度与刚度、减少零部件个数(如加大侧调护千斤顶缸径、减少千斤顶数量等)、简化连接过渡环节为重点,提高装备可靠性,同时给易损件留出更换空间,并使其操作简单化。

(4)综合封闭原则。"飞矸"与"坠落物"冲窜是大倾角煤层走向长壁工作面开采过程中极易引起人员伤亡和设备损坏的重大安全隐患。因此,在装备研制时要采取针对性的技术加以解决:在工作面上部区域装备研制应以减少"飞矸"或"坠落物"产生为重点,增大支架对围岩以及采煤机和输送机挡煤板的防护与封闭面积和强度,降低在支架推移与落煤和装煤过程中"飞矸"和"坠落物"产生的概率;在工作面中部区域,装备研制应重点考虑对已经形成的"飞矸"和"坠落物"向工作面下部冲窜的有效阻挡与隔离,增加固定和移动(可与装备研制同时考虑,也可在工作过程中临时增设)相结合封闭区域控制装置与机构;在工作面下部区域,装备研制的重点是在"支架—输送机—采煤机"系统上增加高强度和高刚度的综合封闭机构,使工作空间、人行通道、操作空间相互隔离,形成一定程度的独立空间,同时考虑在倾向上的相互隔离,使工作面下部区域和出口处于有效防护之下,保证其稳定与畅通。

8.2 大倾角煤层走向长壁工作面开采成套装备研制关键技术

大倾角煤层走向长壁开采工作面成套装备主要由液压支架、采煤机和输送机三部分构成,工作面液压支架既是"顶板—支架—底板"(支架—围岩)大系统动态稳定性控制的人为可控要素,又是"采煤机—输送机—支架"小系统稳定性控制的基点,在大倾角煤层走向长壁工作面成套装备中居核心地位,液压支架研制的关键技术包括以下几个方面[11,12]。

8.2.1 液压支架防倒防滑技术

液压支架防倒主要采用在顶梁下设防倒千斤顶的技术解决方案。液压支架防滑主要采取在支架底座上设活动双侧调架梁和调架千斤顶,在顶梁和掩护梁上设双侧活动侧护板来解决。除此之外,增大支架底座宽度,调整受载与约束状态,提高液压支架的防滑可靠性。对于软弱底板,则专门设计了抬底装置,支架底座陷底时能将支架前端提起移架,保证移架顺畅、快速。

支架防倒防滑装置安装(图 8-1),中部或排尾支架在特殊状况下(如底板滑移),均可按照图中中部支架设置安装。

8.2.2 液压支架自身工作空间防护技术

飞矸伤人损物是大倾角煤层走向长壁工作面开采重大安全隐患之一,采用在每架支架上侧设可开关的挡矸门来阻挡(隔)工作面上方的飞矸[13],解决工作面内人员多点平行(同时)作业的安全保护这一长期未解决好的技术难题,消除安全隐患,使作业人员和工作面行人及相关设备不受上段工作面煤矸下冲的威胁(图 8-2)。

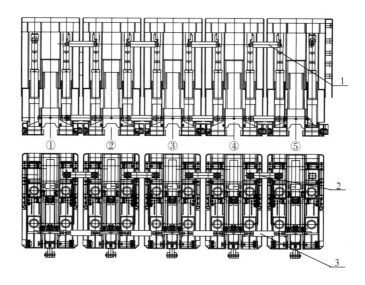

图 8-1　排头支架防倒防滑装置安装

1—顶梁防倒(防倒千斤顶、支撑座、连接件)；2—后调(调架千斤顶、支撑座、连接件)；
3—前调(调架千斤顶、支撑座、连接件)

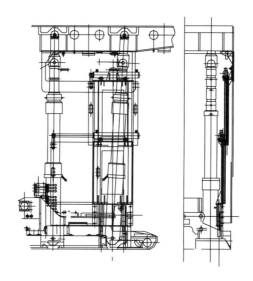

图 8-2　架侧自动伸缩挡矸装置

8.2.3　输送机(运输机)防滑技术

运输机防滑采取将原支架的十字头由圆头改为方头，并在支架底座前端增设调推千斤顶，从而通过推杆控制运输机下滑(图 8-3 和图 8-4)。

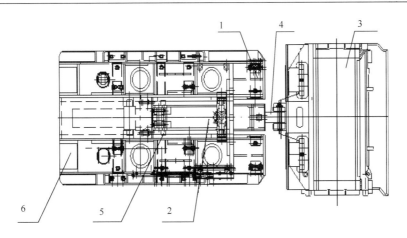

图 8-3　运输机防滑装置

1—千斤顶；2—推杆；3—运输机中部槽；4—连接销；5—推杆导向轴；6—支架底座

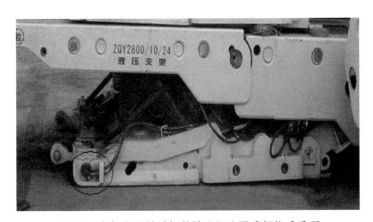

图 8-4　支架底座前端加装输送机防滑或复位千斤顶

8.2.4　输送机空间防护技术

在运输机沿工作面倾斜方向设置由液压系统自动控制的可升降挡煤(矸)板，将工作面人员工作空间与机道隔离，防止煤壁侧的煤(矸)飞蹿伤人[14,15](图 8-5)。

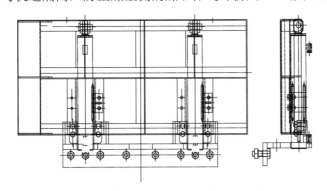

图 8-5　设置于工作面输送机上的架前自动挡矸防护装置

8.2.5　输送机拉紧与防护技术

在刮板输送机机尾设计一种液压微调拉紧装置，实现刮板链条的动态张紧，进一步提高了输送机运行的机动灵活性与可靠性，可以有效地防止输送机载荷突然变化导致的生产事故。同时，在输送机中部槽挡煤板设计了内夹板与防尘板，通过连接件连接，防止中部槽中煤进入采空区侧，确保了液压支架的正常移架。

8.2.6　端头支护技术

采用千斤顶交互布置方式，解决了重型端头支架横向移动难题，使工作面液压支架(排头支架)与端头支架正交接触，充分发挥了端头支架的支撑能力[16~18]。同时，在端头支架面向工作面的开放区域设置各级挡矸装置，严格将工作区和人行空间隔离开来，既保证了工作面排头支架的稳定，又保障了下端头处设备和工作人员及行人的安全(图8-6)。

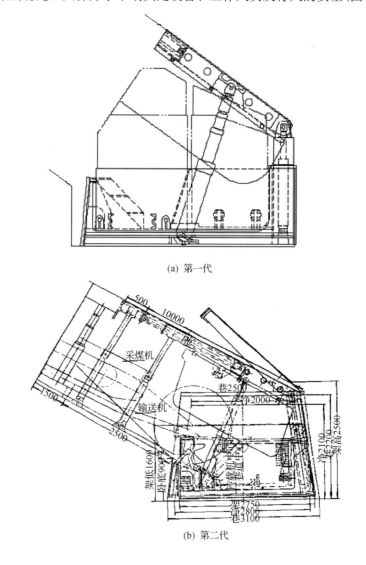

(a) 第一代

(b) 第二代

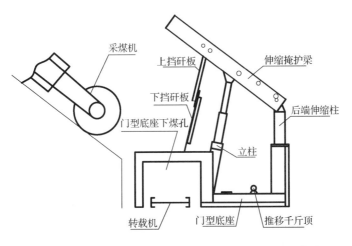

(c) 第三代

图 8-6　大倾角工作面下出口横式端头支架

8.2.7　采煤机牵引、制动等系列技术

对采煤机牵引机构重新设计,增大采煤机的牵引力,为双向割煤提供技术保障;设置两级防滑机构,除传统的液压制动器制动外,还增设了机械防跑装置,使采煤机防跑更加可靠(图 8-7)。采煤机电动机设置防护罩壳,以解决出现电动机故障后拆卸困难问题。研制带显示功能的采煤机遥控器,实时显示采煤机的运行参数,特别是采高与切底量数据,便于采煤机操作人员有效地控制采高,为工作面"支架—围岩"系统动态稳定性控制创造了有利条件(图 8-8)。除此之外,专门设计了一种全新的采煤机拖缆装置(图 8-9),使采煤机的管缆在电缆槽内移动顺畅,不再需人为看护帮扶,避免了因电缆多层叠加和下冲而导致的管缆拉断或人身安全事故。

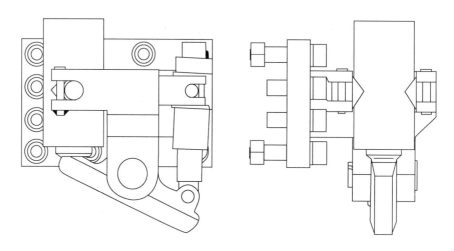

图 8-7　采煤机第二防滑装置

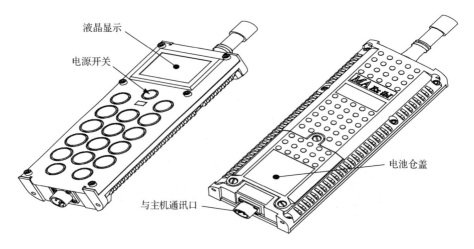

图 8-8　采煤机遥控发射器

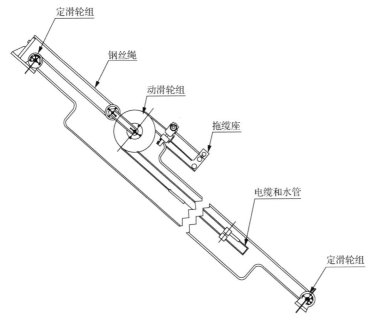

图 8-9　采煤机拖揽装置

8.2.8　采煤机与输送机配合技术

　　针对采煤机行走轮与输送机销排(轨)强度与刚度匹配问题，设计了目前最大节距的销轨和模数最大的行走轮齿以满足大倾角综采面要求。采煤机行走齿模数增大(55.7)，刮板输送机销轨节距相应增大(177)，销齿断面面积增大，提高了采煤机与刮板输送机的行走与二级机械制动强度，通过调整节距和模数，增加齿宽，从而使行走轮强度提高一倍，同时采用优质高强材料使两者的强度与刚度最佳耦合，降低了两者因匹配差异导致的非正常损坏(行走轮断齿等)，延长了行走轮和销排的使用寿命。

8.2.9　平行布置输送机电机减速器技术

　　研制了专门用于大倾角走向长壁工作面、故障率极低的刮板输送机电机平行减速器布置形式，既解决大倾角条件下平行减速器润滑不良和伞齿轮传动故障率高问题，又解决了上出口支护困难、影响行人和工作面增加或减少支架时，需拆下和运走电机减速器的实际生产难题。

8.3　大倾角煤层走向长壁工作面开采典型成套装备

8.3.1　工作面液压支架及其参数

1. 液压支架(中间架或基本架)结构

　　大倾角煤层走向长壁工作面液压基本支架(中间架)结构如图 8-10 所示，主要参数见表 8-1。

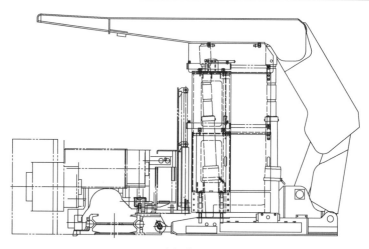

(a) 支架设计图

(b) 支架实物图

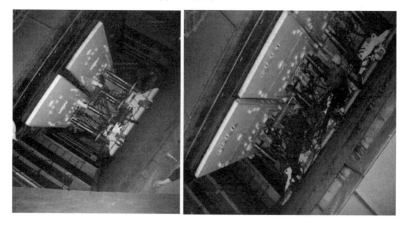

(c) 支架在60°斜面上压架实验

(d) 支架

(e) 现场支架

图 8-10　(ZJ3600/15/36)系列急倾斜走向长壁工作面基本支架

表 8-1　液压支架(中间架)参数

项目	名称	参数	单位	备注
支架	形式	支撑掩护式液压支架		
	高度	1500~3600	mm	
	采高	1800~3400	mm	
	中心距	1500	mm	
	宽度	1430~1600	mm	
	初撑力	3160~3500	kN	P=31.5Pa
	工作阻力	3551~3933	kN	P=35.4MPa
	支护强度	0.55~0.56	MPa	1.8~3.4m
	底板比压(前端)	0.62~1.28	MPa	1.8~3.4m
	泵站压力	31.5	MPa	
	适应倾角	不大于 60°		
	操纵方式	邻架控制，先移架后推溜		
	质量	约 14900	kg	

2. 工作面下端头液压支架结构

大倾角煤层走向长壁工作面端头液压支架结构见图 8-11 所示,主要参数见表 8-2。

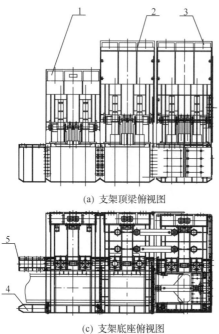

(a) 支架顶梁俯视图   (b) 剖面图

(c) 支架底座俯视图

(d) 支架实物图

图 8-11 (ZTHJ11400/15.5/25)系列大倾角走向长壁工作面端头支架

1—前架;2—中架;3—后架;4—前导向装置;5—后导向装置

表 8-2　端头液压支架参数

项目	名称	参数	单位	备注
支 架	形式	两柱支撑掩护横式端头液压支架		
	高度	1550~2500	mm	
	长度	3480~4480	mm	
	中心距	1600+1660	mm	
	宽度	4860~5540	mm	三架
	初撑力	(2654~2870)×3	kN	P=31.5Pa
	工作阻力	(3487~3778)×3	kN	P=40.4MPa
	支护强度	0.58~0.63	MPa	
	底板比压(前端)	0.88~0.95	MPa	
	泵站压力	31.5	MPa	
	适应倾角	35°~60°		
	操纵方式	集中控制，相向横移		
	质量	约 45000	kg	三架

8.3.2　工作面刮板输送机及其参数

与缓斜煤层综采不同，大倾角煤层走向长壁工作面输送机易下滑，结构件及连接件损坏严重，如青海能源集团鱼卡煤矿大倾角(45°)综放工作面支架推移杆与工作面输送机"Y"形连接头因输送机巨大下滑力作用而损坏(图 8-12)，这种情况在近水平或缓斜煤层综采面很少出现。为了保护输送机溜槽连接耳免遭损坏，设计时特意将溜槽连接耳定为单耳且加厚至 100~150mm 以增加其强度并大于"Y"形连接头强度。这正是大倾角综采工作面输送机设计与缓斜综采工作面输送机设计的显著区别。

图 8-12　工作面输送机"Y"形连接头损坏

设计制造上主要是考虑增加结构件及连接件的强度，以抵抗输送机下滑造成结构件及连接件破坏[19,20]。如图 8-13 所示，主要参数见表 8-3，或采用方形连接方式(图 8-3)。

(a) 机头部

(b) 加高电缆槽挡板的中间溜槽(煤壁侧)

(c) 加强型哑铃连接销

(d) 加高电缆槽挡板的中间溜槽(采空区侧)

(e) 加强型连接耳

(f) 机头机尾垫架

(g) 加强型销排与连接座

图 8-13　(SGB)系列大倾角走向长壁工作面输送机(运输机)

表 8-3　工作面输送机参数

名称	参数
出厂长度	150m(链轮中心距)
输送量	700t/h
装机功率	2×160kW(双速，电压 1140V)
刮板链速	1.16m/s
卸载方式	端卸式
紧链方式	闸盘式
牵引方式	齿轮—销轨式
传动装置	51JS 型行星减速器(传动比 1∶27.218)和 160kW 电机
刮板链	2-ϕ26×92-C 圆环链，边双链，链条中心距 120mm，刮板间隔 920mm
链轮	8 齿

名称	参数
中部槽	1500mm（长）×680mm（内宽）×290mm（槽高），铸焊结构
连接方式	连接环，连接强度 3000kN
采煤机牵引方式	齿轮—锻造销轨式

8.3.3　工作面采煤机及其参数

大倾角煤层走向长壁工作面采煤机外观见图 8-14 所示，主要参数见表 8-4。

图 8-14　（MG250/620-QWD）采煤机

表 8-4　工作面采煤机参数

名称	参数
采高	1.8~3.4m
截深	0.63m
适应倾角	≤45°
滚筒直径	1.6m
牵引力	680~410kN
牵引速度	0~7.4~12.3
牵引形式	电机驱动齿轮销轨式无链牵引
调速方式	机载"一拖一"四象限运行交流变频调速
机面高度	1250mm
过煤高度	501mm
灭尘方式	内外喷雾
拖缆方式	自动拖缆
装机功率	2×250+2×50+18.5kw
电压	AC1140V
牵引电机电压	AC380 V
操作方式	机身按钮操作，端头站操作，无线遥控操作，应急控制
机重	50t
主机外形尺寸	12900×2245×1422
最大不可拆卸尺寸	4000×1800×1500
最大不可拆卸重量	≤8t

8.3.4　工作面其他装备及其参数

大倾角煤层走向长壁工作面转载刮板输送机(含破碎机、自移装置)结构如图 8-15 所示，主要参数见表 8-5。

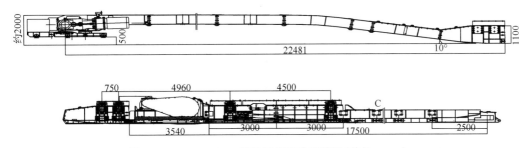

图 8-15　SZZ730/160 转载刮板输送机装置(单位：mm)

表 8-5 工作面转载刮板输送机(含破碎机、自移装置)参数

项目		名称	参数	单位	备注
转载机		设计长度	50	m	含破碎机长度
		供货长度	50	m	含破碎机长度
		输送量	800	t/h	
		链速	1.33	m/s	
	电动机	功率	160	kW	
		型号	YBSD-160/80-4/8		
		电压	1140	V	
		转速	1480/735	r/min	
	减速器	形式	圆锥—圆柱齿轮三级传动		
		传动比	1∶22.9802		
	刮板链	形式	中双链		
		圆环链规格	$\phi26×92mm$ -C		
		最小破断负荷	850	kN	
		刮板链中心距	120	mm	
		刮板间距	736	mm	
		紧链方式	闸盘紧链		
		与皮带机搭接长度	12	m	
		爬坡角度	10	(°)	
破碎机		型号	PCM110		
		通过能力	1000	t/h	
		最大输入块度	700×950	mm	
		最大排出粒度(调整粒度)	300(250、200、150)	mm	
		电动机型号	KBY550-110 型		
		电动机功率	110	kW	
		电动机电压	1140/660	V	
		电动机转速	1475	r/min	
		破碎主轴转速	370	r/min	
		破碎锤头数	8	个	

续表

项目	名称		参数	单位	备注
破碎机	破碎锤头冲击速度		20	m/s	
	大(小)皮带轮节圆直径		1250(315)	mm	
	V 带规格		GB11544-89 窄 V 带 SPC-5600		(6)根
	外形尺寸(长×宽×高)		3540×1785×1721	mm	
自移装置	型号		ZY1100		
	工作压力		31.4	MPa	
	调高缸	推力	8×385.3	kN	
		拉力	8×138.7	kN	
		行程	250	mm	
	推移缸	推力	2×986.5	kN	
		拉力	2×631.3	kN	
		行程	1100	mm	

8.3.5　"三机"的主要技术特点

1. MG300/722-WDJ 采煤机特点

(1)本采煤机的牵引力为 821kN，最大适应倾角 60°，这在目前国内是最大的。

(2)采煤机设有二级防跑装置，防跑更加可靠。目前国内的采煤机都只在牵引箱高速轴上设一套防滑制动装置，当牵引行走系统中的任一轮齿断了都会导致防滑制动失效。为了采煤机防跑更加可靠，本采煤机增设了第二防跑装置。

(3)设计了目前最大节距的销轨和模数最大的行走轮齿。当工作面倾角大于 35°时，改进前的采煤机行走轮经常出现断齿。为解决这一问题，本配套将运输机销轨节距由 125mm 增到 177mm，采煤机行走轮模数由 39.78 增大到 55.7，又增加了齿宽，从而使行走轮强度提高一倍。

(4)采煤机采用了一种新型的拖缆方式。大倾角工作面采煤机下行时，管缆一般都能自动下滑，但有时又不能自动下滑，造成电缆夹迭为三层，当三层迭到一定程度时又突然下滑，造成管缆拉断或人身安全事故。本配套采用一种全新的拖缆方式，使采煤机的管缆在电缆槽内移动顺利可靠，不再需专人看护、帮扶。

(5)采煤机可双向割煤。目前的大倾角综采都是采煤机下行单向割煤，采煤机上行时走空刀。主要原因一是采煤机的防滑制动不够可靠；二是采煤机的牵引能力不够大；三是上行割煤时前滚筒割下的煤下冲至电缆槽和行人道的问题没有解决；四是工作面运输机防滑问题未解决好，而上行割煤时采煤机迫使工作面运输机下滑的力又更大。为实现双向割煤，本配套技术能很好地解决上述问题。

（6）采煤机非机载电牵引结构，变频器与机体分离，可缩短机身长度（约 3m），增强了采煤机对刮板运输机的适应能力；同时，由于采煤机重量减轻，采煤机牵引负荷减小，变频器安在运输巷或回风巷，变频器无振动，提高可靠性，降低事故率，使用及维护能力得到显著的提高。

（7）采煤机具有最先进的采高控制技术和遥控器。过去采煤机的滚筒调高靠采煤司机肉眼观察掌控，大倾角工作面采煤司机很难靠近滚筒，因而采高很不容易控制。本采煤机能将滚筒调高参数显示在遥控器上，使大倾角综采面采高控制难的问题得到解决。遥控器上还能显示采煤机的其他监测参数，保证采煤机实时监控。设油温监测及超温保护，保证采煤机各部件工作状况受到监控，方便采煤机司机随时掌握采煤机工况，可远程监控采煤机位置，并与液压支架紧密配合，实现电液自动控制。

2. ZQY5000/15/36D 液压支架特点

（1）液压支架具有主动防倒防滑功能。解决了大倾角综采多年一直未解决好的液压支架倾倒下滑，进而造成液压支架挤架背架且难以处理的问题。

（2）设计了液压支架自动移正功能。该技术与第一项技术结合，使大倾角综采多年一直存在的液压支架与工作面运输机不垂直，液压支架在工作面排列呈锯齿状这一问题得以解决。

（3）防止工作面运输机下滑功能。解决了大倾角综采面工作面运输机下滑问题，为大倾角综采双向割煤奠定了基础。

（4）设计了液压支架液压系统联动系统、设置调正装置、设置底座前端扶正机构，始终保持支架与刮板机成垂直状态，使支架的防倒防滑操作方便，减少了工人的劳动强度。

（5）具有防止大倾角煤层工作面煤矸下滚下窜伤人损物功能，既防工作面人员被砸伤，也包括工作面下出口的安全防护和顶板支护可靠。

（6）设置了有效的架前、架间安全防护装置，架前防护装置使支架与采煤机之间形成了安全隔离保护空间，并安装了限位阀，保护胶管、防护装置等被损坏。架间防护装置实现相邻支架同时控制，保证随时启动防护作用。

（7）推移千斤顶缸径加大到 180mm，并且采用倒装形式，增大了拉架力，有效地保证在软底状态下顺利拉架。

（8）在倾角 50°的工作面采用电液控制支架、实现了带压擦顶移架、成组推溜、本架、邻架控制及跟机自动化控制。

3. SGZ-764/315 型刮板运输机特点

（1）为了适应急倾斜煤层开采，采煤机行轮齿的模数增至 55.7，刮板输送机销轨节距相应增大至 177，提高了采煤机的行走与二级机械制动所需的强度。

（2）中部槽挡煤板设计了内夹板与防尘板，通过连接件连接，防止中部槽中的过多煤进入采空区侧，影响液压支架的正常移架。

（3）中部槽上设计了导向座，液压支架拉架能够保证支架与刮板机呈 90°角，防止输送机与支架下滑。

(4)输送机机尾设计了液压微调拉紧装置,能够实现刮板链条的动态张紧。机动灵活性与可靠性进一步提高。

(5)工作面输送机档次高。过去国内 35°倾角以上的大倾角综采面所用运输机的电机单台功率最大为 200kW,圆环链最大为 ϕ26mm×92mm。本工作面运输机电机功率为 315kW,用 ϕ30mm×108-C 级中双链,所用德国公司生产的减速器性能也较好,并配有紧链装置。

(6)工作面上出口存在的问题得到很好的解决。目前,国内大倾角综采工作面运输机的电机和减速器多为垂直布置,其目的是解决大倾角条件下平行减速器润滑不良和伞齿轮传动故障率高问题。然而电机和减速器垂直布置后又出现三个问题:一是上出口支护困难。横向布置的电机和减速器造成工作面上口较宽范围不能安装基本支架,只能用单体支柱支护,当采高大、倾角大时,支回柱困难,过去因此要用工作面三分之一的人来进行上出口的支、回柱。二是影响上出口行人。垂直布置的电机和减速器长 3m 多,造成人员通过只能翻越电机减速器。三是工作面增加或减少支架时,需拆下和运走电机减速器。本配套采用一种特制平行减速器,不但解决了上述 3 个问题,且用于 60°倾角的工作面时故障率极低。

参 考 文 献

[1] 伍永平. 绿水洞煤矿大倾角煤层综采技术研究[R]. 西安: 西安矿业学院, 1996.

[2] 伍永平. 华亭矿务局东峡煤矿大倾角特厚易燃煤层群"双大"开采方法研究[R]. 西安: 西安科技学院, 2001.

[3] 伍永平. 王家山煤矿大倾角特厚煤层综采放顶煤技术可行性研究[R]. 西安: 西安科技学院, 2002.

[4] 伍永平. 绿水洞煤矿大倾角煤层综采技术研究[R]. 西安: 西安矿业学院, 1998.

[5] 伍永平. 窑街三矿大倾角坚硬厚煤层顶煤弱化及合理回采参数研究[R]. 兰州: 窑街煤电有限公司, 西安: 西安科技学院, 2000.

[6] 伍永平. 新疆焦煤集团 2130 平硐大倾角硬顶软底软煤走向长壁综放开采技术研究[R]. 新疆: 新疆焦煤集团, 西安: 西安科技大学, 2009.

[7] 伍永平. 东峡煤矿大倾角特厚易燃煤层群综采"小放高"放顶煤技术研究[R]. 兰州: 华亭煤业集团公司东峡煤矿, 西安: 西安科技大学, 2004.

[8] 伍永平. 东峡煤矿大倾角特厚易燃煤层群综采放顶煤技术研究[R]. 兰州: 华亭煤业集团公司东峡煤矿, 西安: 西安科技大学, 2006.

[9] 伍永平. 新疆焦煤集团 2130 平硐大倾角大采高开采技术可行性论证[R]. 新疆: 新疆焦煤集团, 西安: 西安科技大学, 2010-2011.

[10] 伍永平. 松软顶底板大倾角煤层长壁综放开采可行性研究[R]. 甘肃: 窑街煤电集团有限公司长山子煤矿, 西安: 西安科技大学, 2012.

[11] 周邦远, 聂春晖, 伍厚荣, 等. 一种急倾斜综采液压支架: 中国, ZL200620034407. 7[P]. 2008-01-30.

[12] 高世俊, 伍永平, 唐旋, 等. 大倾角煤层走向长壁工作面异形液压支架俯斜开采方法: 中国, ZL201010604565. 2[P]. 2013-01-02.

[13] 周邦远, 聂春晖, 王丽, 等. 一种倾斜和急倾斜综采液压支架侧向挡矸装置: 中国, ZL200720124918. 2[P]. 2008-10-01.

[14] 周邦远, 聂春晖, 伍厚荣, 等. 一种倾斜和急倾斜综采液压支架架前挡矸装置: 中国, ZL200620111152. X[P]. 2007-11-28.

[15] 周邦远, 王丽, 李强, 等. 一种倾斜和急倾斜架前挡矸板自动调平装置: 中国, ZL200920293726. 3[P]. 2010-09-22.

[16] 周邦远, 聂春晖, 王丽, 等. 急倾斜煤层端头液压支架: 中国, ZL200720125153. 4[P]. 2008-09-03.

[17] 周邦远, 李强, 王丽, 等. 一种倾斜和急倾斜煤层门型底座端头液压支架: 中国, ZL200820099353. 1[P]. 2009-07-22.

[18] 一种用于大倾角采煤工作面的上端头液压支架: 中国, ZL201020514323. X[P]. 2013-06-26.

[19] 张常明. 胶带输送机机头溜槽: 中国, ZL201220597616. 8[P]. 2013-06-26.

[20] 季书文, 李如明, 毛新红, 等. 改进的工作面输送机: 中国, ZL200920140124. 4[P]. 2010-02-10.